Scratch

高手密码

编程思维改变未来
应对人工智能挑战

李泽 / 著

中国青年出版社

图书在版编目（CIP）数据

Scratch高手密码：编程思维改变未来：应对人工智能挑战／李泽著. — 北京：中国青年出版社，2018. 10（2025.3重印）
ISBN 978-7-5153-5212-1

I.①S… II.①李… III.①程序设计 IV.①TP311.1

中国版本图书馆CIP数据核字（2018）第150691号

侵权举报电话

全国"扫黄打非"工作小组办公室　　　中国青年出版社
010-65212870　　　　　　　　　　　010-59231565
http://www.shdf.gov.cn　　　　　　　E-mail: editor@cypmedia.com

Scratch高手密码：编程思维改变未来
——应对人工智能挑战

著　　者：李泽

编辑制作：北京中青雄狮数码传媒科技有限公司
责任编辑：张军
策划编辑：张鹏
书籍设计：彭涛
出版发行：中国青年出版社
社　　址：北京市东城区东四十二条21号
网　　址：www.cyp.com.cn
电　　话：010-59231565
传　　真：010-59231381
印　　刷：天津融正印刷有限公司
规　　格：787mm × 1092mm　1/16
印　　张：22.5
字　　数：199千字
版　　次：2018年10月北京第1版
印　　次：2025年3月第13次印刷
书　　号：ISBN 978-7-5153-5212-1
定　　价：128.00元（附赠超值秘料，含本书同步案例素材文件与海量实用资源）

如有印装质量问题，请与本社联系调换
电话: 010-59231565
读者来信: reader@cypmedia.com
投稿邮箱: author@cypmedia.com

Welcome to the *World of Scratch!*

Today we find ourselves at a very wonderful junction in the history of education: the collision of traditional education with the invasion of technology. You are probably looking at this book because you want to find a way for you, your child or your students to develop new skills not offered in traditional education classes, namely computer coding. <u>You are not alone.</u>

In America, educators and parents have grown increasingly concerned their children were not being prepared with the foundational skills needed for their future.

Out of this concern grew curricula integrating 21st Century thinking processes and technologies into traditional subjects. The movement is now known as the STEM Program (Science, Technology, Engineering and Math).

Pretty much everything in our digital emerging world runs on computer code. The need for an easy to learn robust coding language became apparent. At the Massachusetts Institute of Technology (MIT), a group calling themselves the Lifelong Kindergarten Group, took up the challenge. Their answer: SCRATCH.

First released in 2003. Scratch is a visual computer programing language that uses on-screen blocks of information to mix graphics, sounds, and other media, in creative ways to produce video games and projects that can then be shared with many screens. As of May, 2018, more than 31,932,249 projects have been shared around the world. The blocks-based grammar of Scratch influences many other programing environments and now is considered the standard for introducing coding to children as young as 8 years.

A major part of the STEM movement is called Authentic Assessment. It is a measurement of intellectual accomplishments that are worthwhile, significant and meaningful, in contrast to a standardized multiple-choice test. Scratch has become a popular development tool for assessments in many STEM programs. Scratch produced projects explaining traditional content are replacing tests in STEM classrooms. These student-produced projects require a much deeper understanding of the content presented in a more compelling 21st Century format.

Many children eagerly want to start coding. Teachers and parents find a great solution by allowing their kids to start "Scratching." Within minutes most kids have visible results and want to go on to more complex tasks. The power of creativity engages eager students.

At first the kids will do silly things, laugh, and want to share their product with everyone in sight. How powerful! Remember how proud you were the first time you rode a bike? The more you encourage, the more your child will Scratch. Most kids have ideas about what they want to create. Let them explain their ideas to you. Ask them questions to clarify their ideas. When a child gets stuck, ask them to explain what they are trying to do and where they are in that process. Many times the solution will come to them as you talk through the process together. If you are in a classroom, ask others to help. The object is not to find the "answer" but to develop the skills and ability to formulate the questions that will propel them to a working solution. The wonderful news is that you, as the teacher or enabling parent, does not have to be an expert in Scratch. You will become a coach, enabling your student or child to learn.

Teachers/Coaches find that once students are productive in simple tasks they automatically transition to more complex tasks. The coach's skill is needed, not as a Coding expert, but as an expert in content and process. Don't spend too much time on any one project. Spend time refining the content and the quality of the presentation. The secret is letting the kids share their creations with the world. This invites feedback and encourages the revision process. In a classroom, the more projects you do, the better they will look, and the more your students will learn about the subject at hand. Teachers will notice spending less time "instructing" and their students spending more time developing and sharing what they have learned.

This book will give you and your students a solid foundation for learning Scratch. It is set up so you can give short projects to your students and let them create solutions. Your role as a teacher will shift toward that of a coach, guiding and fine tuning your student's work.

Parents, when your child becomes productive in Scratch, ask their teachers if it would be possible to submit a Scratch built product to demonstrate their mastery of the content. This may open the door for your child and the teacher to use more powerful learning tools.

Enjoy this book! It can bring such fun to learning and at the same time provide rich foundational skills for the future. Let this book become the beginning of wonder -- not the end!

Warren Dale

Technology Facilitator

Los Angeles Unified School District

○[译文] 欢迎来到 Scratch 的世界！

我们发现自己正处在教育史上一个非常奇妙的交汇点：传统教育与技术的碰撞。或许你正在看这本书，因为你想为自己、你的孩子或学生们挖掘一种在传统教育课堂中尚未提供的全新技能：计算机编程。你并不孤独，还有很多人也在思考这个问题。

美国的教育工作者和家长们越来越担心，因为他们的孩子或许没有为未来所需的这项基础技能做好准备。

出于这种考虑，教育部门将21世纪的思维方式和技术整合到传统课程内，这项运动就是目前众所周知的STEM（首字母分别代表科学、技术、工程和数学）教育。

在我们的新兴数字世界中，几乎所有的东西都运行在计算机代码之上。渐渐地，人们需要一种易于学习且足够严谨的编程语言。麻省理工学院（MIT）的终生幼儿园小组接受了这项挑战，其答案正是Scratch。

Scratch的历史最早可追溯到2003年。它是一种可视化的计算机编程语言，使用代表各种信息的积木块，编程方式非常直观。Scratch项目可以整合图像、声音或其他媒体，从而以创造性的方式创作电子游戏或可分享的项目。截至2018年5月，全球共积累了31,932,249个项目。Scratch的积木式语法已经影响了很多编程环境，现在它已被认为是8岁儿童入门编程的标准方式。

真实性评价是STEM教育实践的重要组成部分。与标准化测试不同，真实性评价是一种必要且意义重大的知识素养测量方法。在许多STEM领域中，Scratch都逐渐成为评价工具，创作解释传统教学内容的Scratch游戏正慢慢替代STEM课堂中的测验环节。学生们还需要对计算机有更加深刻的理解，他们的创意才能更好地体现出21世纪所需的创造性思维、系统思考以及团队协作等软实力。

有很多小孩子迫不及待地想尝试编程。在实践中，老师和家长会使用Scratch作为其热情的起点。他们能很快看到可视化的效果，并希望完成更加复杂的任务。创造的力量鼓舞着如饥似渴的学生们。

起初，孩子们会乐此不疲地恶搞Scratch项目，不仅开怀大笑，还希望分享自己的创意作品，恨不得让所有人都看到。这是一股多么强大的力量！你还记得自己第一次学会骑自行车时的骄傲感吗？你越鼓励孩子的作品，孩子便越热爱在Scratch中创造。况且大多数儿童都有创造的欲望和想法，那就让他们向你解释自己的创意吧！我们作为长辈可以提出各种问题使其创意更加清晰。如果在创作过程中遇到困难，我们可以让他们阐明想要做的事情以及当前进度。当大家一起讨论时，解决方案通常便浮出水面。如果你在教室，还能够寻求其他人的帮助。学习Scratch的目标并非找到标准答案，而是发展学习者在构思、阐述和规划上的技巧和能力，最终找到解决方案。好消息是，老师或家长不必成为Scratch专家，你要做的角色是不断鼓舞学生或孩子前行的教练。

当学生完成简单的任务，他们便会主动地尝试更加复杂的任务。这决定了教练的关键并非编程专家，而是内容与过程的专家。例如，不要把所有精力都投入到某个单独的项目上；尝试花时间提炼内容并提高演示的质量。教练的秘密在于让孩子们向世界去展示分享自己的创意作品。这一过程将会得到大量反馈并鼓励创作者完善作品。在课堂上，你做的项目越多，作品便越精良，你的学生们也越能领悟到如何处理身边的项目。专注于指导，学生才有更多时间分享其所学。

这本书为学习Scratch打下了坚实的基础。你能够使用它给学生设计精巧的项目，并让他们探寻解决方案。随着指导和微调学生的作品，你的角色也将从教师转向教练。

当你的孩子对Scratch轻车熟路，家长朋友们可以询问其教师能否用Scratch项目去展示孩子所掌握的内容。这可能会为孩子和老师释放这款强大学习工具的潜能打开一扇新的大门。

畅读这本书吧！愿它能为你的学习之旅增添快乐，使你汲取丰富的基础知识，为未来做好准备。让这本书成为奇迹的开始，而不是结束！

沃伦·戴尔

洛杉矶联合学区资深技术教师

○ 编程教育行业的"必读书"

计算机科学家、图灵奖得主Dijkstra说："我们所使用的工具影响着我们的思维方式和思维习惯，以及思维能力。"

儿童编程近来非常火热，很多家长和老师都疑惑：我们的孩子应该怎么学编程呢？学C++还是Python？这本书可谓是解答了两个大问题：第一个是孩子学编程怎么学，第二个是图形化编程往后学要学什么。

首先我们要理解，儿童编程绝不是为了让孩子成为程序员，而是为了培养孩子的计算思维。图形化编程是非常适用于让孩子探索计算机知识的一种方式。在过去，我们说的"知识稀缺时代"，内容和知识是稀缺品，博闻强识的人才受到青睐，然而现在我们已然身处"信息爆炸时代"——"知识存储器"一样的工人已成为历史，"创新者"是新的需求。以前我们培养的是"硬盘型"的学生，试图把每一个知识都复制到自己的存储空间里，但是在这个新的时代，我们需要的是"内存型"的学生，"互联网"成为我们新的硬盘，随时可以调用海量的数据。因此，怎么利用计算机，如何利用编程来学习，才是编程教育的关键。

图形化编程恰恰是儿童在计算思维教育实践中的最佳工具，Scratch是图形化编程中使用范围非常广的一个工具，作者李泽在本书中对"儿童编程学习"进行了系统性的阐述，并对相关的知识点进行了详细的讲解。可以说，它凝结着作者十年来对相关方面探索的心血，因此本书字里行间都能看到"项目式学习"，"以学习者为中心"的思维和课程设计模式。

我在小学的时候学习编程，一开始只是为了有一天能破解掉《三国志》这款游戏，那时候只能从《大众软件》和《计算机报》等报刊上的其中一两页接触到一点点的编程知识，后来学习Pascal、Basic，因为资料缺乏，学得很困难。如果当时有这么先进的工具和李泽老师的这本书——那对一个从小渴望能学好编程的孩子来说可太好了！

这本《Scratch高手密码》从最基础的编程知识讲起，深入浅出地介绍了图形化编程的各种可能性，更难得的是讲到了网络、算法等等其他很多讲Scratch的书籍没有涉及的地方，可以说这本书将中文Scratch教学带到了一个新的深度。很多人都以为图形化编程只能用于孩子的兴趣入门，其实如果各位详细看完这本书，你会发现编程中真正重要的那部分：数据结构和算法，编程的思想，通过图形化编程都可以非常清楚地表达！

本书将是很好的入门，里面涉及的知识体系，也正是行业所缺少的。相信本书将对少儿编程行业的推动起到重要作用。

这样的一本著作，除了孩子可以看，其实也非常适合各个编程初学者，绕开各种语言的语法，从编程的思维开始入门。很多人不理解图形化编程，以为只有孩子才学这个，事实上对于数据结构和算法的入门，本书也有很好的引导，可以推荐为算法入门书。

更难得的是李泽老师一直坚持以寓教于乐的形式来对编程知识进行讲解。编程教育越来越受重视，但是很多老师都有疑问：怎么教？很多孩子对编程和计算机非常感兴趣，很多家长也不知道怎么学，我见到很多孩子一上来学习C语言或C++语言，不到一年就把对编程的兴趣磨灭了，也感到很痛心。学习编程一定要从兴趣开始，我相信这本充满了童趣的书对孩子来说一定有吸引力。对学校老师和机构老师来说，也是难得的一本参考书。

希望各位小朋友能从此爱上编程。

李天驰
编程猫联合创始人兼CEO

◦ 程序高手们真正的秘籍

在上个世纪，如果一个人要证明自己智商比别人高，那么就去学物理，我就是学了物理以后发现自己高中物理成绩还不错，主要是因为勤奋而不是因为聪明。当二十世纪初的相对论和量子力学所代表的物理学大爆发结束之后，物理学已经有将近一百年没有什么质的进步了，为什么会这样？因为世界上最聪明的人都去学计算机了！

当别人问那些聪明的学霸们为什么学物理，一个常常出现在名人传记当中的答案是"因为我觉得物理很简单"，追寻那些最基本的规律，反复推演，就能够得出整个世界的法则。物理的世界还不够简单，计算机的世界更为简单，一层一层，从机器语言到计算机语言，再到"能说话就会使用"的图形化编程语言，计算机像一朵盛放的玫瑰，向人类展现着硅基生命世界的瑰丽抑或鬼魅。

"好有趣！使用递归算法居然可以生成一朵精致的雪花，稍加修改又变成了一丛蕨类植物。"能够被程序内在魅力吸引的孩子，都是天生适合学习计算机的宝贝，这本《Scratch高手密码》可以负责任地做到这一点。但是就像理论物理和应用物理的分别一样，首先，研究这两个领域的人可能会相互看不起，计算机科学和计算机应用也存在着这个问题，最早的计算机对标的对象是打字机，那些编写底层打印机驱动的人，很有可能看不起像"比尔·盖茨"这样的编写打印机上层软件的人，但后者确确实实霸占了"世界首富"的位置多年，差评！其次那些编程高手，也有可能看不起那些不会编程的人，"连这个都不会，真的好烂啊"，"可是你会做饭么？"，鄙视的链条永远没有尽头。现在的高科技行业都在拼人均估值，最好是一个不到十个人的公司成了一个独角兽（估值在十亿美元以上的科技公司），才有足够的投资的想象力，但是这么做真的是对的吗？价值观在引导着钱投向更容易吸引眼球的"三俗"领域，甚至在Facebook隐私门事件之后，人们在反思是否计算机的应用方向本身就有巨大的问题。Scratch倡导的价值观是编程、分享和学习，这便给未来"人人都会编程"的时代提供了明确的核心价值——通过分享和学习成就自身在编程江湖当中的位置。

但不患寡而患不均，硅谷风格的资本游戏，在创造了马斯克和纳斯达克式的神话之后，对全世界范围内愈大的贫富差距和中产阶级的倒台起到了推波助澜的作用（还好这一点在发展中国家尚不明显）。最早的硅谷精英们也在反思"社交网络"这一波高科技和低科技杂糅的信息技术热潮究竟要走向何方，而"自由引导人民"的编程普及化革命正在全世界范围内酝酿勃发。

　　几年前，我的一位神秘的友人曾经向我描述过一个将编程教育和区块链技术融合起来的教育生态。他没有用"区块链"这个词，而是反复地使用"token"这种指代任务流向的词语，来描述一个对技术高手更为平等的世界。我相信，当互联网试图构建一家家扁平化、自我管理的公司时，一定没想到当这些公司面对这个金字塔式的集权结构时，正自觉或者不自觉地恢复君主制所遇到的群体阵痛，当"天真善良的编程高手"被迫离开公司而演绎一幕幕兔死狗烹的故事时一定会心有不甘吧。这时，他们联合起来构建了对于他们来说更加简单的信用制度，这就是区块链技术的起源。甚至在很多区块链技术组织中，"公司"的称呼都在消亡，取而代之的是各种各样的"团队"，自然人和法人的传统概念在可编程合同和契约当中融合起来。

　　有必要去创造一个社会，让其更适应每个人的生活，人人学会编程是这样的一个社会的智力基础设施。虚实融合、开源文化、复制粘贴的体验正在催生一个精神文明极大丰富的世界，并反作用于物质世界的已有关系。我并不希望人工智能和智能制造的世界会出现一大批"被剩下的人"，也不必太过担心，正是因为工业革命出现了大量的无产者，才催生了现代的基本人权概念。而人使用技术的方式才是真正令人担忧的，这也就不难理解为什么阿里研究院的老大是一位声称自己不会编程的心理学博士。

　　量子计算，又将引领一个新时代！

北京景山学校 吴俊杰

2018年6月28日

◦ 让 "计算思维" 在 Scratch 中落地生根

应邀为李泽老师的新书《Scratch高手密码》作序，感到十分激动又万分兴奋。认识李老师是在两年前，我的孩子上了小学，想带孩子学习编程，一个偶然的机会看到李泽老师的"科技传播坊"，整个资源是免费的，全面细致地介绍了Scratch的很多例子，而且完全公益。不由地为李老师点赞，自己也跟着慢慢学习起来。随着心得和技术的积累，我以一位父亲的身份也开始做公众号"跟我一起SCRATCH"，逐渐地被外界所认识。李泽老师常常在各大技术群，为学习者答疑解惑，知无不言、言无不尽，编程猫称他是信息技术老师"背后的男人"。这个描述很形象，作为教师，教学是没有问题的，但在技术层面的纵深都是软肋，李泽老师具有软件工程师的背景，他所讲解的Scratch更侧重于程序实战。

现在的孩子是信息社会的"原住民"，他们出生在人工智能的时代。在这个时代，如果仅仅是懂得使用，已经不符合正常"居民"的标准，还得会创造，成为智能时代的主人。那么如何学会创造，就要能跟计算机去沟通，而沟通的途径就是编程语言。编程是一种认知世界的方式，编程能力已经跟听说读写一样重要，我们学习写作不一定是为了成为作家，学习说话不一定要成为演讲家，同样学习编程不一定要成为程序员。现在我们觉得非常抽象的编程，对于未来，只是基本的技能。

2017年，国务院出台《新一代人工智能发展规划》指出实施全民智能教育项目，在中小学阶段设置人工智能相关课程，逐步推广编程教育。一时间"编程进高考，编程定未来"等口号纷至沓来，其实编程在未来只是一项基本能力、普通能力，任何领域、行业、产业都需要通过自动化的手段来提升质效。

近些年来，随着图形化编程软件的普及，大大降低了儿童接触编程的认知门槛，少儿编程也是跨学科整合知识的最好途径。Scratch是由麻省理工学院（MIT）媒体实验室所开发的一款面向青少年的图形化简易编程软件。使用者只需将色彩丰富的指令方块组合，便可创作出多媒体程序、互动游戏、动画故事等作品。那么为什么要去学，学到的是什么，又会给我们的孩子带来什么？我想除了对软件的运用和作品的分享，更重要的是创造性与计算思维的培养。

一方面，培养创造、表达与分享的品质。我们在幼儿时代多是从事"设计性"的活动，无论是手工还是绘画，都专注地创造并不断地完善和优化。不过，往往在长大后就对未知和创新的兴趣下降了。创造性能否培养？答案不一，但可以肯定是需要土壤的，真实问题的经历和思考过程，是创造性心智发育最好的土壤。也就是说，孩子需要在真实的生活中发现问题、经历问题，然后体验探索思考的过程。从这个层面而言，少儿编程是基于实践的学科，基于问题解决的学科，是创造性思维成长的肥水沃土。用Scratch编写的动画和游戏非常直观，学生在学会了编程的基本原理和方法后，有兴趣也有能力将动画和游戏编写得更逼真，更好玩。在修改动画游戏脚本的过程中，学生不断地提出问题、解决问题，能够根据自己的需求进行分析，设定合适的角色与相应的脚本，最终实现程序。当孩子们从这里走出去的时候，我们更希望他们在快乐中掌握一些潜在的能力，比如自信、敢于承担风险、善于应对棘手的矛盾、乐于合作和与人分享等，为幸福的人生奠定坚实的基础。

另一方面，培养计算思维。通俗地说，就是一种用电脑的逻辑来解决问题的思维。过去我们非常看重"计算"，是因为人类的计算能力有限，所以就通过背记诸多公式来提升计算速度与准确性。只是在这个过程中，我们也慢慢地失去了"分析问题"的能力，好在，现今时代"计算"的重要性早已慢慢消失。那种在无形中扼杀孩子创造思维的传统教育体制逐渐被打破，少儿编程正应运而生、生根发枝、枝繁叶茂。

自从做Scratch教学以来，我深深感到，学习编程最基本的是编程概念的掌握，即使是图形化编程，我们也要给孩子树立正确规范的编程思想。它与C、Java、Python等语言不同的只是语法形态的变化，其逻辑的思考都是一样的。培养孩子充分掌握此编程工具的同时，最重要的是，要让他理解计算机科学的基本概念，例如面向对象、参数、消息和人机交互等。而这些概念将让孩子接触到更加深入的、真正的编程！Scratch虽然是积木形式，但它的10个编程部件包含了常见的编程概念，如程序的三种基本结构（顺序结构、循环结构和选择结构）以及变量和列表（数组）的定义和使用等。Scratch还引入了事件、线程和同步等技术，学生在使用过程中自然而然就掌握了正确的编程理念。"搭积木"的方式对于孩子们来说更加直观有趣，并能与其他学科结合，用简单的程序论证物理、数学等学科的知识概念，适合在进行真正的代码语言学习前对学生教授，为日后学习更深层次的编程语言打好基础。

　　李泽老师的这本书正是弥补了当前市场的这一空白。全书抛开大众视野中的游戏思路，而是从一个软件工程师标准规范的角度设计了知识体系，这本书叫《Scratch高手密码》，高就高在思路上，规范地运用Scratch向读者阐述什么是计算科学与计算思维。

　　整本书分为两个部分7个章节，第一部分主要为Scratch软件的入门；用图片为主，辅以最精炼的文字，引领读者入门。用大量实例讲解了Scratch编程平台的操作细节。

　　第二部分的5个章节从软件开发、离散数学、网络与通信、编程语言和算法五个角度，以Scratch为工具详细阐述了编程思想，用大量的实例讲解了程序设计思想。诸如算术、条件、逻辑等数据运算；顺序、分支、循环等程序结构；变量、列表、字符串、栈、树、图等数据结构；控制、交互，消息、事件等响应机制。多媒体资源、参数以及面向对象等知识均被贯穿其中。

　　这7个章节由浅入深（从简单到复杂）、由表及里（从界面到脚本）、化繁为简（用实例讲理论）、寓教于乐（玩游戏学技能）。本书最大的特点就是使用了大量的图片代替语言来进行教学，以实例的操作代替枯燥的讲解，从实践中学习体会程序设计思想，适合孩子的年龄特点和学习习惯。本书使高深的程序设计理论思想从高山变成平地，成为大众技术，也为程序设计普及到义务教育阶段中去做出了可贵的探索。

　　感谢李泽老师为编程教育贡献的一切，相信本书一定会让更多的孩子受益。

同同爸：张冰

2018年6月13日

致读者
Preface

o 为何学习编程

　　随着政策升温，青少年编程相关行业春风四起。回顾历史中相似的场景，以史为镜，便能更好地诠释为什么要学习编程这一话题。Scratch是美国麻省理工学院媒体实验室研发的新一代青少年编程工具。经过十多年的发展，Scratch已经成为全球公认的少儿编程最佳入门工具，仅官网就积累了上千万个项目，甚至入围了全球编程语言排行榜TIOBE，公众和市场认知不断提升。Scratch仍会像灯塔一样指引未来，这是由计算机发展历史的客观规律决定的，因为它完成了一次抽象：从复杂多变的语法到统一简单的可视化积木，屏蔽了编程语言的细节。这种抽象已经具备了释放计算力量的潜能，谷歌开源项目Blockly正是基于此，将可视化的积木抽象出来希望更多项目复用，虽然目前实际应用规模较小。这可能是由于第三方不便快速适配到特定平台、理念过于超前、类库少且难以扩展等原因造成的，但我相信这次抽象定会释放更强大的能量，也许人人都能快速使用类库完成个性化的计算任务的时代已不遥远。

　　其实Scratch的设计初衷是让孩子们在学习编程的过程中培养创造性思维、系统思考和协同创作等能力。之所以编程能够做到这一点，是因为编程培养并提高了人类在追求自动化道路上的主观能动性，而自动化通常意味着创新和效率的提升。1801年，法国发明家雅卡尔发明了世界上第一个可编程的物质：雅卡尔织布机。其工作方式是设计人员先在类似于电子表格的大网格中绘制复杂图案，接着由专人将此"图案网格"逐行地转换成卡片，即在卡片的特定位置上打孔以指示织布机的动作，然后将上百张卡片按照顺序链状缝制后送入织布机，最后它将自动织出卡片指定的图案。卡片这一自动化的"编程语言"不仅极大缩减了织造的时间和人力成本，更重要的是它强调了一项未来需要的创意和审美能力：在网格中设计漂亮的图案。你看到历史的影子了吗？

　　随着硬件性能的提升，计算机从最初的简单加法统计到复杂数学运算，从电传打字机交互到与电子屏幕交互，每次技术进步都会强化未来需要的能力或思维方式。编程语言最初从卡片发展到了纯文本的形式，再到Scratch更进一步地将纯文本抽象为无语法错误的、逻辑聚焦的、门槛低、易接触的可视化形式，这一"卡片"将强化何种未来所需的"审美能力"呢？假想某个未来场景：人人都能以极低的成本使用第三方库完成个性化的计算需求，重心将从程序逻辑正确性转向功能丰富性。在这个假想中，创造性思维和系统思考的能力是必不可少的。例如，我想实现智能插排以远程控制家电，那么根据系统思维我便明白需要哪些基本组件，而创造性思维会告诉我如何将组件连接并程序化。当然，这些思维能力不限于计算的场景。一切还要从基础抓起，让我们在Scratch中培养未来的能力，拥抱变化的世界吧。

○ 本书简介

　　目前国内外Scratch书籍可分为多种难度级别，如低龄启蒙的《编程真好玩》《Scratch少儿趣味编程》，实战入门的《动手玩转Scratch 2.0编程》，结合艺术的《Scratch·爱编程的艺术家》，深入进阶的《Scratch趣味编程进阶》《Scratch魔法书:探索算法》。不同难度目标自然不同，本书的目标是通过Scratch为读者讲解计算机科学（Computer Science，CS）的基础知识，属于深入进阶型。书籍的难度较大，为了让学习者顺利过渡，本书专门在第二章节设计了难度递进的15个案例。

　　本书整体上分成两个部分，第一部分包含两个章节，分别讲解了Scratch的基础内容以及在游戏、故事、音乐、动画、教程、艺术共六个领域的应用案例。第二部分是CS基础知识，其中第三章最为重要，它涉及编程基础、数据结构、开发流程、调试技巧等内容，这些知识也能很好地融入其他编程语言的实践中。其他章节之间的关联较弱，可独立学习。整体框架如下所示。

章　节	内　容
第三章 软件开发基础	编程基础概念
	基本数据结构
	算法入门
	程序基本设计原则
	程序开发方法
第四章 离散数学	集合论
	图论
	代数系统
	数理逻辑
	组合数学
	初等数论
第五章 网络与通信	理论：网络模型、通信协议
	实践：Scratch 2.0 扩展
第六章 编程语言	面向对象编程
	事件驱动编程
第七章 算法	穷举、迭代、递归、回溯、动态规划、分治、贪心、启发式、概率
	排序、搜索、栈

○ 面向读者和建议

　　本书适合中学生、大学生、Scratch或信息技术教师、计算机科学爱好者、青少年编程培训机构、校内相关社团、Scratch爱好者阅读研究。本书的内容较多，我的使用建议是：
- 将本书作为字典类的工具书，遇到问题后查找相应的内容；
- 或者作为一本教材从头开始研学，或选学部分章节；
- 鉴于章节设计的独立性，各类机构可挑选部分小节转换为内部课程和活动；

- 本书与信奥存在交集，感兴趣的学习者和青少年编程培训机构可以借鉴；
- 对于低年级学生或教师，尝试把重心放在第二章节，各领域的案例应该能够吸引到你；
- 若感觉本书后面的章节难度过大，则把精力放到最重要的第三章节；
- 大部分章节有开放式习题，甚至没有标准答案，值得深思；
- 本书的很多内容具备一定通性，相信它会在很长一段时间内帮助到你。

○ 计算机科学和计算思维

　　计算的力量对社会的影响越来越大。从1946年的可编程计算机ENIAC开始，仅70多年时间，计算机的使用范围就从过去的军用转向了如今的民用，功能也从过去的数学计算到如今的娱乐和办公等各种丰富的场景。在此进程中，计算机理论蓬勃发展，而计算机科学就是这套理论的集合。它包含众多子领域。考虑到Scratch的入门性，本书仅介绍计算机科学的基础知识，你可以在95页看到它的整体样貌。

　　计算机科学是实践性非常强的学科，而实践是认识的基础，它决定了认识，计算机科学的认识便是计算思维。目前全球广泛接受的计算思维的定义是由周以真教授于2006年提出的："计算思维是运用计算机科学的基础概念进行问题求解、系统设计以及人类行为理解等涵盖计算机科学之广度的一系列思维活动。"简单说，计算思维就是计算机科学的方法论和哲学，它将能很好地指导你运用计算机科学解决身边的难题。虽然书中没有专门讲解计算思维，但很多案例都在无形地使用它，期待你能从中感受到计算思维的影子。

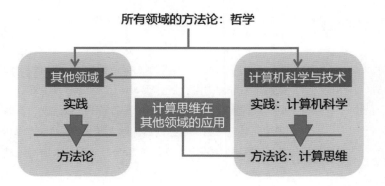

○ 创作故事

本书的写作动机一来是响应行业政策，二来是目前全球范围内缺少相对深入的Scratch教程。随着少儿编程在校内教学、校外培训的深入以及市场意识的提升，Scratch入门图书越来越多。但当学习者尝试向更远的地方前行时，入门教材已无法满足其需求。在教学的另一端，若有足够深度的知识体系，则可以在一定程度上帮助机构明确招聘、教研、教学、评价等标准。

编写本书不是一件轻松的事情。我从17年8月开始，花了1个月的时间，结合最新的计算机科学标准CS2013构思了目录，并考虑融入中国特色。当时的目录非常理想化，除了本书的全部内容外，还包括了更多计算机科学子领域的内容，以及计算思维，计算思维在其他学科领域中的应用，马克思主义哲学在编程中的运用，刚好对应了前页图中的各个部分。最终鉴于本书篇幅过多且毕业在即，我不得不对本书的范围进行裁剪，即使我已经为这些内容做好了准备，这也留下了一些遗憾。我于18年1月底正式交稿，之后便患上了中轻度的抑郁症，用了近半年时间才慢慢恢复，真是人生一段难忘的经历。

平衡知识的专业性和案例的趣味性是非常困难的。在设计案例时，我尽力让案例足够有趣味性，同时不失专业性。为保持案例高清，几乎所有素材文件都选用了矢量素材，这占用了我大量的时间。甚至个别仅用于展示的背景图片或简单音效，我都会花1~2个小时去完善。为读者呈现最完美的程序，这便是我的匠心。此外，习题是学习过程中的重要环节，好的习题能让你反思并成长。虽然本书的习题设计还有些薄弱，但还是添加了部分开放式问题，希望并期待学习者思索。

○ 特别感谢

感谢中国青年出版社张鹏编辑和相关工作人员，你们的辛勤付出才使得本书顺利问世。感谢杭州康玉诚及孩子康骁逸、桐柏一高唐兴奎老师、李佳宸、Spencer Dai对本书的审阅或建议，本书因你们的修订而更加完善。感谢编程猫联合创始人李天驰+孙悦、洛杉矶STEM学科带头人+苹果教育专家Warren Dale、北京景山学校吴俊杰老师、同同爸张冰老师、Sharon Xueqing feng、苏州大学孙承峰老师在推荐序上的付出、背书和沟通。感谢奥松机器人创始人于欣龙、makeblock创始人王建军、科技辅导员在线学习中心科技学堂、温州中学创客空间负责人谢作如、猫友汇创始人管雪沨及创客教育/STEM教育丛书主编李梦军共六位行业权威和专家在推荐语中对本书的肯定。感谢疑难杂症和猫坊传奇的近百位提问者和展示者，书中多次引用了你们的疑问或作品，它们能够帮助读者扩展思维，大家可以在附录A和附录B中看到所有署名，由于篇幅原因不再展开。

感谢父母对我事业的支持，你们给了我无限的精神支持。感谢研究生导师张学良教授在本书撰写过程中的诚挚关怀。感谢罗东梅和陈佳二位同学对我学业上的热情帮助。最后再次感谢女朋友刘剡细致耐心的审阅。

有了大家的支持和肯定，我才能竭尽全力完成撰写工作。如有疏漏和不足之处，恳请读者批评、指正。

○ 学习资源

微信公众平台"科技传播坊"可以寻找到本书的资源文件和勘误等信息，交流QQ群是633091087。附录中罗列了大量视频教学资源，索引可以快速反查到程序所在页码，不要忘记这两个资源哦。

为了更好地帮助学习者掌握Scratch知识，帮助Scratch教师寻找课程设计的灵感，鼓励开源精神，促进编程教育行业发展，"科技传播坊"汇整了部分公众号的Scratch开源课程，大家可以在微信公众平台寻找到这些内容，也欢迎平台或个人向我们投稿原创的开源课程。在此特别感谢以下平台或个人的开源分享：小海豚科学馆、临汾南城教辅中心、跟我一起SCRATCH、大胆假设、荣成智慧工坊、皓云工作室、scratch慧编公社、果果老师、千里马快乐编程、Amadeus少儿创意编程、温州贝克少儿编程叶向阳老师、Scratch青少儿编程课堂。

2018年6月2日
李泽于新疆医科大学

目录 CONTENTS

第一部分　Scratch 项目

第二部分　计算机科学基础

轻松又好玩的 Scratch！

第一部分

Scratch 项目

第一部分先完成 Scratch 的环境搭建，然后带领读者跟随本书的指导创作艺术、游戏、动画、故事、教程、音乐共六大领域的作品。正所谓实践出真知：

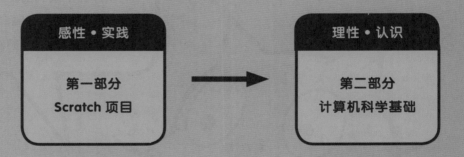

本书的这两个部分，恰好对应了学习者的两个阶段。

第一阶段以动手实践为主，模仿本书的案例，学习 Scratch 的基本操作，建立程序设计的基本思路。

第二阶段要将你的实践升华为系统化的知识体系，即理性认识。只有上升为理性，你才能以不变应万变，即使遇到未知的问题，你仍然能用这套理论知识解决它。待你完全消化吸收第二部分的内容，才能称得上手中无剑心中有剑。

不积足下跬步，何以至千里之行，不迎沧海鲸浪，安能扬破风之帆！起航！

第一章
准备工作

欢迎来到 Scratch 的魔法世界！

Scratch 可以编写交互式的故事、游戏、动画、教程、仿真模拟实验、艺术、音乐等作品，但在这之前，你要做的第一件事情就是了解它的安装方法，熟悉软件环境的基本操作。然后我们再模仿几个简单案例，感受 Scratch 的魅力。在下一个章节中，我再带你创作更多由简入繁的趣味案例。

> 你将在本章节学习到：
>
> ● 什么是 Scratch ？
> ● 软件的下载和安装方法及本书素材。
> ● Scratch 编程环境介绍。
> ● 模仿多个简单的案例。

1

什么是 Scratch？

编写程序是专业工程师才能完成的任务，这是因为它对英语、逻辑思维、编程语法都有较高的要求，还要掌握各种奇怪的符号！除非你有强烈的兴趣和动机，否则编程世界的探险者们大都无功而返。Scratch 的出现极大地降低了探险门槛：没有语法，没有英语单词，没有奇怪的符号，学习者可以更好地把注意力集中到逻辑思维的训练上。如下图所示，左侧是 Scratch 程序，只要在积木块中填写相应的内容即可；而右侧的 C 语言程序不能写错任何一个符号，否则程序就会出错！是的，基于文本的编程语言对于语法的要求都极为严格。

那么，是谁发明了在全球流行的、让校外培训机构和校本课程都"如痴如醉"的 Scratch 呢？

20 世纪 60 年代，从师于建构主义大师皮亚杰的西摩尔·帕普特（Seymour Papert，1928.2.29~2016.7.31）在其著作 *Mindstorms* 中阐述了至今都较为超前的将计算机和建构主义结合的思想：借助计算机帮助青少年学习。曾经全球流行的 Logo 小海龟语言就是西摩尔设计的编程语言，下图是 Logo 绘制正方形的命令。

麻省理工学院（MIT）媒体实验室的终生幼儿园小组深受 Logo 语言及其理念的影响，于 2002 年开始研发 Scratch，并于 2007 年正式发布。

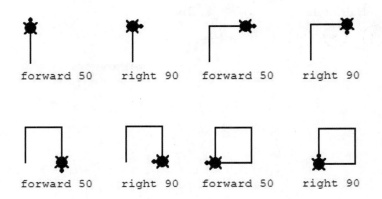

Scratch 的理念是培养 21 世纪青少年必备的能力：创造性思维、系统化思考、协同式合作。显然，Scratch 的目的并非让孩子们当未来的程序员，而是训练逻辑思维，很多家长会在亲子活动中学习 Scratch，官方也未指定 Scratch 的适龄区间。Scratch 的官网已有全球创作的项目约三千两百万件，其活力可见一斑。

Scratch 开创了积木式图形化编程的先河。相比于连线式图形化编程，Scratch 能够控制大型复杂程序的逻辑辨识度；相比于基于文本的编程语言，Scratch 不会出现语法错误。目前积木式图形化编程已成为图形化编程的主流，有许多编程语言采用了该形式（Blockly、Stencyl、Ardublock 等）。

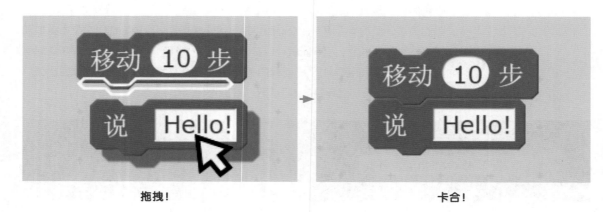

拖拽！　　　　　　　　　　　　　　　　　卡合！

Scratch 的另一大特色在于舞台，即程序的结果展示区域。很多编程语言环境只能采用输出数据作为程序结果的展示方法。但 Scratch 的舞台可以将冰冷的数据转换为交互式故事、游戏、动画的形式加以展示，深受孩子们的喜爱。

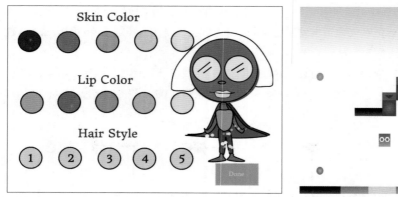

做好准备工作，与我一起探索 Scratch 和计算机科学的世界吧！相信在掌握了足够多的技巧后，终有一天你可以完成复杂的程序！

2

[软件介绍]

Scratch 及其衍生版

最早流行的版本是 Scratch 1.4，至今仍有少量用户在使用。

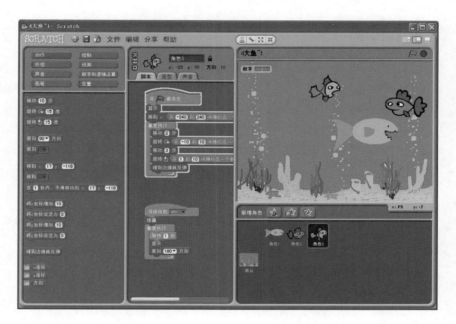

随后官方推出了 Scratch 2.0 版本，增加了自定义积木块、克隆功能、矢量编辑器等功能，界面更加友好。这也是本书将要讲解的版本。

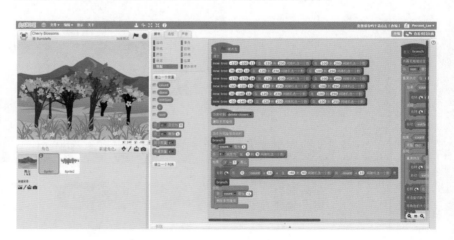

为了迎合技术潮流，MIT 研发了 Scratch 3.0，于 2019 年 1 月发布。抛开底层实现技术，Scratch 3.0 提供了更多的素材，加强了声音编辑器，界面布局回归到 Scratch 1.4 的方式，据说是为了让使用者的注意力全部集中在脚本上。

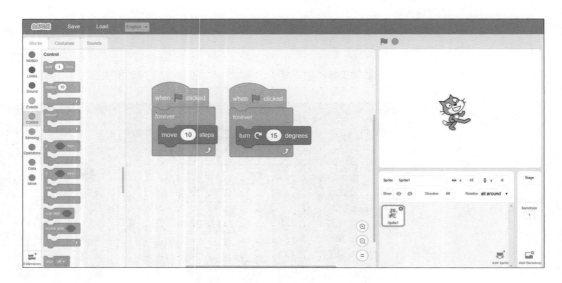

读者不必担心本书的版本问题，因为目前 Scratch 3.0 和 2.0 在功能上几乎完全一致。

考虑到幼儿的认知和接受能力，Scratch 团队开发了 ScratchJr。它的界面非常简洁，所有积木都使用图形展示，便于幼儿识别，官方给定的适龄范围是 5~7 岁。

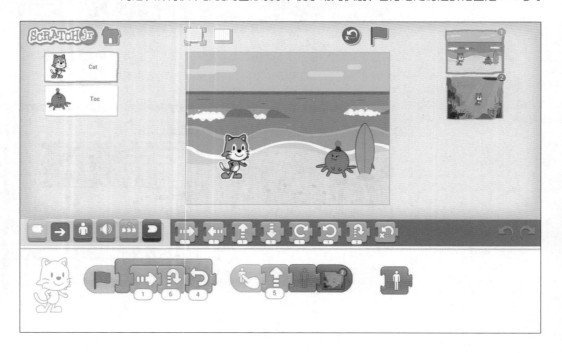

Scratch 为测试外部扩展功能，将其副本稍加改动形成了 ScratchX。但是教育界对外部扩展的需求非常迫切，很多人都喜欢 Scratch 连接硬件的创意，因此 mBlock 诞生了。它是由全球领先的 STEAM 教育解决方案提供商 makeblock 基于 Scratch 2.0 二次开发的软件，是全球用户量最大的与硬件结合的图形化编程软件。本书会在后面的章节简单介绍 ScratchX 和 mBlock 的应用案例。

Scratch 的设计思想影响了很多软件，例如在内容上深耕的"编程猫"。它是国内著名的积木式图形化编程软件，可以在手机端运行。丰富的素材库、集成重力引擎、自带背景移动，这些功能解决了使用者最头疼的问题。加上二次元的文化，卡哇伊的角色，这使得编程猫深受孩子们的喜爱。编程猫还有一款类似于"我的世界"的 3D 编程环境"代码岛"，感兴趣的同学可以自行尝试！同时它的社区也非常活跃，截稿时社区总共沉淀了约 200 万件作品。

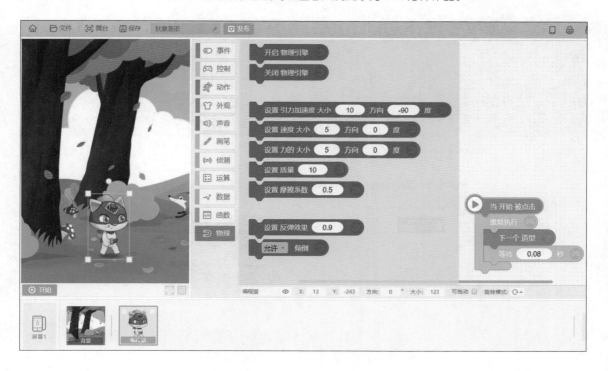

Scratch 发展的 10 多年间，有不少新软件出现，也有太多软件淡出了人们的视野。Scratch 仿佛是引领青少年编程教育的标准，大旗一挥，千军万马。西摩尔在 *Mindstorms* 中关于计算机和建构主义结合的预想已逐渐成为现实。

3

[软件介绍]
离线版安装和本书素材

工欲善其事，必先利其器。下面说明 Scratch 离线版的安装方法。进入 Scratch 官网进行下载。直接点击"Direct download"即可将软件安装包下载到电脑上。

安装完软件后，桌面上就会出现一只猫咪图标，双击即可打开 Scratch 2.0。

Scratch 2.0 是大版本号，小版本号随着软件升级不断变化（参见下一小节）。本书编写过程中经历了两个版本：456.0.4 和 458.0.1，你下载的版本应当大于等于笔者的版本号。

本书为读者原创了约 120 个程序，你可在科技传播坊的官网（http:// 科 .cc/）或微信公众号（kejicbf）中寻找到素材下载链接。

4

[环境介绍]
舞台

Scratch 的主界面由多部分构成，学习它们的功能是操作 Scratch 的基础。

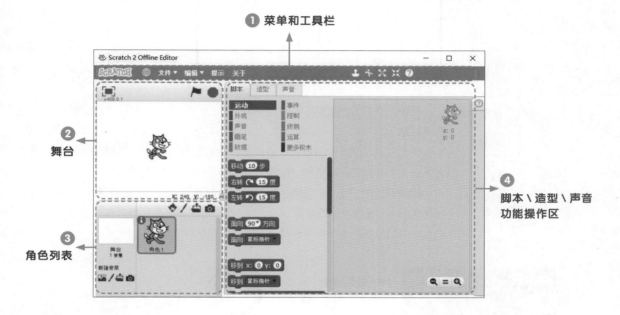

① 菜单和工具栏

② 舞台

③ 角色列表

④ 脚本 \ 造型 \ 声音
功能操作区

舞台顾名思义，就是所有角色进行演出的场所。程序的最终结果都通过舞台得以展示，无论是你创作的游戏、故事还是动画。

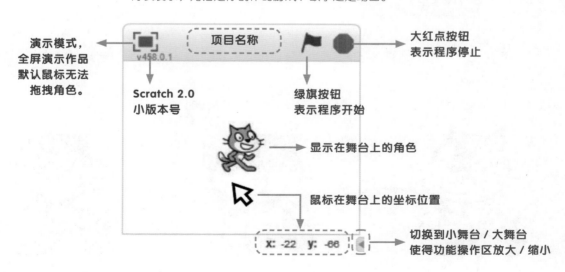

演示模式，
全屏演示作品
默认鼠标无法
拖拽角色。

项目名称

大红点按钮
表示程序停止

Scratch 2.0
小版本号

绿旗按钮
表示程序开始

显示在舞台上的角色

鼠标在舞台上的坐标位置

切换到小舞台 / 大舞台
使得功能操作区放大 / 缩小

鼠标在舞台上的坐标，暗示了舞台的大小是有限制的。

舞台的横轴长度为 480，纵轴长度为 360，如下图所示。

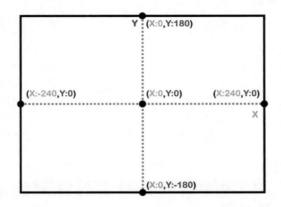

注意，舞台的长度单位称为"步长"或"步"。例如，移动 10 步表示向当前方向移动 10 个单位；x 坐标增加 10 表示向右移动 10 个单位。步长与计算机屏幕的像素并非完全等价的概念，步长和像素的比例关系取决于屏幕的分辨率以及大舞台、小舞台或全屏模式。实践中大家也不会在意两者的关系。

步长可以小于 1，但是舞台支持的最大显示步长为 1 步。例如，将角色的 x 坐标增加 0.1 十次，你只能看到角色向右移动了 1 次，而不是微微移动了 10 次。

右键单击舞台上的角色和舞台空白处的效果并不相同。

你还能够拖动舞台上的角色（全屏模式下默认不允许拖拽），调整它们的位置。

5

舞台是角色表演的场所，角色列表就是角色们的休息区域，它们要做好随时进入舞台进行表演的准备！ Scratch 的角色可能是游戏主角、敌人、障碍物、装饰物、背景图片，甚至是不以展示为目的的抽象的程序流程等。

Scratch 认为程序应包含一个背景和多个角色，所以角色列表区域包含左右两个部分。

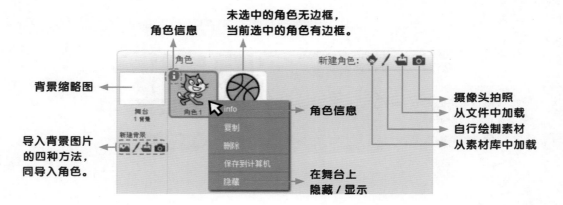

角色信息中可以修改该角色的众多属性。

其他选项较为简单也不常用，你会在随后学习 Scratch 的过程中明白它们的含义。

素材库为你提供了丰富的图片，当然你也能从网络上寻找自己喜欢的图片。

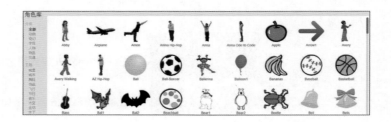

6

Scratch 2.0 离线版的菜单有如下功能。

进入 Scratch 官方首页 ←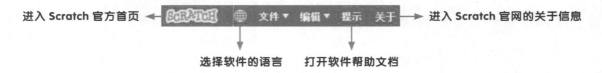→ 进入 Scratch 官网的关于信息

选择软件的语言　　打开软件帮助文档

按住 Shift 再点击菜单的地球图标，可以看到顶部多了两个额外的选项。

设置积木块的大小
可以保护自己的眼睛！
选择合适的大小  字号变大了！

文件菜单的功能如下所示。

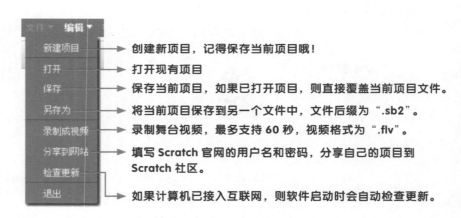

创建新项目，记得保存当前项目哦！

打开现有项目

保存当前项目，如果已打开项目，则直接覆盖当前项目文件。

将当前项目保存到另一个文件中，文件后缀为 ".sb2"。

录制舞台视频，最多支持 60 秒，视频格式为 ".flv"。

填写 Scratch 官网的用户名和密码，分享自己的项目到
Scratch 社区。

如果计算机已接入互联网，则软件启动时会自动检查更新。

编辑菜单的功能如下所示。

切换小舞台和大舞台模式 ←

注意，Scratch 仅支持撤销一步！执行删除操作时务必
小心。

提高程序运行速度，多见于纯数值计算类程序。

工具栏的功能如下。

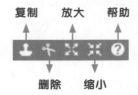

复制按钮（删除按钮）可以复制（删除）角色、脚本、造型、声音等各类资源；放大按钮（缩小按钮）除了放大（缩小）舞台中的角色外，还能够作用于绘图编辑器中的图片，特别适合于放大很小的图片（缩小很大的图片）；帮助按钮可以查看积木块的说明信息。

实践中，放大（缩小）按钮是最常用的，故详细说明。如果你感觉舞台中的角色太小（太大），先点击放大（缩小）按钮，再多次点击舞台中的角色即可持续放大（缩小）。

点击空白处，或者再次点击放大按钮即可取消放大操作。

此外，当为背景或造型（详见造型标签页）导入了较小（较大）的图片时，放大（缩小）按钮是改变素材尺寸的利器。例如导入 1024×605 大小的图片作为背景。

为保证图片比例不变，Scratch 将底部留白，放大操作可快速占据空白区域。

7

[环境介绍]
脚本标签页

　　脚本、造型（背景）、声音标签页是角色（舞台）完成演出的重要依据。脚本决定了角色和舞台的行为，造型（背景）决定了角色（舞台）的外观，声音是供脚本使用的音乐或音效资源。注意，每个角色（舞台）都拥有自己的脚本、造型（背景）、声音！当你在角色列表中选择了不同的"演员"时，Scratch 会自动切换到它所对应的标签页。这是 Scratch 中非常基础且重要的概念！

　　下面依次了解每个标签页，先从脚本标签页开始。脚本是 Scratch 中最为重要的部分，本书绝大部分工作都将在这里完成。脚本区的操作界面如下。

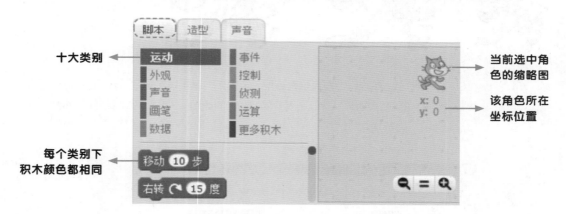

Scratch 的编程方式非常简单，将积木块从左侧拖拽到右侧。

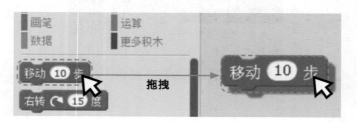

积木块外观上凹下凸，暗示多块积木可以上下卡合在一起。

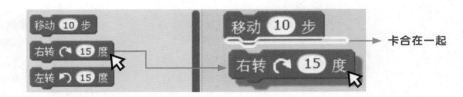

习惯上将一块独立的积木称为积木块，将多个积木块卡合在一起形成的整体称为脚本。让脚本运行有两种方法，第一种方法是直接点击积木块。

该方法常用于程序测试。第二种方法是使用绿旗积木，常见于正式程序。

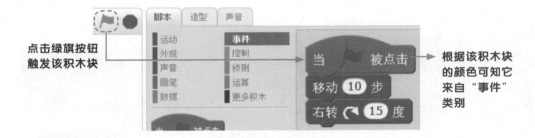

如何删除一段不想要的脚本？有两种方式：右键删除或拖拽到左侧区域。

个别积木块中并没有可修改的空位，例如：

但也有不少积木块可以修改其中的数据。

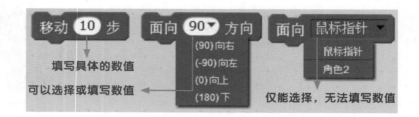

在积木面板中，个别积木前方拥有一个复选框。

勾选复选框后，会发现舞台上出现了角色的基本信息，它通常用于程序测试。

当脚本数量非常多时，它们的排布可能较为混乱，如果能直接将其对齐归整该有多好！在脚本空白区域处右键，选择"整理"。该功能是强迫症患者的福音！

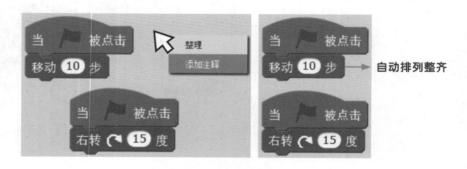

有时为了避免遗忘，我们可能需要添加额外的说明信息。

积木块之间除了卡合关系外，还能够嵌套。

8

造型是角色的外衣，任意时刻角色必须穿且仅能穿一件外衣，编辑外衣样式的工具称为绘图编辑器。舞台也有造型，称之为"背景"。背景和造型的编辑界面几乎完全一致，只有两点不同：背景没有透明色和造型中心。下面仅讲解角色的造型图形编辑器。

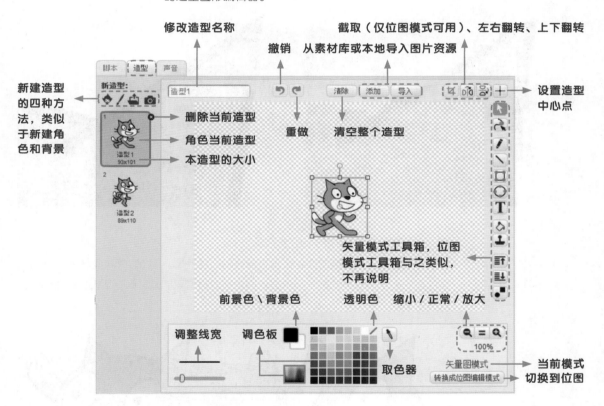

修改造型名称 | 截取（仅位图模式可用）、左右翻转、上下翻转
撤销 从素材库或本地导入图片资源
新建造型的四种方法，类似于新建角色和背景
设置造型中心点
删除当前造型
角色当前造型
本造型的大小
重做 清空整个造型
矢量模式工具箱，位图模式工具箱与之类似，不再说明
前景色\背景色 透明色 缩小/正常/放大
调整线宽 调色板 取色器
矢量图模式 当前模式切换到位图

绘图工具箱的工具较多，但也非常易用，它们的功能就交给聪明的你探索吧！

造型中心点是非常重要的功能，它决定了三件事情：角色的坐标位置、旋转中心、画笔落笔点。点击造型中心点按钮，再点击相应的位置即可调整，习惯上一般设置到造型的中心位置。

再说明两个问题：第一，Scratch 不支持中文字体（若想导入矢量中文字体，笔者的方法是先在 PPT 内输入中文，然后右键保存成图片，最后用矢量工具转换为 SVG 格式导入绘图编辑器）；第二，不要将造型的名称设置为"0"，否则程序可能会出现错误。

最后说明位图编辑模式和矢量编辑模式的区别。计算机保存图片有两种方法，一种是老老实实一个像素点一个像素点地记录，这就是"位图"模式。Scratch 2.0支持的位图文件格式有 bmp、jpg、png、gif 等，但它们放大后会失真，图像会变得模糊，边缘呈现锯齿状。

另一种方法是记录线的位置、颜色、形状、轮廓、大小等信息，无论放大多少倍也不会产生清晰度和分辨率问题，因为该操作不会影响到上述几何信息，这就是"矢量"模式。Scratch 2.0 仅支持导入 svg 矢量格式文件。通常矢量格式文件比位图格式文件小很多，但缺点是无法表现出色彩层次丰富的逼真图像效果。

绘图编辑器
放大 16 倍后
位图模式 vs. 矢量模式

在舞台上两者的差异更为明显：

考虑到矢量图能为读者带来更高清的视觉效果，笔者创作的绝大部分资源文件都使用了 svg 格式的矢量素材。你也可以将喜欢的素材保存下来，导入到自己的程序中。

舞台
全屏演示模式
位图模式 vs. 矢量模式

边缘呈锯齿状

边缘光滑无比

9

每个角色都拥有自己的声音资源（正如脚本和造型一样），脚本可以调用其中的声音。

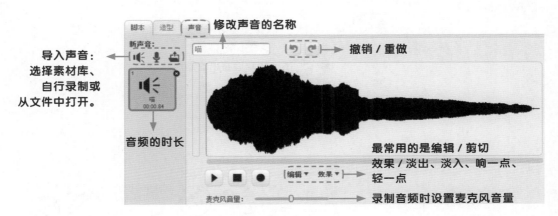

从素材库导入音乐时，注意选择合适的分类，否则寻找起来较为困难（导入角色、造型、背景同理）。

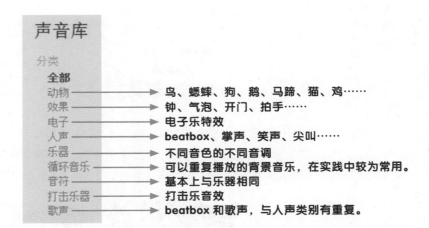

某些角色有较为丰富的声音资源，例如乐器类角色：Cowbell、Cymbal、Drum-Bass、Drum-Conga、Drum-Snare、Drum-Tabla、Drum1、Drum2、Guitar、Guitar-Bass、Guitar-Electric、Microphone、Microphone Stand、Piano、Saxophone、Speaker、Trombone、Trumpet、Ukulele。完全可以编写一款乐队程序了呢！

10 [小试牛刀] 猫咪追小球

准备创作你的第一个 Scratch 程序吧！一起来感受编写程序的快乐！

猫咪追小球 .sb2

在舞台上反弹的小球

猫咪追着小球跑

第一步，导入小球角色 Baseball，使用工具栏的缩小工具适当改变角色大小。

第二步，导入背景，选择"其它"类别中的 stripes。

第三步，分别为猫咪和 Baseball 添加如下脚本（记得根据颜色寻找积木块）。

注意在正确的角色内添加正确的脚本，你将在未来的学习中了解各积木块的功能。你能根据脚本中的文字解读出程序是如何执行的吗？

11

猜猜我是谁

刚才创作了简单的小游戏,接着再创作一个简单的动画效果!

猜猜我是
谁 .sb2

→ 猜猜我是谁

→ 猫咪忽大忽小

该动画整体效果是,猫咪从大到小再从小到大地不断变化。

第一步:导入背景,选择"其它"分类中的 rays。

第二步,添加"字幕"角色,切换到绘图编辑器的矢量模式,输入文本。

第三步,将字幕角色拖拽到舞台的合适位置上。

第四步,在猫咪角色中完成如下脚本。

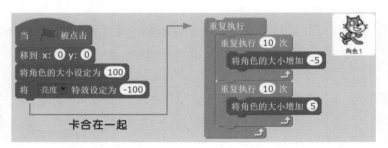

[小试牛刀]
时尚换装

再创作一款换装艺术作品：导入各种各样的饰品。

时尚换装 .sb2

第一步，删除默认的猫咪角色，本程序不需要此角色，然后导入舞台背景"stage1"。

第二步，选择素材库中的"饰品"分类，导入自己喜欢的饰品角色。

第三步，拖拽舞台上的角色，搭配出自己喜欢的时尚造型。你还可以选择不同的造型，或者复制新的造型重新上色！

第四步，在人物角色中拖拽脚本，让他向我们打招呼。

13

之前创作了游戏、动画、艺术类作品，最后创作一件音乐作品吧！

音乐小球 .sb2

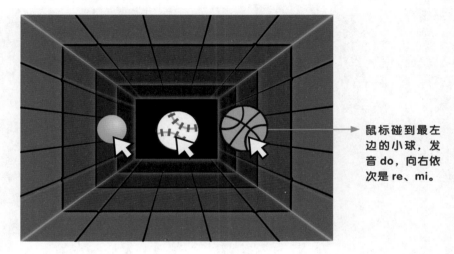

鼠标碰到最左
边的小球，发
音 do，向右依
次是 re、mi。

第一步，删除默认的猫咪角色，导入新角色"Ball""Baseball"以及
"Basketball"，导入背景"neon tunnel"。

第二步，为三个角色依次添加如下脚本（你能猜出第三个角色的脚本吗）。

第三步，为舞台添加如下脚本。

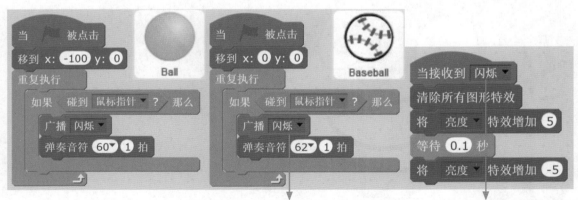

点击下拉菜单的"新消息…"后新建消息　　　已建立的消息可以直接选择

在本书后面的内容中，你会明白这些积木的含义。欢迎进入 Scratch 世界！

第二章
Scratch 入门

在上一个章节中，
我们熟悉了 Scratch 2.0 的编程环境并模仿了几个简单案例。本章节趁
热打铁，创作游戏、艺术、动画、音乐、教程和故事共六大类项目，快速
领略 Scratch 的魅力，为深入计算机科学的基础领域做好准备。

你将在本章节学习到：
- Scratch 基本概念，如坐标、方向、
  造型、广播、克隆、变量、列表。
- 每个领域的程序特点，如交互、对话、
  动画、播放音乐。

Scratch 官方划定了 Scratch 程序最常涉及的六大领域。我将带你走进每一个领域，学习基本概念，感受 Scratch 的包容和强大。在本章节收集到足够的感性素材后，下个章节就要进入理性领域了。记得下载程序素材，准备好跟我一起玩吧！

1

猜拳游戏

猜拳是经典的游戏，两个人喊出"剪刀石头布"，话音刚落便知胜负。如何使用 Scratch 模拟猜拳游戏呢？打开素材，角色列表中包含两个玩家角色。

猜拳游戏 blank.sb2

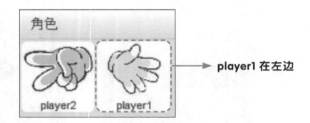

→ player1 在左边

每个角色都包含三个造型。

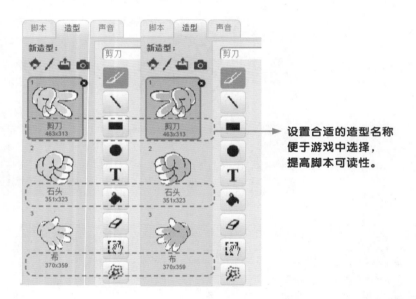

→ 设置合适的造型名称
便于游戏中选择，
提高脚本可读性。

> **什么是角色和造型？**
>
> 　　角色是舞台中的演员，舞台上的所有可见物都是角色。复杂的 Scratch 程序通常包含大量角色及其之间的互动和配合。一个项目可以包含 0 个或多个角色。
>
> 　　造型是角色的"衣服"，角色在任意时刻必须"穿"造型且仅能"穿"某一个造型。因此一个角色包含 1 个或多个造型，不可能没有造型。

向玩家 1 角色添加如下脚本：

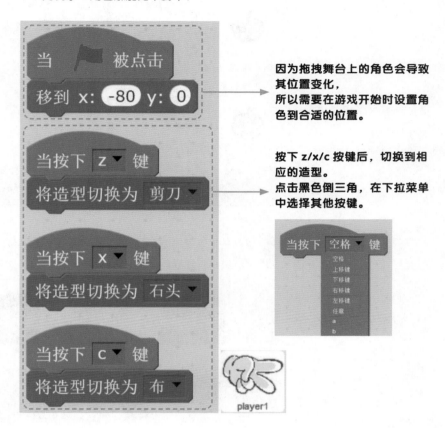

因为拖拽舞台上的角色会导致
其位置变化，
所以需要在游戏开始时设置角
色到合适的位置。

按下 z/x/c 按键后，切换到相
应的造型。
点击黑色倒三角，在下拉菜单
中选择其他按键。

Scratch 坐标系 & 获取坐标值的技巧

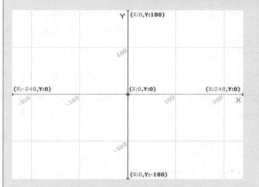

Scratch 的舞台横坐标范围 –240 到 240，纵坐标范围 –180 到 180，中心位置为原点坐标 (0,0)，对角线长 600。任何位置都由 x 坐标和 y 坐标共同确定。

　　每个 Scratch 角色（严格说是角色当前造型的中心点）都位于舞台的某个坐标点。那么如何获取合适的初始位置呢？你可以一次次测试 x/y 坐标，也可以使用如下技巧。

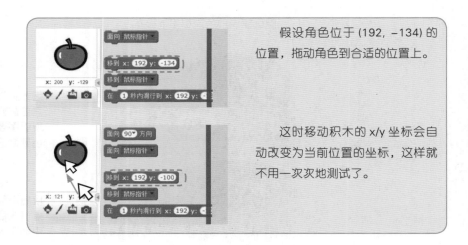

假设角色位于 (192, -134) 的位置，拖动角色到合适的位置上。

这时移动积木的 x/y 坐标会自动改变为当前位置的坐标，这样就不用一次次地测试了。

玩家 2 的脚本就由你来实现吧！基本思路都是一致的。

此外，猜拳游戏目前是双人游戏，能否修改为单人游戏呢？

广播是不同角色沟通的关键！当我们按下 z/x/c，都会广播一条消息"电脑出拳"，计算机玩家接收到这条消息后，就随机地切换自己的造型。

广播消息是什么？如何新建消息？

Scratch 的广播和真实世界的广播别无二致：某个角色大喊了一声"电脑出拳"，这时所有角色（包括舞台和该角色本身）都能听到该消息，只要某个角色使用了"当接收到"积木且消息名一致，它就能处理该消息。所以广播是角色间交流的关键。

点击"广播"积木或"当接收到"积木的黑色倒三角，选择下拉菜单中的"新消息"，就可以创建新的消息名称了。

2

[艺术]
魔幻旋转

规则图形的旋转经常能创造出令人惊讶的视觉效果。打开素材文件，一个规则图案映入眼帘，它好像是由一个图形多次旋转而来。

魔幻旋转 blank.sb2

可以想象，仅旋转一个图形并不是很有趣。我决定让两个相同的角色一起旋转，所以首先复制该角色。

然后选中复制的角色，进入造型标签页，左右翻转该造型。

现在是左右对称的

下面我们先让一个角色旋转起来。选中第一个角色，拖拽出如下脚本：

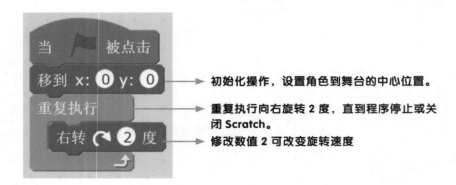

初始化操作，设置角色到舞台的中心位置。

重复执行向右旋转 2 度，直到程序停止或关闭 Scratch。

修改数值 2 可改变旋转速度

点击绿旗测试程序，如果没有问题则继续完成第二个角色。显然，另一个角色的脚本几乎是相同的，我们将脚本复制过去。

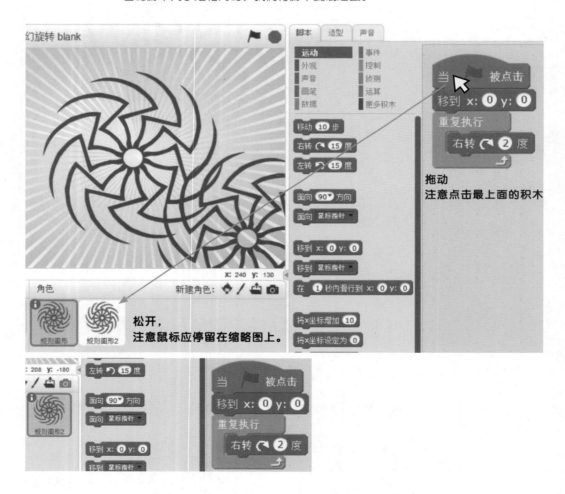

复制成功后点击绿旗运行，此时图形并没有特别的效果。

这是因为两个角色同向旋转。如果我们将任意一个角色的修改为，神奇的效果就出现了！尝试做如下对比，感受效果差异。

VS.

矢量和标量

如果一辆正在向前行驶的汽车的速度为 30km/h，那么当该汽车的速度为负 5km/h 时，我们就认为汽车正在向后行驶。因为速度是矢量，正负号表示方向。

Scratch 中有很多矢量，拿旋转积木举例：

右转 ⟳ 15 度　　左转 ↺ -15 度

这两块积木是完全等价的，因为方向是矢量，所以正负号代表旋转方向。你今后会发现，变量、移动步数、造型编号、画笔亮度、画笔颜色等数值，都可以使用负数做反方向的变化。反之，没有方向的数值称之为标量，如马赛克特效值。

你甚至可以把旋转速度设置为随机值：

最后再尝试复制一个旋转体（新角色会自动复制所有脚本），并随意设置其旋转方向，看看有没有新的效果！

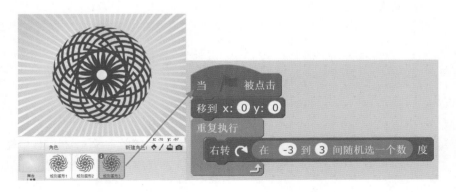

3

[动画]
奔跑的 Wuffle

当屏幕每秒刷 24 次以上时，人眼就会认为它是连续的动画。下面我们制作一个动画：角色 Wuffle 从舞台的尽头跑到屏幕前方，同时伴随着脚步声。

奔 跑 的 Wuffle
blank.sb2

打开素材文件，你会发现 Wuffle 有 8 个连续奔跑的造型，只要按顺序切换必然能产生奔跑的效果。编写如下脚本：

当 ▶ 被点击
将造型切换为 图片2-0 ▼   → 初始化操作，设置角色的初始造型。
重复执行   → 需要不断地重复切换到下一个造型
  等待 0.05 秒   → 等待时间决定了切换的速度
  下一个造型   → 切换到最后一个造型时会自动返回第一个造型

相对和绝对

我们在初中物理学习过相对运动的概念，这个道理也体现在切换造型积木中：

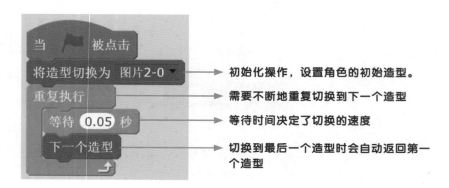 绝对 VS. 相对 下一个造型

今后你会看到大量相对和绝对积木，如画笔、变量、移动 x/y 坐标、特效值、音量值、节奏值等。下方脚本中的角色大小就是典型应用。

接着再来实现从远处奔跑到屏幕前的效果，本质上就是角色从小变大的过程：

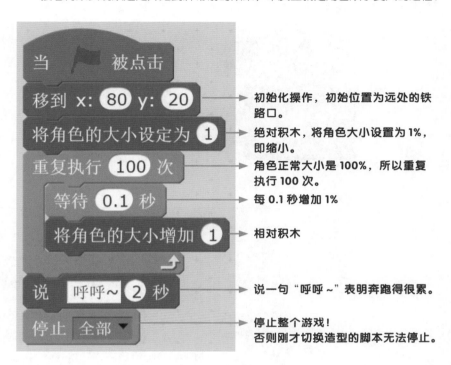

初始化操作，初始位置为远处的铁路口。

绝对积木，将角色大小设置为1%，即缩小。

角色正常大小是100%，所以重复执行100次。

每0.1秒增加1%

相对积木

说一句"呼呼~"表明奔跑得很累。

停止整个游戏！
否则刚才切换造型的脚本无法停止。

同时执行的绿旗

  这是我们第一次在一个角色内放置多个绿旗。不用担心，当点击绿旗后，Scratch会"同时"执行这两段脚本。虽然我们也可以把两段绿旗融合到一段脚本中，但是作为初学者，你应该先建立起正确的意识：除考虑性能和功能外，应让一段脚本尽可能处理少的事情。本书的所有案例均采用这种设计思想。

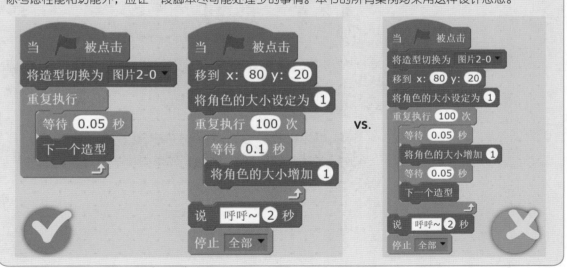

最后添加脚步声音效，脚本也比较简单。

调整造型切换的等待时间
就能让走路声和脚步动作
完全契合！

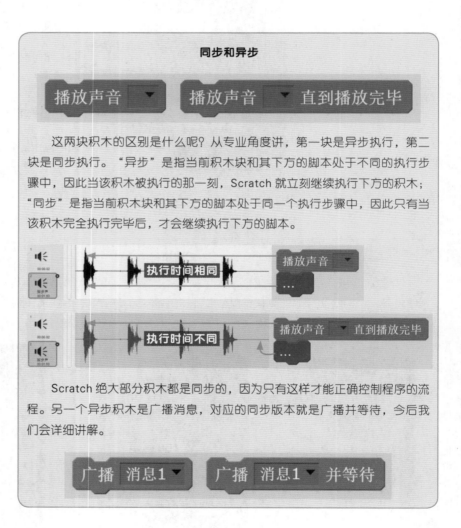

同步和异步

这两块积木的区别是什么呢？从专业角度讲，第一块是异步执行，第二块是同步执行。"异步"是指当前积木块和其下方的脚本处于不同的执行步骤中，因此当该积木被执行的那一刻，Scratch 就立刻继续执行下方的积木；"同步"是指当前积木块和其下方的脚本处于同一个执行步骤中，因此只有当该积木完全执行完毕后，才会继续执行下方的脚本。

Scratch 绝大部分积木都是同步的，因为只有这样才能正确控制程序的流程。另一个异步积木是广播消息，对应的同步版本就是广播并等待，今后我们会详细讲解。

4

智商测试

你的智商余额已不足，请通过本案例进行充值。

智商测试 blank.sb2

　　游戏展示一道题目，炸弹人询问你的答案，并根据答案说出不同的内容。打开素材，程序包含两个角色，一个用来显示题目，一个用来提出问题。和之前一样，我们要做的第一件事情就是初始化操作。

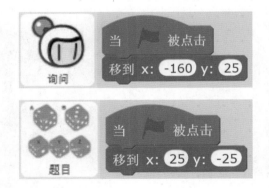

程序初始化

　　初始化操作的本质是恢复程序运行后所有可能改变的状态，它不只是移动到初始位置这么简单。你还会看到本章节中其他初始化操作。

接下来让炸弹人进行提问并做判断。

这时炸弹人就会说出这句话，并等待玩家作答。通过键盘输入后，按下回车键或点击右边的确定键即可提交答案。

或 enter

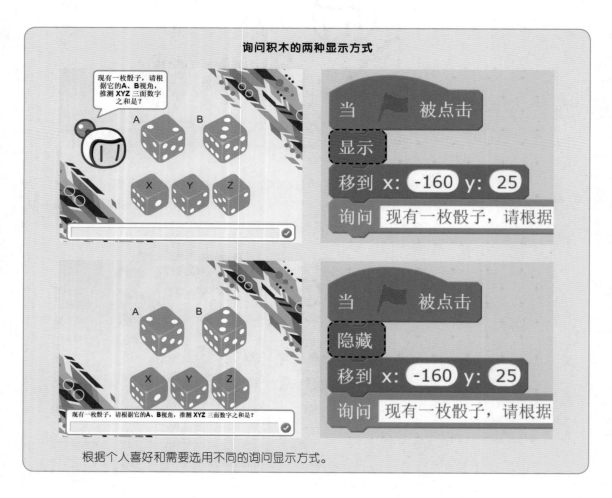

询问积木的两种显示方式

根据个人喜好和需要选用不同的询问显示方式。

但是输入的答案去哪里了呢？ Scratch 使用"回答"积木保存你刚才输入的信息。我们添加如下脚本判断答案。

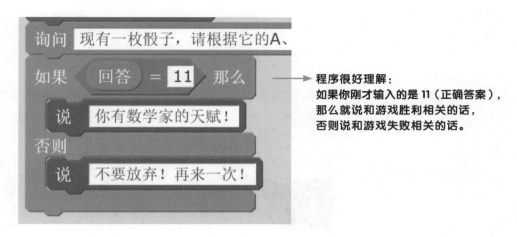

程序很好理解：
如果你刚才输入的是 11（正确答案），
那么就说和游戏胜利相关的话，
否则说和游戏失败相关的话。

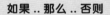

找朋友一起来充值智商吧！

如果 .. 那么 .. 否则

"如果"是生活中最常见的思维了。例如：如果假期剩余天数不足一周，那么我才开始写作业，否则就玩。

我们称如果 .. 那么之间的空位为"条件"，当条件成立时执行"写作业"，当条件不成立时执行"玩"。换言之，无论是写作业还是玩，两者必执行且仅执行其一。不存在两种行为都执行或都不执行的情形。

5

[教程]
如何系蝴蝶结

教程类的 Scratch 程序不是很常见。它主要是展示做某件事情的步骤，带领你顺利完成这件事情。打开素材，只存在一个角色，其中包含 10 个造型，分别是 1 张封面和 9 张系蝴蝶结的步骤图。

如何系蝴蝶结 blank.sb2

教程的整体操作比较简单：按下左键切换到上一张，按下右键切换到下一张。

最后我们检查两个边界情况。

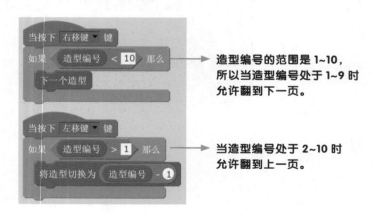

6

[动画]
浪里个浪 & 夏日沙滩

我们再来创作一个动画程序。打开素材文件，看到 wuffle 角色和太阳 sun 角色。

虽然我们第一次使用滑行积木块，但是程序依然非常容易读懂。

再创作一个动画。打开素材"夏日沙滩 blank.sb2"，剩下的就交给你啦！

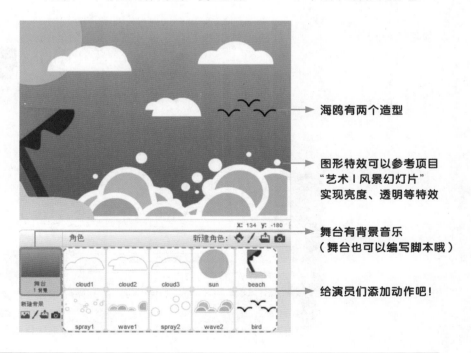

7

[故事]
哈士奇的逻辑

使用 Scratch 制作故事再合适不过了！我们来创作小白兔和哈士奇的故事！首先描述剧本，剧本确定了再开始编写程序。

< 场景 > 外景，深山老林，晨光熹微。

< 人物 > 小白兔 Rabbit，哈士奇 Husky

< 动作 >

R 心里想自己有一颗牙齿不够白！

R：哈士奇哥哥~

H：干嘛?

R：我有一颗牙齿不够白。好烦恼呀！怎么样才能让它们看起来一样呢?

H 表现出正在思考的模样，然后恍然大悟。

H 拿出吃剩下的巧克力，涂到了另一颗洁白的牙齿上。

H：解决啦！

R 表现出很无语。

确定剧本无误后准备编程。打开素材文件，舞台背景、人物、道具都已经准备就绪，让我们编写脚本吧！

哈士奇的逻辑 blank.sb2

首先是小白兔的脚本。

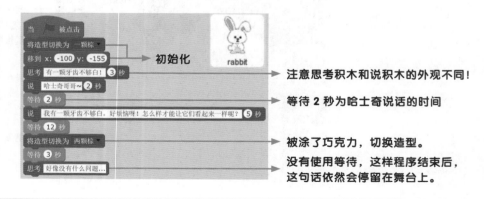

其次是哈士奇的脚本。

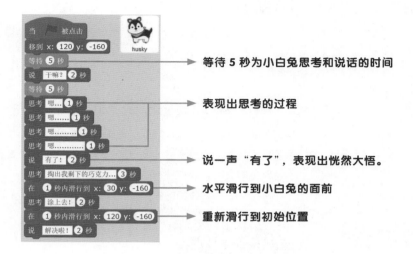

等待 5 秒为小白兔思考和说话的时间

表现出思考的过程

说一声"有了",表现出恍然大悟。

水平滑行到小白兔的面前

重新滑行到初始位置

最后是巧克力的脚本。

初始化为隐藏状态

小白兔和哈士奇的对话时间

哈士奇拿出了巧克力

哈士奇收起了巧克力

依赖于时间的脚本

虽然我们完成了程序,但是这些脚本有一个很严重的问题,就是它们依赖于时间,导致脚本修改后牵一发而动全身!举例来说,如果修改了兔子最开始的思考时间,那么有多少处需要修改呢?如果我想多加一句话呢?

除了时间依赖外,依赖的形式还有很多。消除依赖的关键是使用广播机制,我会在后面的章节说明消除依赖的方法。

你能使用现有素材编写出好玩的故事吗?比如多复制几只小白兔或哈士奇,再把角色缩小一点。发挥你的创造力吧!

8 [艺术] 风景幻灯片

　　幻灯片是最常用的展示工具。仅从视觉效果的角度上说，制作幻灯片涉及到模板版式、配色、字体、排版、动画、切换等内容。本项目中，我们仅关注幻灯片的切换特效。打开素材，我已经为你准备了 9 张优美的风景，看看能切换出什么特别的效果吧！

　　程序一开始先做初始化操作，并重复播放轻松的音乐。

风景幻灯片 blank.sb2

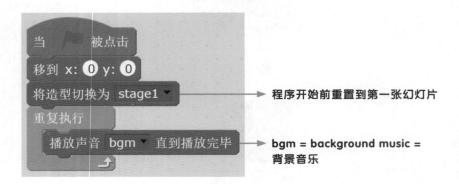

→ 程序开始前重置到第一张幻灯片

→ bgm = background music = 背景音乐

　　下面做幻灯片的切换。最简单的方式就是按下空格切换。

　　显然这是一个比较"骨感"的切换效果！我们更喜欢带有特效的切换。一起来看看 Scratch 支持的图形化特效。

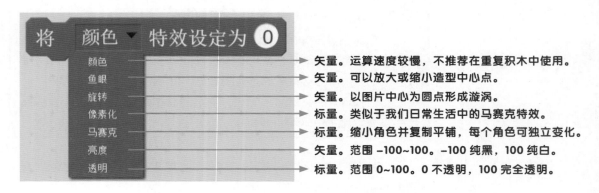

→ 矢量。运算速度较慢，不推荐在重复积木中使用。
→ 矢量。可以放大或缩小造型中心点。
→ 矢量。以图片中心为圆点形成漩涡。
→ 标量。类似于我们日常生活中的马赛克特效。
→ 标量。缩小角色并复制平铺，每个角色可独立变化。
→ 矢量。范围 –100~100。–100 纯黑，100 纯白。
→ 标量。范围 0~100。0 不透明，100 完全透明。

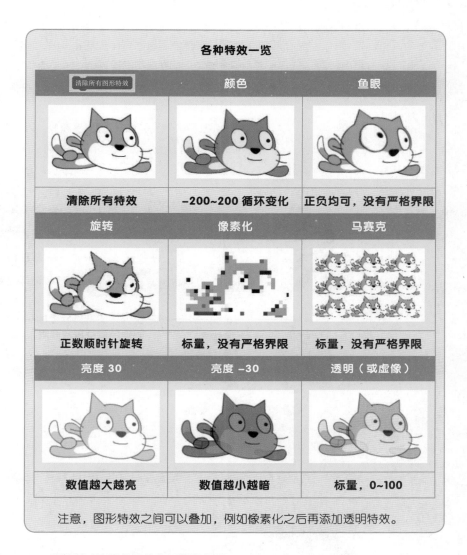

我们尝试使用几种特效切换幻灯片。

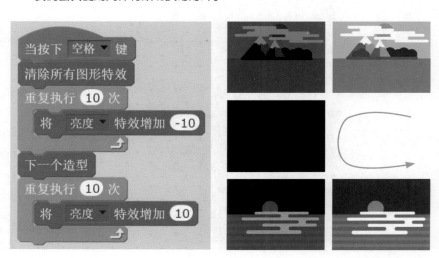

请你再做几个测试，看看都有什么效果。

- 亮度值先增加，切换造型后再减小。
- 将亮度更换为透明、马赛克、像素化。
- 尝试组合这几种特效。

但是无论如何切换，始终无法做到交叉渐变。因为只有在当造型特效执行完毕后，下一个造型才能开始执行。如何实现这种特效呢？我要使用一点小魔法了：图章。

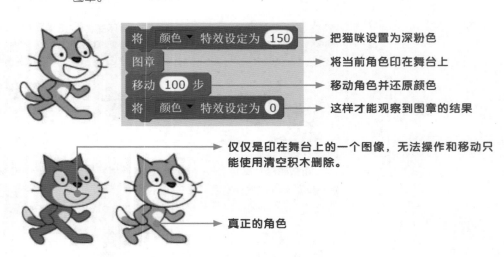

将 颜色 ▼ 特效设定为 150 —————→ 把猫咪设置为深粉色

图章 —————→ 将当前角色印在舞台上

移动 100 步 —————→ 移动角色并还原颜色

将 颜色 ▼ 特效设定为 0 —————→ 这样才能观察到图章的结果

—————→ 仅仅是印在舞台上的一个图像，无法操作和移动只能使用清空积木删除。

—————→ 真正的角色

我们尝试先把下一个造型图章到舞台，然后重新切回上一个造型。可以想象，当逐渐透明时，虽然当前造型不可见，但是下一个造型已经印到了舞台上，所以下一个造型是可见的，从而实现了交叉渐变！

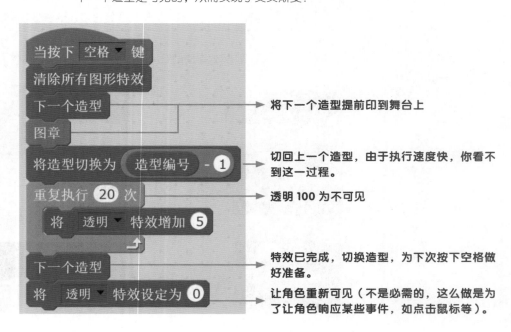

当按下 空格 ▼ 键

清除所有图形特效

下一个造型 —————→ 将下一个造型提前印到舞台上

图章

将造型切换为 造型编号 - 1 —————→ 切回上一个造型，由于执行速度快，你看不到这一过程。

重复执行 20 次 —————→ 透明 100 为不可见

  将 透明 ▼ 特效增加 5

下一个造型 —————→ 特效已完成，切换造型，为下次按下空格做好准备。

将 透明 ▼ 特效设定为 0 —————→ 让角色重新可见（不是必需的，这么做是为了让角色响应某些事件，如点击鼠标等）。

交叉渐变的效果如下所示，是不是自然了很多呢？

最后再实现向右滑动的特效。

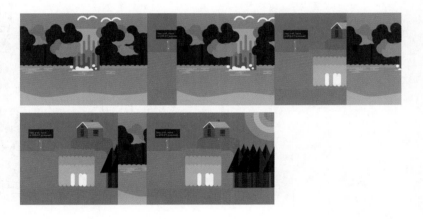

脚本的思路和之前图章的想法近似。

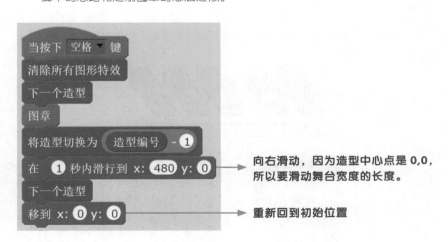

向右滑动，因为造型中心点是 0，0，
所以要滑动舞台宽度的长度。

重新回到初始位置

你还能实现出其他的切换方式吗？

9

虚拟电子琴

我们来制作一个高仿真虚拟电子琴吧！仿真包括：每个琴键可以独立控制，因此支持和弦；按下键盘时琴键也按下，松开键盘时琴键才弹起；可以更换多种音色。

虚拟电子琴 blank.sb2

注意，琴键从右至左依次处于下一个琴键的上一层，因此建议不要拖动舞台上的琴键，否则调整起来很困难（如果不想调整，则重新加载本项目）。当然也可以通过广播并等待和下移一层积木进行控制。

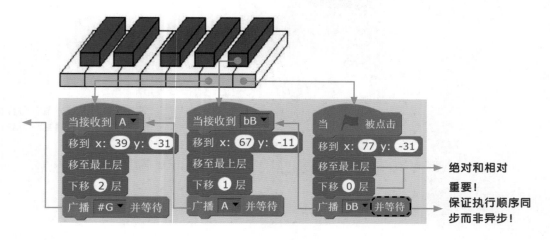

绝对和相对重要！保证执行顺序同步而非异步！

在控制方式上，琴键的位置和键盘上的位置对应（未完全展示），这样便于我们演奏。

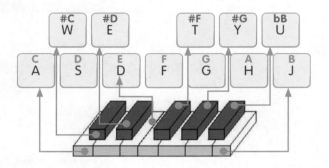

开始编写脚本吧！本项目只讲解按键 A，其他按键同理。总体上还是很简单的。

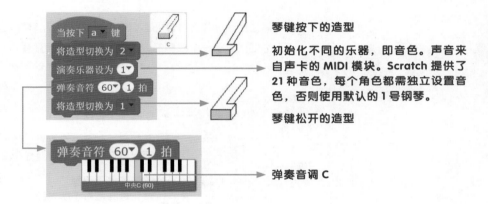

琴键按下的造型

初始化不同的乐器，即音色。声音来自声卡的 MIDI 模块。Scratch 提供了 21 种音色，每个角色都需独立设置音色，否则使用默认的 1 号钢琴。

琴键松开的造型

弹奏音调 C

这么做会导致很多问题，比如琴键无法多次快速按下、琴键必须等待音符弹奏完毕才能抬起、持续按住 A 键时会自动弹奏……看来脚本没有这么简单，我们看看正确的做法。

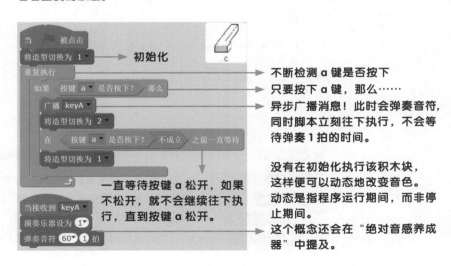

初始化

不断检测 a 键是否按下

只要按下 a 键，那么……

异步广播消息！此时会弹奏音符，同时脚本立刻往下执行，不会等待弹奏 1 拍的时间。

一直等待按键 a 松开，如果不松开，就不会继续往下执行，直到按键 a 松开。

没有在初始化执行该积木块，这样便可以动态地改变音色。动态是指程序运行期间，而非停止期间。

这个概念还会在"绝对音感养成器"中提及。

　　完成其他所有的琴键脚本吧！完成之后就会发现，修改音色不是件容易的事情，因为你要修改每一个琴键的数值。下面我们使用变量进行统一控制。新建一个变量。

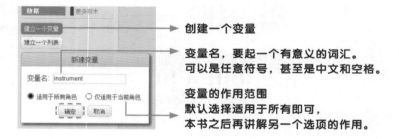

创建一个变量

变量名，要起一个有意义的词汇。
可以是任意符号，甚至是中文和空格。

变量的作用范围
默认选择适用于所有即可，
本书之后再讲解另一个选项的作用。

　　创建变量后，Scratch 会提供许多操作变量的积木块。

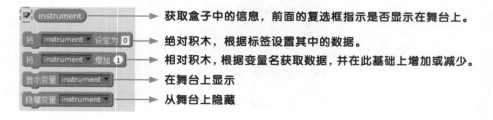

获取盒子中的信息，前面的复选框指示是否显示在舞台上。

绝对积木，根据标签设置其中的数据。

相对积木，根据变量名获取数据，并在此基础上增加或减少。

在舞台上显示

从舞台上隐藏

将所有琴键角色的播放音符的脚本修改为：

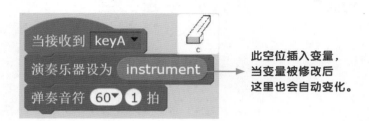

此空位插入变量，
当变量被修改后
这里也会自动变化。

按上下方向键切换乐器，但由琴键角色处理这件事情不太合适，因为琴键是用来检测按键并发音的，和音色无关，所以我们选择在舞台中实现。

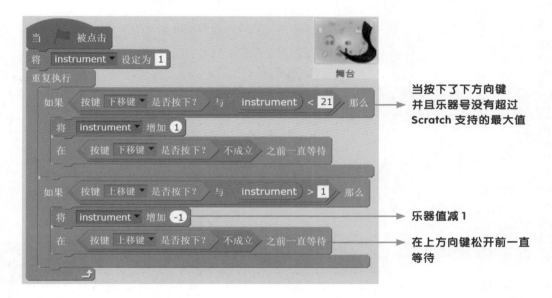

当按下了下方向键
并且乐器号没有超过
Scratch 支持的最大值

乐器值减 1

在上方向键松开前一直
等待

与是什么

"与"就是"并且"的意思。它连接了两个条件，只有当这两个条件全部成立，与积木才是成立的；有任一条件不成立，与积木也不能成立。

尝试搜索《粉刷匠》《玛丽有只小羊羔》《小星星》《两只老虎》《洋娃娃和小熊跳舞》的简谱吧！再测试下哪些和弦更悦耳（比如 C+#C+D 没有 C+E+G 和 D+#F+A 好听）！

10

为什么不去约会

放假啦！是时候给自己充电了。单身的你在电脑前翻着这本书，津津有味地品味着。可是家人却认为你应该多多锻（洗）炼（碗）。于是发生了如下一幕。

< 场景 > 内景，家里厨房，午饭后

< 人物 > 家人 Parent，玩家 Kid

< 动作 >

P 和 K 入场

P：放假了怎么不去约会？

K：又没有人喜欢我！

P：假如有人喜欢你，你愿意为对方做什么？

K：任何事！

P：好孩子，我很喜欢你，你愿意帮我把碗洗一下么？

K 无语中

和故事"哈士奇的逻辑"不同，你可能是男孩、女孩或其他性别，家人的出场也会发生变化。所以交互式故事更为合理。

为什么不去约会 blank.sb2

我是女孩	我是男孩	我是其他性别
爸爸出场	妈妈出场	双方都随机出现

打开素材，程序已经准备好了 3 个按钮和 2 个人物角色。整体流程是：玩家点击性别按钮，2 个人物角色切换到不同的造型，随即对话开始。我们先完成其中一个按钮的脚本。

通知各人物角色开始对话，通知所有的按钮隐藏起来，自己发出的广播也能接收到。

通知各人物角色切换造型

人物角色接收到消息后，首先切换造型。

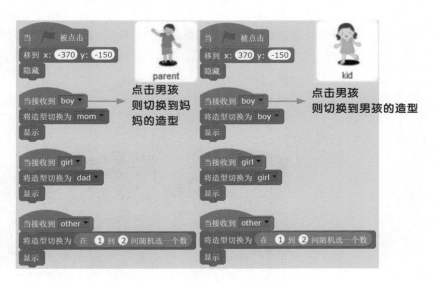

为了凸显按钮和人物，我们稍微增加背景的亮度。

故事正式开始！下面编写两个人物的对话。

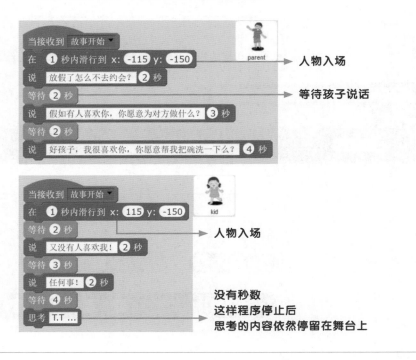

如果家长角色parent在说话时，能根据自己的身份（爸爸 / 妈妈）个性化地说出"好孩子，爸爸 / 妈妈很喜欢你，你愿意帮爸爸 / 妈妈把碗洗一下么"该有多好。我们可以使用变量和"如何 .. 那么 .. 否则"来实现这一点！新建变量"身份"。

在切换造型时设定为"爸爸"或"妈妈"。

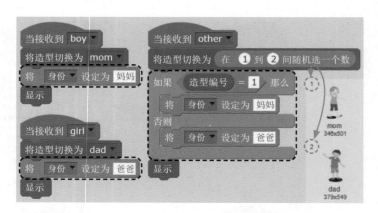

变量还能保存中文？

不仅是变量名，变量的内容也可以设置为数字、符号、英文、中文，只要能在键盘输出的字符都可以存入变量。这涉及到数据类型的内容，我们在下一个章节讲解。

那么家长角色如何使用该变量呢？使用嵌套的"连接"积木：

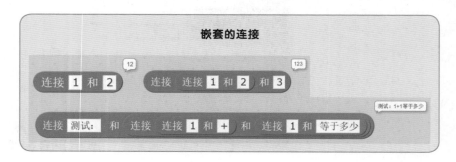

最后我们提升按钮的交互效果，带来更棒的用户体验。在所有按钮中添加如下脚本。

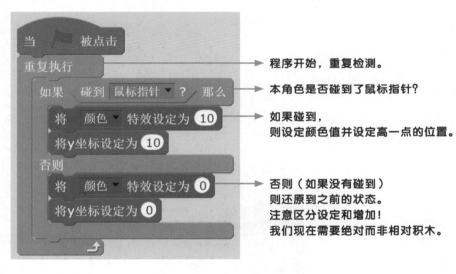

程序开始，重复检测。

本角色是否碰到了鼠标指针？

如果碰到，
则设定颜色值并设定高一点的位置。

否则（如果没有碰到）
则还原到之前的状态。
注意区分设定和增加！
我们现在需要绝对而非相对积木。

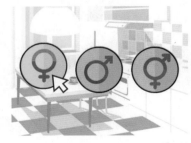 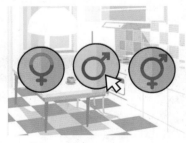 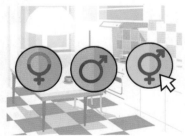

你能使用现有的素材创作什么有趣的内容呢？发挥你的想象力吧！

11 [游戏] 经典乒乓球

反弹乒乓球绝对称得上入门 Scratch 的最佳游戏了，游戏规则也很简单：使用鼠标水平移动反弹板，避免小球落下来。我们先逐步完成各个角色的脚本，最后进行扩展和特效优化。

经典乒乓球 blank.sb2

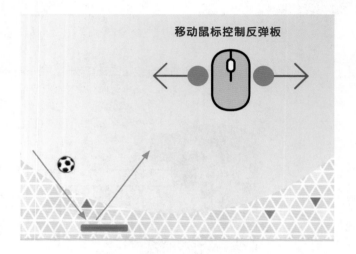

打开素材，进入反弹板角色 paddle，实现跟随鼠标水平移动。

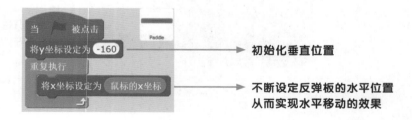

初始化垂直位置

**不断设定反弹板的水平位置
从而实现水平移动的效果**

再进入小球角色 ball，实现碰到边缘反弹的效果。

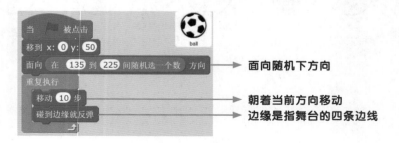

面向随机下方向

**朝着当前方向移动
边缘是指舞台的四条边线**

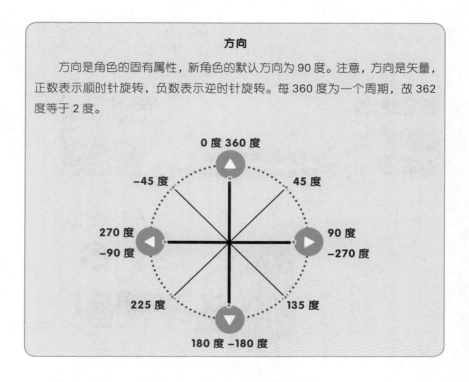

方向

方向是角色的固有属性，新角色的默认方向为 90 度。注意，方向是矢量，正数表示顺时针旋转，负数表示逆时针旋转。每 360 度为一个周期，故 362 度等于 2 度。

小球碰到反弹板时会弹起，这一方向变化规律是怎样的呢？

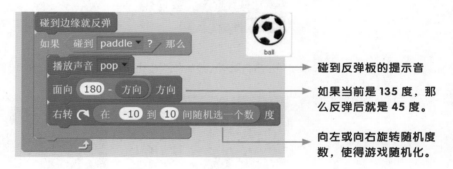

碰到反弹板的提示音

如果当前是 135 度，那么反弹后就是 45 度。

向左或向右旋转随机度数，使得游戏随机化。

小球已经可以顺利弹起并在舞台边缘反弹了！但如何实现落到底部游戏结束呢？第一种思路是使用坐标：如果小球的 y 坐标低于某个值，游戏结束。这里采用第二种思路：如果小球碰到了下边缘，游戏结束。角色 deathLine 紧贴在舞台最下方，只要小球碰到则游戏结束。

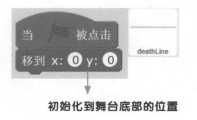

初始化到舞台底部的位置

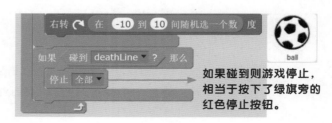

如果碰到则游戏停止，相当于按下了绿旗旁的红色停止按钮。

游戏基本功能都完成了，但是还有很多不足，比如缺少分数系统。分数意味着目标，没有目标的游戏索然无味。使用变量记录反弹次数吧。新建分数变量 score。

勾选变量前面的复选框，这样就能在舞台上看到分数了。

右键菜单选择"大屏幕显示"，这种方法可让变量显得更大一些。

　　修改相应脚本记录分数，即弹起的次数。

不要忘记初始化分数为 0

每次碰到反弹板就增加 1，舞台上可以实时看到分数变化情况。

　　最后再给小球一个幻影特效，使用克隆体和特效即可。

每次移动后都克隆

克隆体启动后逐渐增加透明特效值，到 100 时透明不可见。

即使不可见也要删除克隆体，否则到达克隆体数量上限后将无法再产生新的幻影。

　　游戏虽小，但仍有众多改进之处。例如再增加一个小球（尝试直接复制小球角色），随着分数增加改变小球移动速度，甚至是双人游戏（在舞台顶部添加代表另一个玩家的反弹板）。

12

　　无极生太极，太极生两仪，两仪生四象，四象生八卦，八卦演万物。当数量或结构达到一定程度时就会发生质变，正如一滴水微不足道，但汇聚成海洋便可形成漩涡。就像舞台中这根微不足道的棍子。

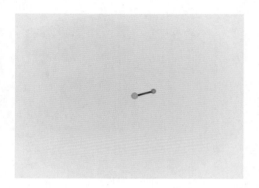

　　看上去并无特别之处，然而当我把它复制 100 次，并为每个角色编写脚本之后，就产生了有趣的效果，仿佛所有的棍子都面向着鼠标指针。

疯狂的棍子 blank.sb2

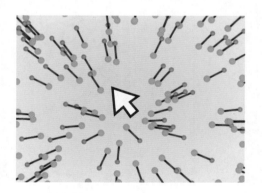

　　打开素材文件，把这个角色复制 100 次，然后为每个角色编写脚本吧！

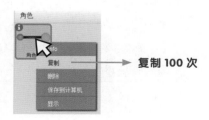

复制 100 次

不出意外，你现在肯定会抱怨工作量太大了！而且一旦要给所有角色添加新的功能，改动量简直不可想象！程序极难修改和扩展。如何解决这个问题呢？

我们使用 Scratch 的克隆功能，也就是动态地（程序运行期间而非停止期间）、自动地复制角色。

什么是克隆

克隆是 Scratch 最重要的功能之一，我们通过一个简单的案例来了解它的功能。

最终的运行结果是：

绿旗执行克隆后，一个新的角色会出现在舞台上。我们称呼原角色为本体，称呼复制的新角色为克隆体。克隆体当然也要执行各种动作，所以需要一块启动积木，这就是"当作为克隆体启动时"的作用。

克隆体会继承本体的所有属性和脚本，如 xy 坐标、显示或隐藏、各种特效值，甚至包括克隆体无法执行的那一段绿旗脚本。克隆体启动后立刻右转 90 度面向下，这正是因为它继承了本体的方向属性。另一个方面，本体向后移动了 150 步，也反证了克隆体继承了本体的 xy 坐标位置属性。

目前 Scratch 最多支持 301 个克隆体。

习惯上本体隐藏、克隆体显示，让我们复制 100 个棍子吧！

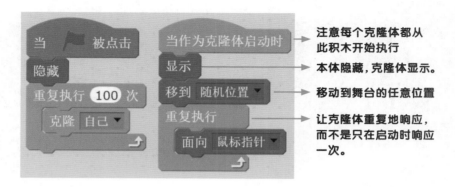

不要被多个克隆体迷惑，你要想象，本体被隐藏后克隆了 100 个自己，而每个克隆体都有完全一样的脚本。

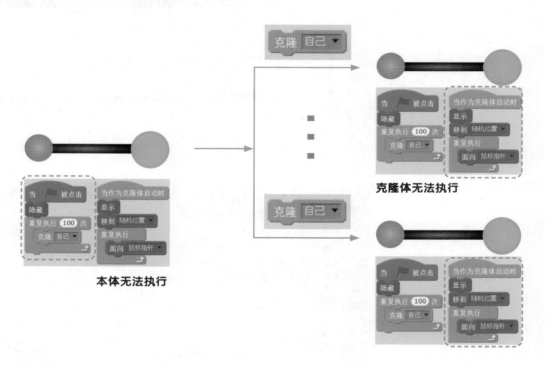

为什么习惯上本体隐藏、克隆体显示

这样做便于脚本职责分离：本体只负责克隆，而克隆体负责具体的行为（专业上称为业务逻辑）。本书会在剩余部分详细说明该问题。既然是习惯，则有特例情形，如本体留在舞台上能给用户带来提示作用，或者本体需要继续响应鼠标点击事件等。

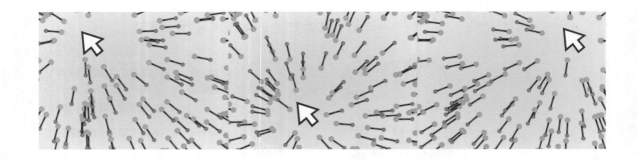

既然面向积木和造型中心点有直接的关系，那么尝试修改，看看有无奇特的效果。

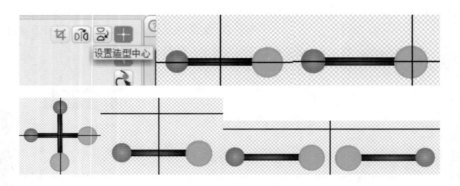

甚至可以修改脚本，添加一些特效。

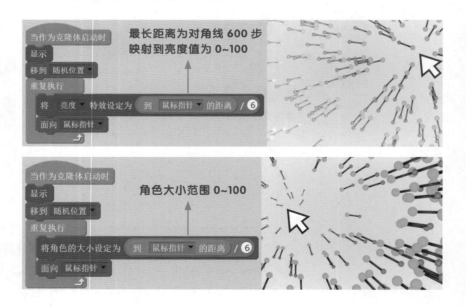

你还有什么创意吗?

13

眼力大挑战

你的敏锐程度怎么样呢？在下面这个游戏中，你要在舞台中辨别出左下角所示的图案，点击之后消失。尝试找出所有的图案吧！

眼力大挑战 blank.sb2

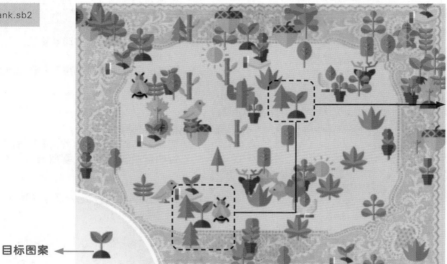

打开素材文件，完成左下角区域和目标物的脚本。

现在的难点是，随机移动的克隆图案如何避免碰到目标图案，因为这会影响视觉效果。我们希望克隆的图案出现在淡黄色角色的外部。

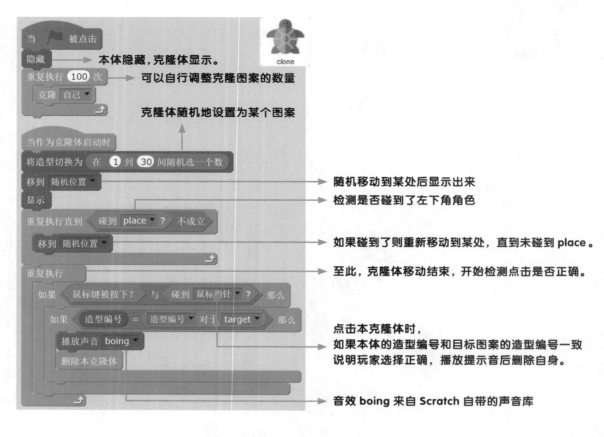

当 ▶ 被点击
隐藏 → **本体隐藏，克隆体显示。**
重复执行 100 次 → **可以自行调整克隆图案的数量**
　克隆 自己 ▾

　　　　　　　　克隆体随机地设置为某个图案

当作为克隆体启动时
将造型切换为 在 1 到 30 间随机选一个数
移到 随机位置 ▾ → **随机移动到某处后显示出来**
显示 → **检测是否碰到了左下角角色**
重复执行直到 碰到 place ▾ ？ 不成立
　移到 随机位置 ▾ → **如果碰到了则重新移动到某处，直到未碰到 place。**

　　　　　　　　　　→ **至此，克隆体移动结束，开始检测点击是否正确。**
重复执行
　如果 鼠标键被按下？ 与 碰到 鼠标指针 ▾ ？ 那么
　　如果 造型编号 = 造型编号 ▾ 对于 target ▾ 那么
　　　　　　　　　　　　　　　　　　　点击本克隆体时，
　　播放声音 boing ▾ → **如果本体的造型编号和目标图案的造型编号一致**
　　删除本克隆体 　　　　**说明玩家选择正确，播放提示音后删除自身。**

　　　　　　　　　　→ **音效 boing 来自 Scratch 自带的声音库**

　　　注意，判断克隆体的造型编号等于目标角色 target 的造型编号，其关键在于两个角色的造型完全对应：克隆体的 1 号造型必须和 target 角色的 1 号造型相等，其他编号同理。

　　　有目标和约束的游戏才有挑战，才能吸引玩家投入其中。本项目设置的目标是剩余图案数量，约束是游戏倒计时。首先是剩余数量，新建变量 rest 并放置到合适的位置上。

数据
　　　　　　　3
建立一个变量
☑ rest

当 被点击
将 rest ▾ 设定为 0
隐藏 → **克隆前做好初始化工作**
重复执行 100 次 　　　**设置剩余数量为 0**
　克隆 自己 ▾

当作为克隆体启动时
将造型切换为 在 1 到 30 间随机选一个数 → **不要忘记**
如果 造型编号 = 造型编号 ▾ 对于 target ▾ 那么 　　**删除前减少剩余数量**
　将 rest ▾ 增加 1
移到 随机位置 ▾

移动前先判断自己是不是正确答案

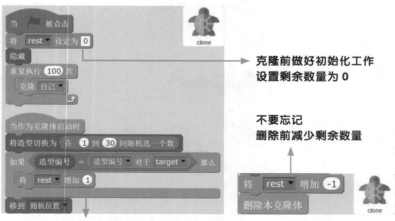

将 rest ▾ 增加 -1
删除本克隆体

其次是游戏倒计时。Scratch 有一块计时器积木，在"侦测"中勾选复选框，并放置到舞台合适的位置上。

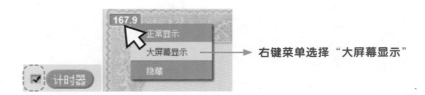

右键菜单选择"大屏幕显示"

由于克隆 100 次要花数秒的时间，因此计时器应该在克隆完毕后开始计时。

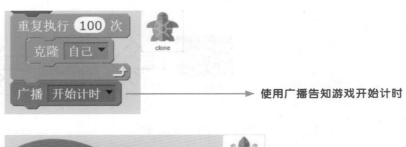

使用广播告知游戏开始计时

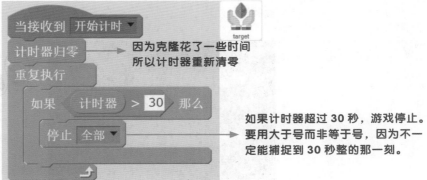

因为克隆花了一些时间
所以计时器重新清零

如果计时器超过 30 秒，游戏停止。
要用大于号而非等于号，因为不一
定能捕捉到 30 秒整的那一刻。

计时器

　　计时器不会停止，只能使用归零积木清零。当点击绿旗时，计时器会自动做一次归零操作。实践中多用变量获取瞬时时间，并用于判断和计算。

　　我将计时器的时间称之为"Scratch 时间"，因为它并不是真实世界的时间。该时间与舞台的每秒刷新频率有关。本书之后会详细说明这一点。不过大部分时候，使用计时器并没有太多问题。

　　如何构建倒计时？如何体现玩家胜利？如何在剩余时间不足时报警提示？鼠标碰到克隆体时如何增强交互感，提升用户体验？如果克隆结束后 rest 变量为 0 怎么办？

14

[教程]
裸眼极光

你体验过裸眼 3D 技术吗？顾名思义，就是不需要任何辅助设备，如 3D 眼镜、AR 眼镜、VR 头盔等便可看到 3D 图像。那如何在不身临其境的情况下快速看到飘渺的动态极光呢？和裸眼 3D 一样，我们利用眼睛的错觉来实现。打开素材，程序中包含 3 个角色。

教程类程序中通常要控制多个场景的顺序，其关键就是广播。我们从第一个场景开始。

裸眼极光 blank.sb2

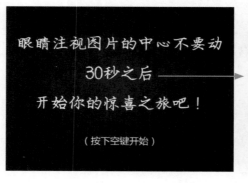

无论是教程还是其他类型程序，
告知用户如何使用程序很重要，
这也是用户体验的一部分。
要记得换位思考：
若你使用程序时没有任何说明提示，
你觉得这个程序做得如何？
你觉得编写程序的人是否负责？

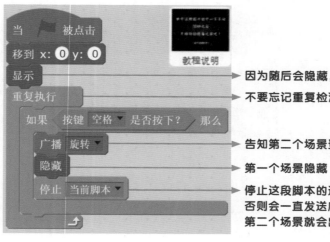

因为随后会隐藏，故开始前要显示。

不要忘记重复检测

告知第二个场景登场

第一个场景隐藏

停止这段脚本的运行，
否则会一直发送广播，
第二个场景就会出现异常。

说明结束后跳到第二个场景，让眼睛产生错觉！

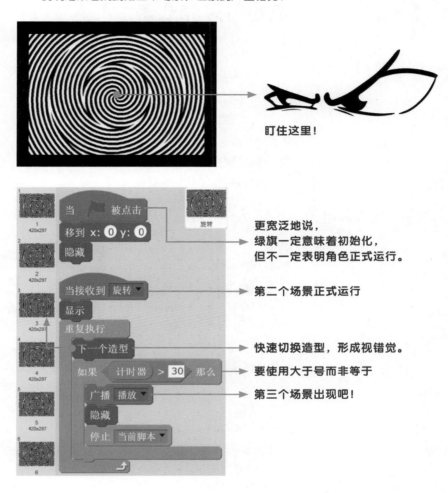

盯住这里！

更宽泛地说，
绿旗一定意味着初始化，
但不一定表明角色正式运行。

第二个场景正式运行

快速切换造型，形成视错觉。

要使用大于号而非等于

第三个场景出现吧！

眼睛留下残影后，准备裸眼欣赏极光和星空。

发生了什么？

启动第三个场景

切换10次（2轮）
即可，
因为残影效果会
逐渐消失。

给用户一段欣赏
的时间

你能解释其中的原理吗？为什么会产生这种错觉呢？

15

[音乐]
绝对音感养成器

绝对音感是指一个人先天或经后天训练，可以听音识调。根据论文统计得知，3 到 9 岁的孩子经过训练完全可以建立绝对音感，12 岁之后可能性小于 0.9%。先别在乎你的年龄了，做一款简单的绝对音感养成器，训练起来吧！

打开素材文件，可以看到 4 个角色。

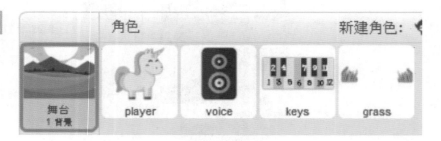

你就是 player 玩家角色。当听到 voice 角色发出的声音后，该角色会询问你刚才听到的音符，而你则要根据 keys 角色回答相应的琴键数值。grass 角色只起装饰作用。

既然要回答一个音符的音调，程序就必须给出一个基准音符。养成器选取 C 大调的 do 作为基准音符，待训练的音符是随机音符。

首先完成无足轻重的两个角色的脚本。

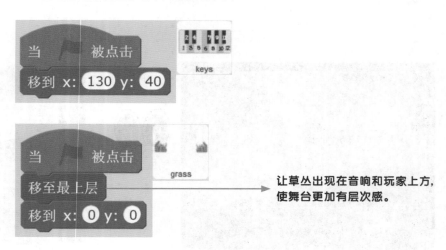

让草丛出现在音响和玩家上方，使舞台更加有层次感。

然后看看玩家 player 和音响 voice 之间如何配合。

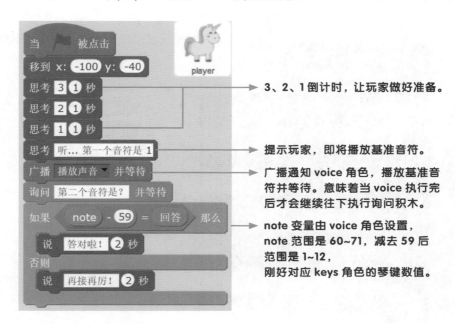

3、2、1 倒计时，让玩家做好准备。

提示玩家，即将播放基准音符。

广播通知 voice 角色，播放基准音符并等待。意味着当 voice 执行完后才会继续往下执行询问积木。

note 变量由 voice 角色设置，note 范围是 60~71，减去 59 后范围是 1~12，刚好对应 keys 角色的琴键数值。

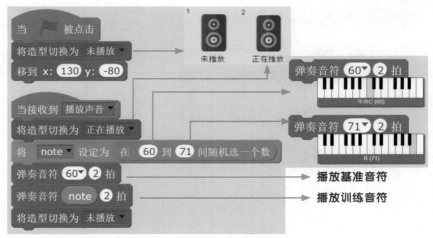

播放基准音符

播放训练音符

养成器先播放第一个基准音符，再播放随机的训练音符，并等待玩家回答。

如何实现一次性测试三个音符呢？这样就不用每次都点击绿旗了，而且更加锻炼记忆力！最简单的方式是建立三个变量，分别播放并判断。

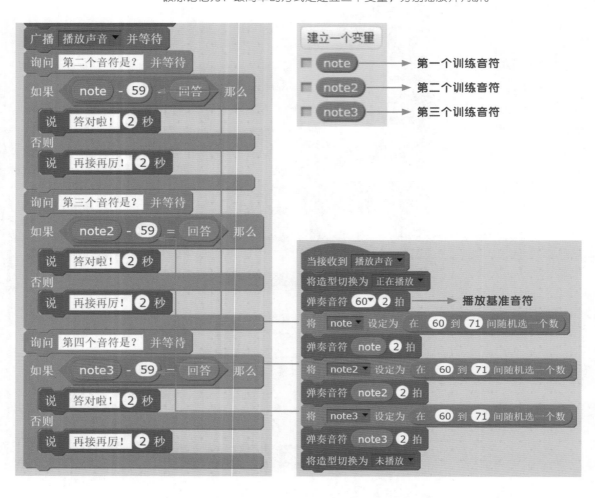

如果我们想继续增加或减少训练音符的数量怎么办？难道只能修改脚本吗？要是能简单修改一个数值，就直接改变训练音符的数量，程序该有多美好！我们使用列表便可以做到。点击新建列表按钮，按照下图设置。

列表就是变量的集合。它好比一个罐子，里面放着很多颗糖（变量），我们可以在脚本中动态地（动态是指在程序运行期间，而不是程序停止期间）把糖放进去，还能动态地取出来。显然，我们无法动态地修改变量的数量，这正是变量无法解决这个问题的本质原因！成功建立列表后会出现很多新的积木块，我们看看如何使用它们吧！

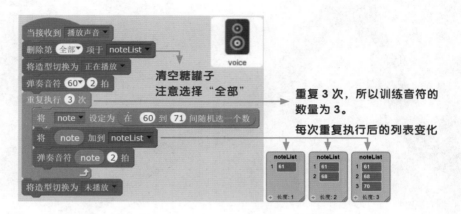

　　加入到列表后，player 角色的任务就是逐个取出并询问。

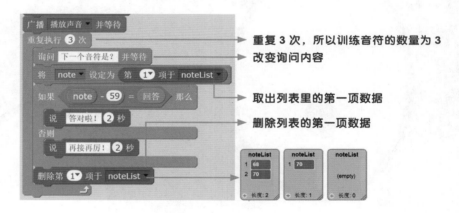

　　现在如何增加或减少音符的数量呢？很简单，将这两个角色中的重复执行修改为某个相同的数字即可！你感受到程序设计的魅力了吗？

第二部分

计算机
科学基础

你已经在本书第一部分的项目中收集了大量的 Scratch 实战经验，不知道 Scratch 是否点燃了你的热情呢？你可以合上书本满意地离去，但最为精彩的部分才刚开始！在第二部分，本书要为大家讲解计算机科学的基础部分。

什么是计算机科学？它是系统性研究信息与计算的理论基础以及它们在计算机系统中如何实现与应用的实用技术的学科，其子领域众多：

第一层：基础

第3章 软件开发基础　　离散数学 第4章

第二层：底层

系统基础　　操作系统　　组织架构　　网络与通信 第5章

第三层：核心

第7章

第6章 编程语言　　算法与复杂性　　信息保障与安全　　并行与分布式计算

第四层：应用

计算科学　　图形和可视化　　智能系统　　信息管理　　基于平台开发

第五层：实践

人机交互　　软件工程　　社会问题与专业实践

计算机科学的世界观非常庞大！即使对每个领域做浅尝辄止的了解都要花费很多时间，本书将初步讲解上图中白色标签的子领域。

第二部分能够极大地提升你对于软件世界的认知和理解。但宝藏向来都不是探囊取物般轻易寻得，她只会被勇敢的探险者发现！

路途艰辛，山水迢迢，愿你就是那位探寻到宝藏的冒险者。

第三章
软件开发基础

新手和专家编写 Scratch 程序的区别在于：专家在使用计算机解决问题时，除了编程技巧外，还能够给出可行（甚至高效）的算法，设计合理的程序架构和数据结构，并能快速定位程序错误，使用合理的调试方法加以解决；而新手大都是想到一步做一步。

每位专家都曾是新手。新手缺乏的正是软件开发流程的训练，包括算法、数据结构、程序架构、调试方法等。你想要成为软件设计的行家吗？

这就是本章节要解决的问题。学习软件开发基础的目标是让学习者掌握软件开发流程中的核心内容，任何软件的开发过程（当然包括 Scratch 程序开发）都会涉及到本章节中讲解的知识。因此软件开发基础算得上是计算机科学中的重中之重，基础中的基础，更是本书的核心章节！

你将在本章节学习到：

● 编程基础概念。该部分讲解了编程的基本知识，如数据类型、程序输入输出模型、流程结构、递归等。

● 基本数据结构。该部分讲解了把数据结构化的思想和方法，如字符串、列表、结构体、多级索引、引用、二维列表、队列、栈、集合、树、图等。

● 算法入门。该部分讲解了算法的基本概念，包括问题规模和时间复杂度的概念，以及常见解决问题的策略。第 7 章会深入讲解算法。

● 程序基本设计原则。该部分讲解程序架构时要考虑到的四个原则：抽象、分解、信息隐藏、行为和实现分离。

● 程序开发方法。该部分讲解了软件开发调试方法、保证正确性的方法、复用的概念等。

[编程基础概念]
积木块的形状

你应该已经发现，即使 Scratch 有上百块积木，但是它们依然有规律可循。
按照积木的外观可分为以下四类。

堆叠积木通过上下层叠完成命令。

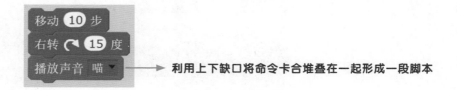

利用上下缺口将命令卡合堆叠在一起形成一段脚本

嵌套积木内部可以包裹脚本，它们之间还能相互嵌套。

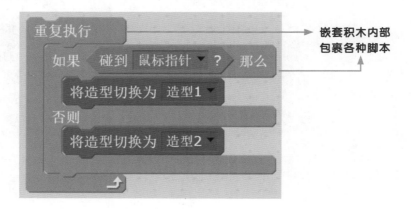

嵌套积木内部
包裹各种脚本

参数积木无法独立使用，必须放入其他积木内。

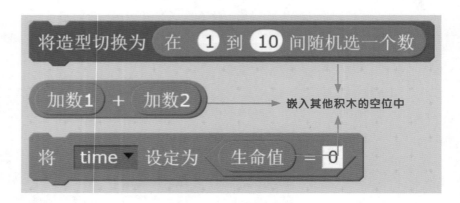

事件积木作为脚本的启动积木，永远位于脚本的最上方。而且它们的名称很统一，都是"当..时"，程序和小说一样便于阅读。事件积木就是告诉Scratch当发生了某件事情时，执行下方脚本。

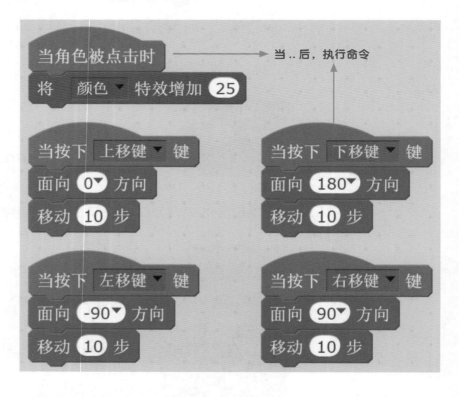

再复杂的Scratch程序也是使用这四类积木相互配合完成的。

2

参数的形状和数据类型

如果说堆叠积木、嵌套积木和事件积木代表命令，那么参数积木就代表数据。数据具有结构和类型两个重要特征，我们先来了解一下数据类型。

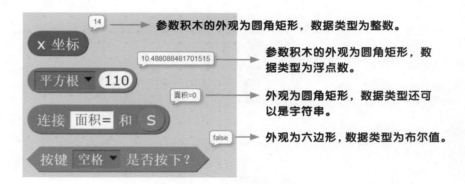

参数积木的外观为圆角矩形，数据类型为整数。

参数积木的外观为圆角矩形，数据类型为浮点数。

外观为圆角矩形，数据类型还可以是字符串。

外观为六边形，数据类型为布尔值。

整数类型的数据可容纳的数据范围几乎是没有限制的。

可正可负，几乎没有限制但在做运算时会被转换。

浮点数就是小数，那为何称为"浮点"呢？我们看看下图的规律。

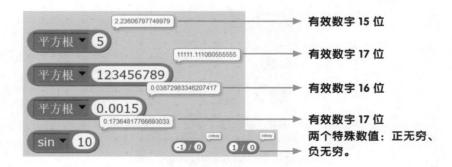

有效数字 15 位

有效数字 17 位

有效数字 16 位

有效数字 17 位
两个特殊数值：正无穷、负无穷。

小数点可以浮动到任何位置，但有效数字最多 17 位，这就是"浮点"的全部秘密。

字符串是一段包含任意字符（数字、字母、中文、符号、空格）的序列。

包含中文、英文、空格。

包含中文、数字。

布尔是表示真（true）和假（false）的数据类型，布尔值只有真假之分。

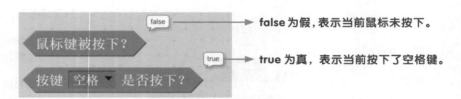

false 为假，表示当前鼠标未按下。

true 为真，表示当前按下了空格键。

既然参数要嵌入到积木块内，那么空位的形状都有哪些呢？

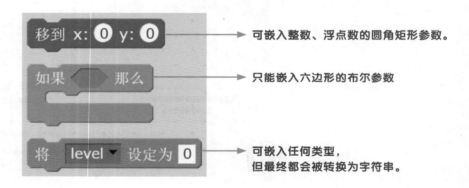

可嵌入整数、浮点数的圆角矩形参数。

只能嵌入六边形的布尔参数

可嵌入任何类型，
但最终都会被转换为字符串。

转换为字符串是什么意思？我举个例子。

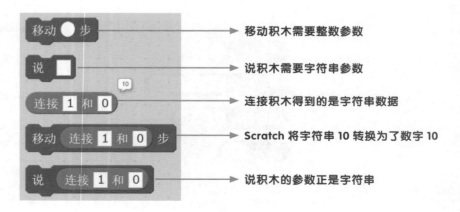

移动积木需要整数参数

说积木需要字符串参数

连接积木得到的是字符串数据

Scratch 将字符串 10 转换为了数字 10

说积木的参数正是字符串

3

[编程基础概念]
程序的输入输出

任何程序都要处理输入的信息并输出结果。

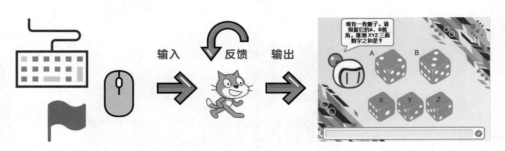

输入的形式非常多，如单击鼠标、键盘输入，以及最常见的点击绿旗。程序运行期间不断接收外部信息并作出处理，最终给出我们希望得到的结果。

现实世界中有许多输入输出模型，比如人口系统的出生和死亡，人类运动时的外部环境感知和肌肉舒张，教室的进入和离开，植物的光合作用，人体的大小循环等等。

事件积木就是程序的输入，我们可以使用广播和"当接收到 .."积木构建出更多输入。例如，怎么构建出"当双击角色时"积木块呢？

礼物 .sb2

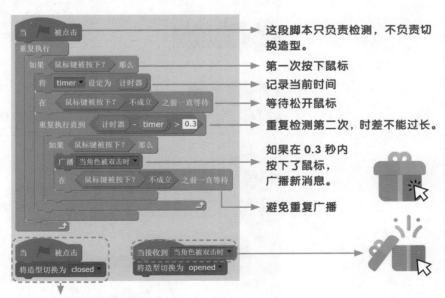

这段脚本只负责检测，不负责切换造型。

第一次按下鼠标

记录当前时间

等待松开鼠标

重复检测第二次，时差不能过长。

如果在 0.3 秒内按下了鼠标，广播新消息。

避免重复广播

这段脚本只负责切换造型，不负责检测鼠标。

4

[编程基础概念]
脚本流程结构

脚本只有三种执行结构：顺序执行、条件选择、循环迭代。顺序执行表示积木块一定是从上往下地逐块执行，绝不会无缘无故跳过相邻的积木块。

顺序执行 .sb2

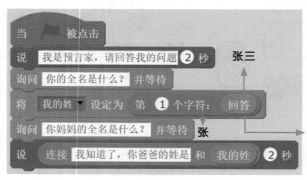

回答是字符串，
它由一个个字符组成，
所以第 1 个字符就是姓。

条件选择就是在某些条件发生时，触发执行相应的行为。

条件选择 .sb2

造型 1：晴天

造型 2：夜晚

造型 3：下雪

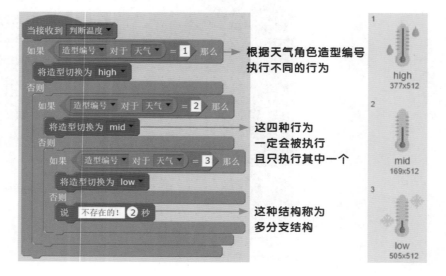

根据天气角色造型编号
执行不同的行为

这四种行为
一定会被执行
且只执行其中一个

这种结构称为
多分支结构

什么是多分支结构？条件选择的嵌套结构非常多样化，常用的模式为：

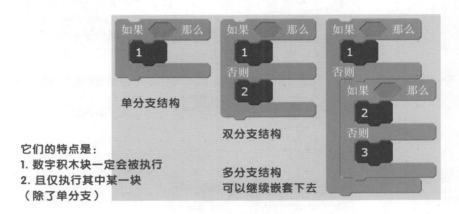

单分支结构

双分支结构

多分支结构
可以继续嵌套下去

它们的特点是：
1. 数字积木块一定会被执行
2. 且仅执行其中某一块
（除了单分支）

根据触发条件的复杂程度，我们要选用不同的分支结构。

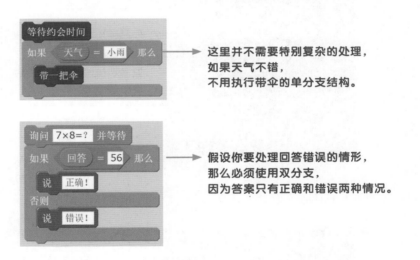

这里并不需要特别复杂的处理，
如果天气不错，
不用执行带伞的单分支结构。

假设你要处理回答错误的情形，
那么必须使用双分支，
因为答案只有正确和错误两种情况。

　　循环迭代是另一种在生活中很常见的结构。例如你需要折叠一堆零散的衣服，
那么用 Scratch 就可以表示为：

循环迭代 .sb2

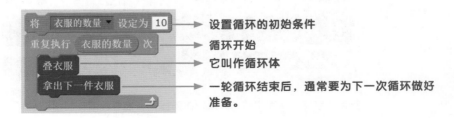

设置循环的初始条件

循环开始

它叫作循环体

一轮循环结束后，通常要为下一次循环做好
准备。

假设每件衣服都需要三步才能折叠完毕，用 Scratch 可以继续描述为：

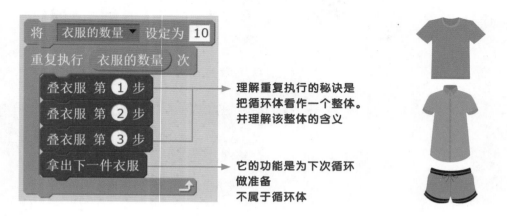

将 衣服的数量 ▼ 设定为 10
重复执行 衣服的数量 次
　叠衣服 第 ① 步　　　　　← 理解重复执行的秘诀是
　叠衣服 第 ② 步　　　　　　把循环体看作一个整体，
　叠衣服 第 ③ 步　　　　　　并理解该整体的含义
　拿出下一件衣服　　　　　← 它的功能是为下次循环
　　　　　　　　　　　　　　做准备
　　　　　　　　　　　　　　不属于循环体

这样我们就得到嵌套的循环结构。

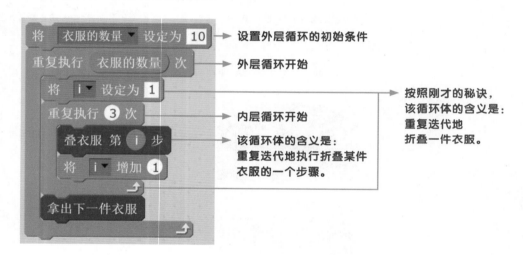

将 衣服的数量 ▼ 设定为 10　→ 设置外层循环的初始条件
重复执行 衣服的数量 次　　　→ 外层循环开始
　将 i ▼ 设定为 1
　重复执行 ③ 次　　　　　　→ 内层循环开始
　　叠衣服 第 i 步　　　　　→ 该循环体的含义是：
　　将 i ▼ 增加 1　　　　　　重复迭代地执行折叠某件
　　　　　　　　　　　　　　衣服的一个步骤。
　拿出下一件衣服

按照刚才的秘诀，
该循环体的含义是：
重复迭代地
折叠一件衣服。

循环结构还有多种形式。

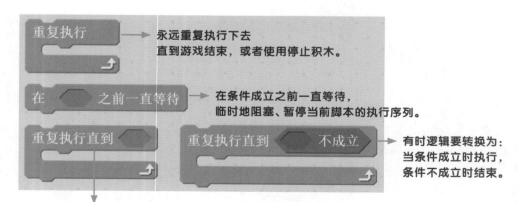

重复执行　　　　　　　　　→ 永远重复执行下去
　　　　　　　　　　　　　　直到游戏结束，或者使用停止积木。

在 ⬡ 之前一直等待　　　　→ 在条件成立之前一直等待，
　　　　　　　　　　　　　　临时地阻塞、暂停当前脚本的执行序列。

重复执行直到 ⬡　　　　重复执行直到 ⬡ 不成立　→ 有时逻辑要转换为：
　　　　　　　　　　　　　　　　　　　　　　　　当条件成立时执行，
　　　　　　　　　　　　　　　　　　　　　　　　条件不成立时结束。

直到型循环：条件不成立时执行内部脚本，当条件成立时循环结束。

我们通过游戏"点击英雄"理解上述循环模块的用法。在游戏中，鼠标就是武器，你要疯狂地点击鼠标，在限定时间内消灭五只怪物，各怪物的血量如下。

| 10HP | 15HP | 20HP | 25HP | 30HP |
| ghost | tree | dragon | narwhal | hydra |

游戏界面如下所示。

点击英雄 blank.sb2

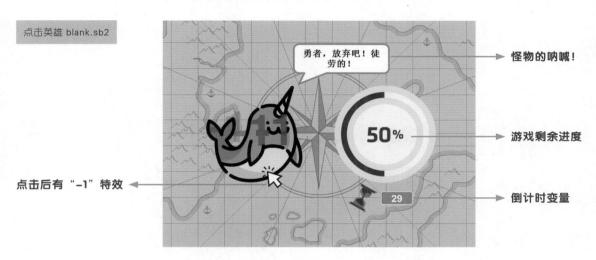

怪物的呐喊！

游戏剩余进度

点击后有"–1"特效

倒计时变量

打开素材文件，我们先处理倒计时角色：

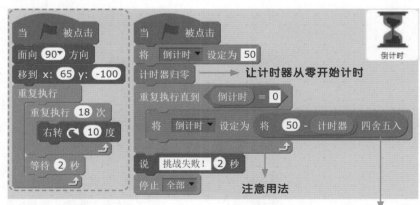

漏斗每 2 秒旋转一次

让计时器从零开始计时

注意用法

本游戏中计时器范围是 0~50，
所以 50– 计时器的范围是 50~0，
四舍五入的意图是转换为整数。

再看看圆形进度条，它根据怪物的总 HP 血量改变造型，提示游戏进度。

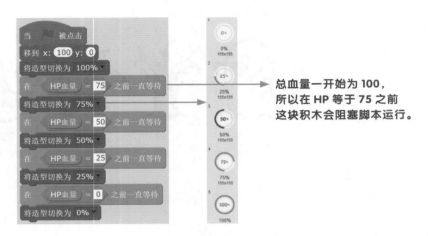

总血量一开始为 100，
所以在 HP 等于 75 之前
这块积木会阻塞脚本运行。

为了让游戏的效果更好，我们让怪物随机地说一些话，表示出它们的愤怒。
查看列表"怪物说的话"，里面已经包含了 15 条怪物们的怒吼。

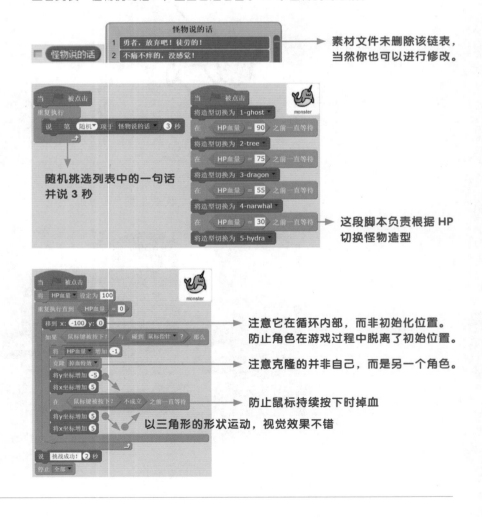

素材文件未删除该链表，
当然你也可以进行修改。

随机挑选列表中的一句话
并说 3 秒

这段脚本负责根据 HP
切换怪物造型

注意它在循环内部，而非初始化位置。
防止角色在游戏过程中脱离了初始位置。

注意克隆的并非自己，而是另一个角色。

防止鼠标持续按下时掉血

以三角形的形状运动，视觉效果不错

怪物被打到后掉 1 滴血，加上特效会更生动！

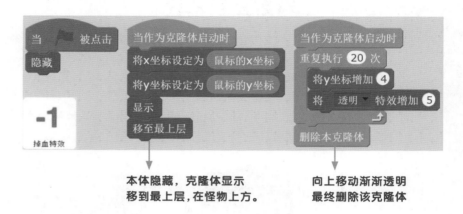

本体隐藏，克隆体显示
移到最上层，在怪物上方。

向上移动渐渐透明
最终删除该克隆体

最后给舞台添加忽暗忽亮的效果：

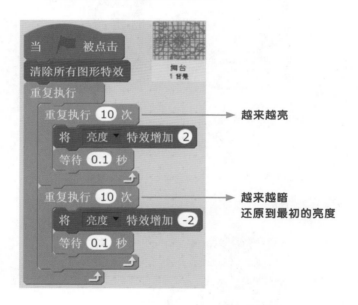

越来越亮

越来越暗
还原到最初的亮度

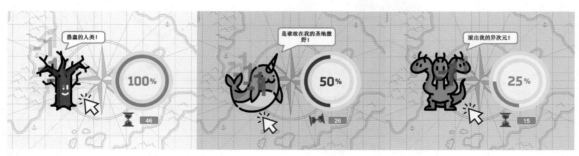

  在实践中，顺序、选择和循环三大结构是脚本运行的基础，所以务必要熟练地掌握它们！

5

在讲解自定义积木块之前，请先尝试用 10 秒钟的时间回答下面这段脚本的含义。

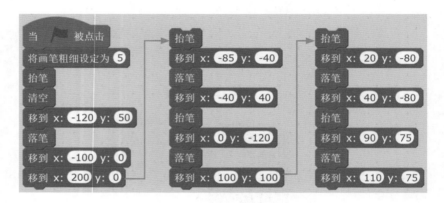

你可能会想："这怎么可能！因为你从未讲解画笔积木块。"好吧，那我先讲解下 Scratch 的画笔。每个角色都有一支不可见的画笔，它只有两种状态，落下和抬起。新角色的画笔默认是抬起的。落笔之后，角色移动时便会留下画笔的痕迹。

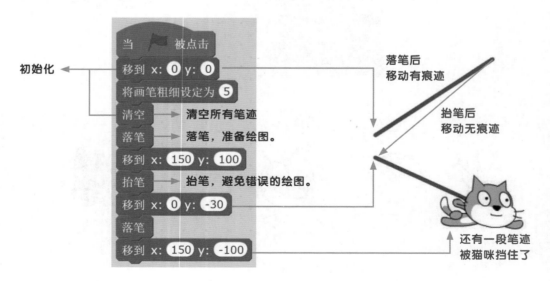

好了，画笔也懂了，重返第一张图，再给你 10 秒钟的时间。

"天哪"，你咆哮着，"我怎么可能在 10 秒钟内看懂，脚本里充斥着正负 x/y 坐标、抬笔和落笔，要被绕晕了"。别着急，我们再看一段脚本，同样尝试在 10 秒内解释其功能。

绘制飞机 .sb2

这段脚本和阅读小说一样轻松，我甚至不需要任何解释。那么这些神奇的紫色积木是如何而来的呢？点击"更多积木"中的"制作新的积木"，输入"初始化"。

点击确定后界面出现你自定义的"初始化"积木，舞台上会出现"定义"积木。

有时也称为过程、函数。 ◄——

今后但凡调用"初始化"积木，就等价于执行"定义初始化"下方的脚本。最后将原始脚本中的各个部分依次分离到定义积木的下方。

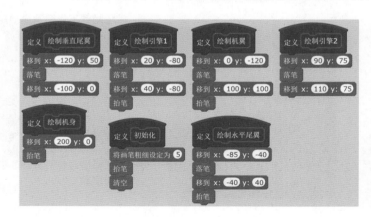

这几段脚本
定义得并不好，
应该保证
抬笔进，抬笔出，
详见附录 C 的 vol.1。

可是绕了这么多弯，程序输出的效果却没有任何改变，还是那幅抽象派大师画作。

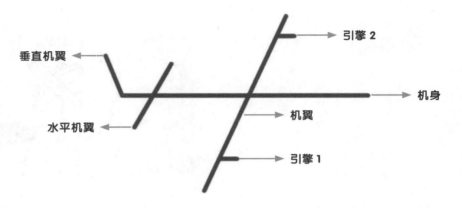

但是这么做的优势在于，自定义积木块更加好理解，因为它提供了"语义"，这便是自定义积木块的第一个优点。所谓语义是指数据和行为的含义。满屏幕的正负 x/y 坐标、抬笔、落笔等数据和行为完全没有揭示出脚本的含义和功能。相反提供了多块自定义积木后，程序的语义被极大丰富，任何人都能快速理解。

我们继续讲解一个案例，学习使用自定义积木块的第二个优点：统一化有规律的脚本。新建空白项目，绘制一个正方形。

旋转的多边形 .sb2

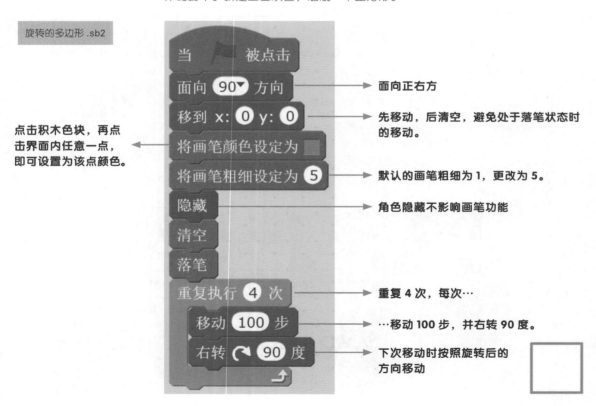

但若我想绘制其他正多边形，例如等边三角形、正五边形和正八边形呢？显然你需要修改最后的循环部分。

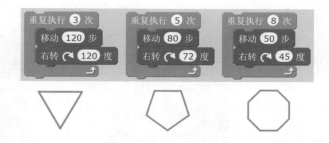

你发现其中的规律了吗？循环次数表示边数，移动步长表示多边形边长，右转角度乘以循环次数刚好等于 360 度（即任意凸多边形的外角和）。能否把这种差异整合在一起呢？要是有这么一块积木就好了。

我们指定边数和边长，就能直接绘制出正多边形，岂不美哉？准备动手造一个吧！

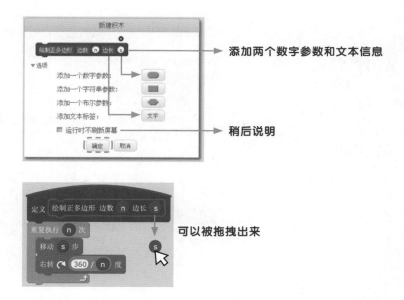

添加两个数字参数和文本信息

稍后说明

可以被拖拽出来

当我们执行 <绘制正多边形 边数 7 边长 80> 时，参数（专业称为实际参数、实参）数字 7 和数字 80 会被复制到定义积木中的 n 和 s 参数（专业称为形式参数、形参）中。此时定义积木便知道 n 等于 7，s 等于 80，并使用这两个变量执行下方的脚本。

注意，自定义积木块还可以继续调用其他自定义积木块，这种场景也较常见。

显然除了提供语义外，该自定义积木块还提供统一化的操作方式，将有规律的情形统一对待，从而面对更多相似的情形。比如绘制嵌套的多边形，或者是旋转的多边形。

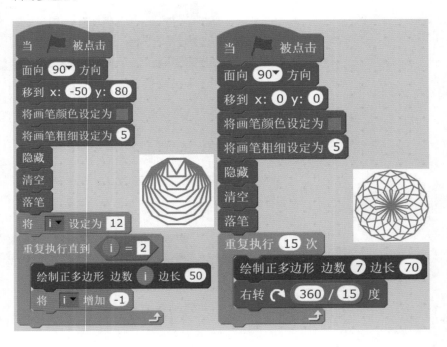

　　如果想提升绘图的速度，有两种方法，一种是打开菜单的加速模式。

关于加速模式的更多信息，可以参考附录 D 的"加速重绘"

注意这种方法是针对整个程序的，所有脚本都会受到影响，全局性的。

　　还有一种方法更常用，就是勾选自定义积木块的"运行时不刷新屏幕"选项。

　　勾选后意味着该积木仅在脚本完全执行结束后，刷新一次屏幕展示结果。在此之前，无论你移动多少步还是旋转多少次，都看不到其中的变化。

　　最后总结，自定义积木的作用有两个：第一，提供语义，便于程序的理解和阅读；第二，统一化有规律却有差异的脚本，以不变应万变。

6

[编程基础概念]
递归和尾递归

递归是指物体表现出相似的重复性。它在生活中很常见，如俄罗斯套娃、汉诺塔游戏、分形图案（科赫雪花、谢尔宾斯基三角形、谢尔宾斯基地毯等）、两个面对面的镜子（或者两个打开前置摄像头的手机）、斐波那契数列、二叉树等。

在计算机科学中，递归是指函数定义中重复调用自己的行为。函数就是我们之前讲解的自定义积木块，也可以称为过程，本书剩余部分不再赘述这一点。其实循环和递归可以相互转换，在某些编程语言中（如 Haskell）甚至没有循环结构，只能用递归实现循环效果！

我们先看一个最简单的递归案例，秒表嘀嗒作响，同时切换造型。

嘀嗒秒表 .sb2

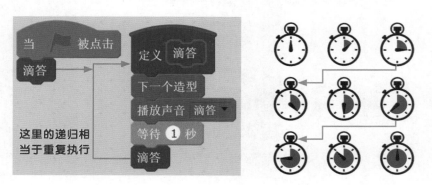

和重复执行一样，这段脚本必须借助停止按钮或停止积木才能结束，因为它没有结束递归的终止条件。让我们再看一个经典递归案例，求 1+2+…+99+100 的和。

递归求和.sb2

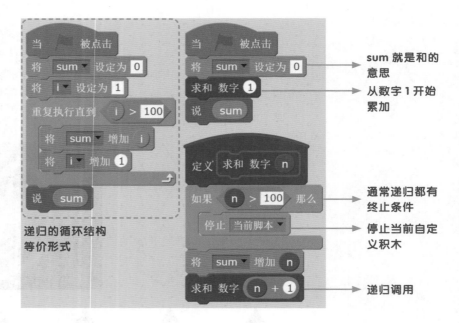

这种递归称为尾递归，也是最好理解的一种递归形式。常用于优化程序执行速度（经测试，Scratch 使用尾递归并不能提升运算速度），因为它不需要回溯。什么是回溯呢？

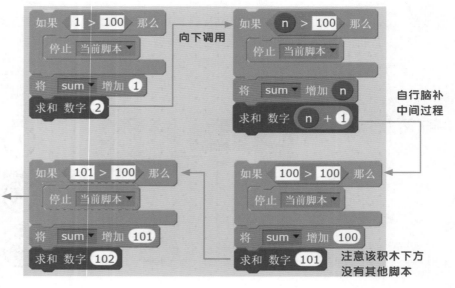

我们再实现一个带回溯的递归，前后对照会更直观。意大利数学家斐波那契受兔子繁殖的启发，于1202年发明了著名的斐波那契数列，也称为黄金分割数列。规律很简单，定义数列前两个数字为1，后面所有数字均为前两个数字之和：1, 1, 2, 3, 5, 8, 13, 21, 34, 55, 89, 144, …该数列的数学定义为（n=1表示第一项）：

$$F(n) = \begin{cases} 1 & ,n=1 \\ 1 & ,n=2 \\ F(n-1)+F(n-2) & ,n>2 \end{cases}$$

Scratch实现起来也非常直观（斐波那契数列有更高效的方法，先不考虑效率问题）。

斐波那契数列.sb2

注意，程序连续两次递归调用过程自身，这就不再是尾递归，因为必定发生回溯。

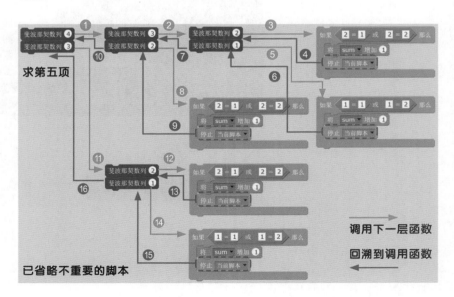

既然 Scratch 无法使用尾递归提升性能（当问题的规模不重要时，可以忽略性能），那我们为什么还要使用呢？因为它确实可以简化脚本的思路。我们再举一个例子，"说"和"思考"积木一次性展示所有的内容，能不能像游戏中的人物对话框那样，逐字地出现呢？

逐字说话效果 .sb2

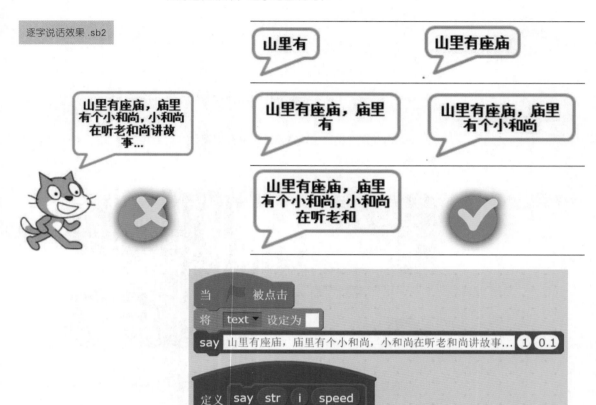

本书会在后面继续深入讲解强大的非尾递归。你掌握递归的思想了吗？如果已经掌握，请重新翻到 113 页进行学习！

7

[基本数据结构]
变量

数据有类型，也有结构。类型是指一个变量（包括列表中的每个元素、参数积木）属于整数、浮点数、字符串还是布尔值；结构是指当众多变量作为整体存在时，会激发出新的结构特性，也就是结构改变引起的质变。

广义上说，单独的变量就是最简单的数据结构。针对某种数据结构，都有很多特定的操作方法。例如变量可以执行以下常见的赋值（即赋予一个值的意思）操作。

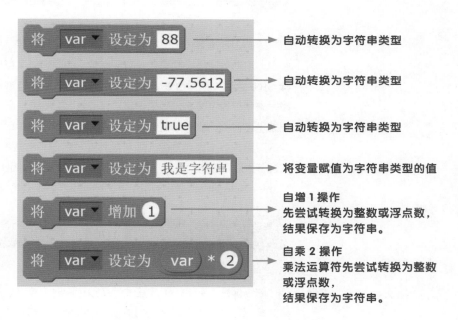

为什么 Scratch 要把所有内容都设置为字符串？原因很简单：第一，Scratch无法断定用户的真实意图；第二，字符串可以保证信息不丢失；第三，变量积木的外观是圆角矩形；第四，建立变量的动机和意图已经决定了它在你心中的类型，因此在做特定操作时，数据类型通常总能被正确地转换。下面分别说明这几点。

第一，Scratch 无法断定用户的真实意图。假如你是创造 Scratch 的程序员，你怎么确定用户输入的就是数字 88？有没有可能是表示"拜拜"的字符串 88 呢？所以为了保险起见，Scratch 选择将其保存为字符串。

第二，保证信息不丢失。我们知道 Scratch 的浮点数最多保存 17 位有效数字，如果用户输入了更多有效数字的小数，将其截断到 17 位有效数字看似合理，但是有没有可能用户输入的依然是一个有特殊含义的字符串呢？所以索性保存成字符串，保留全部有效数字，让用户自己决定该变量的使用意图。

将 var ▼ 设定为 123.123456789123456789123456789   123.123456789123456789123456789

第三，变量积木的外观是圆角矩形。这表明变量积木无法被嵌入六边形的参数空位中！因此 Scratch 也没有理由把 true 转换为布尔值了。在实践中，我们更习惯保存 0 表示 false（假），保存 1 表示 true（真）。

将 游戏已经开始 ▼ 设定为 0   将 游戏已经开始 ▼ 设定为 1

第四，变量意图已决定数据类型。比如你建立了"生命值"变量，那么在你心中，它的数据类型就是整数或浮点数，因此自增 1 或自乘 2 是有意义的操作，Scratch 会尝试把保存在当前变量中的字符串转换为整数或浮点数，计算之后再将结果保存为字符串；如果你建立了"姓名"变量，那么在你心中，它的数据类型就是字符串，这时你主观上就不会执行增加 1 或乘以 2 的操作（字符串数据类型的变量乘以 2 是无效的，除非某物的"姓名"恰好就是数字）；如果你建立了变量"游戏正在进行"，你的动机可能是布尔类型，因此只有设置为 0 和 1、true 和 false 或其他表示互斥关系的字符串的操作才是有意义的。

将 生命值 ▼ 设定为 100   将 姓名 ▼ 设定为 未知

你能够感受到 Scratch 在设计变量功能时的精妙之处了吗？注意，大部分数据结构都使用列表实现，而列表就是由一个个变量构成的，换言之列表中保存的都是字符串，每个元素的操作也都符合上述规则。

8

[基本数据结构]
字符串

　　字符串是数字、大小写字母、汉字、符号、空格等字符的组合。但是之前讲过，字符串是一种数据类型，为什么字符串也是数据结构呢？早期编程语言如 C/C++ 编程语言，字符串确实是由字符组合在一起后构成的，故被认为是一种数据结构。然而随着高级语言的出现和发展，如 Java、C#，甚至是 Scratch，字符串已经越来越被认为是一种基本的数据类型，两者边界变得模糊。

　　但究其本质，字符串依旧是大量单个字符数据集合的结构。通常编程语言会提供大量字符串操作函数（相当于 Scratch 的自定义积木块），但是 Scratch 并未提供太多，我们需要了解并完善更多字符串操作函数。Scratch 默认提供的字符函数有：

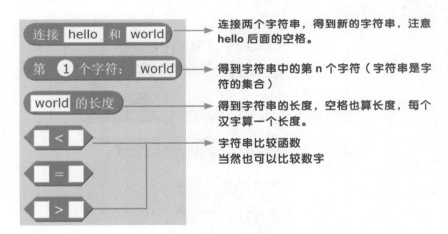

连接两个字符串，得到新的字符串，注意 hello 后面的空格。

得到字符串中的第 n 个字符（字符串是字符的集合）

得到字符串的长度，空格也算长度，每个汉字算一个长度。

字符串比较函数
当然也可以比较数字

　　前三块积木较好理解。后三块是字符串比较函数，下图条件均为 true，其规则如下。

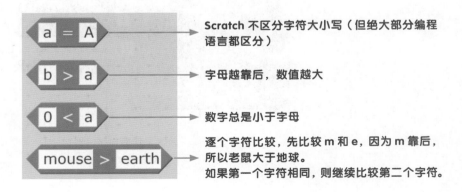

Scratch 不区分字符大小写（但绝大部分编程语言都区分）

字母越靠后，数值越大

数字总是小于字母

逐个字符比较，先比较 m 和 e，因为 m 靠后，所以老鼠大于地球。
如果第一个字符相同，则继续比较第二个字符。

比较函数的背后原理是 ASCII 编码表（American Standard Code for Information Interchange，美国信息交换标准代码）。你看到的字符串其实都对应了一个数值，计算机根据这个数值反查 ASCII 表，才知道要如何显示这个字符。下面截取了 ASCII 部分编码。

字符	0	1	2	3	4	5	6	7	8	9
编码	48	49	50	51	52	53	54	55	56	57
字符	a	b	c	d	e	…	w	x	y	z
编码	97	98	99	100	101	…	119	120	121	122

例如当判断 a>b 时，计算机比较的是 97>98，答案当然是 false。使用 ASCII 就可以判定变量或者用户的输入是否全部为数字（或字母）。

判断正整数 .sb2

附录 A 的 vol.44 展示了更简单的方法

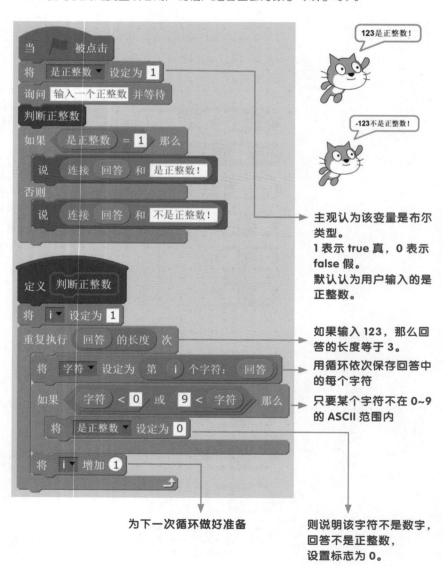

123是正整数！

-123不是正整数！

主观认为该变量是布尔类型。
1 表示 true 真，0 表示 false 假。
默认认为用户输入的是正整数。

如果输入 123，那么回答的长度等于 3。

用循环依次保存回答中的每个字符

只要某个字符不在 0~9 的 ASCII 范围内

为下一次循环做好准备

则说明该字符不是数字，回答不是正整数，设置标志为 0。

还有两个常见的字符串操作，一个是子字符串查找，一个是子字符串替换，这两个操作在编辑文档时经常使用。子字符串就是字符串的子集，比如子字符串"上学"就是字符串"今天我去上学"的子集，即该字符串一部分。举个例子，如何统计童话故事《海的女儿》全文中（共 16035 个字符）出现了多少次"我们"呢？

词频统计 .sb2

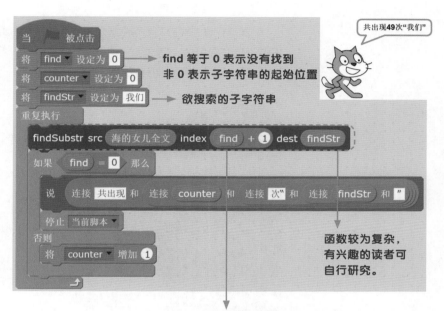

findSubstr，中文就是寻找（find）子字符串（sub-string）。
src 是 source，表示源字符串。
index 是索引的意思，表示从 src 的哪一个位置开始搜索。
dest 是 destination，表示要搜索的子字符串。
find+1 表示从当前 find 的下一个位置开始搜索。

例如字符串是"小李喜欢小刘"，搜索的字符串是"小"，一开始 find 等于 0。那么第一次调用 findSubstr 后（从字符串的第 1 个字符开始搜索），find 的值等于 1；第二次调用后（从第 2 个字符开始）find 等于 5，第三次调用后（从第 6 个字符开始）find 等于 0。

另一个常见操作是字符串替换（函数较复杂，感兴趣自行查阅素材文件）。

字符串替换 .sb2

9
[基本数据结构]
列表

列表是变量的集合，不同点是这些变量的变量名换成了列表的项数。项数可以用变量控制，因此列表是统一差异的利器。列表的特点是动态添加或删除元素（在绝对音感养成器中已经分析过这一点），例如动态获取用户的输入，用 –1 结束。

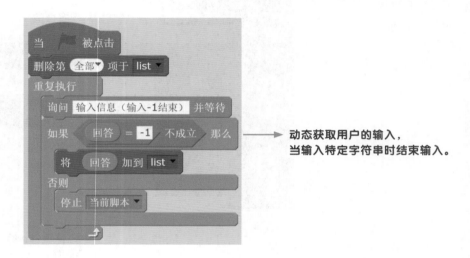

动态获取用户的输入，
当输入特定字符串时结束输入。

列表常见的操作包括：

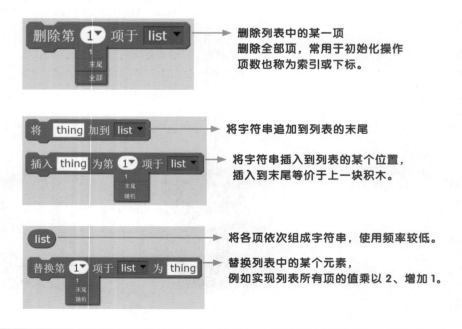

删除列表中的某一项
删除全部项，常用于初始化操作
项数也称为索引或下标。

将字符串追加到列表的末尾

将字符串插入到列表的某个位置，
插入到末尾等价于上一块积木。

将各项依次组成字符串，使用频率较低。

替换列表中的某个元素，
例如实现列表所有项的值乘以 2、增加 1。

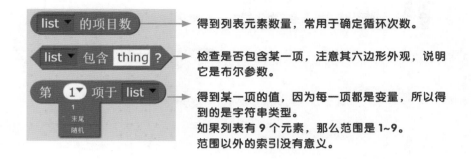

得到列表元素数量，常用于确定循环次数。

检查是否包含某一项，注意其六边形外观，说明它是布尔参数。

得到某一项的值，因为每一项都是变量，所以得到的是字符串类型。
如果列表有 9 个元素，那么范围是 1~9。
范围以外的索引没有意义。

假如列表"曾经按下"包含3项，每一项都记录了界面上某个按钮是否按下过，按过为 1，未按过为 0。那么如何判断 3 个按钮全部都按过了呢？有三种思路。

依次遍历查找每个字符，效率低，最复杂，但最通用，可以解决复杂问题，如检查包含两个 1。

最简单，但最不灵活。

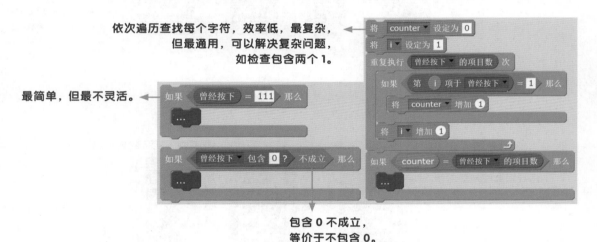

包含 0 不成立，
等价于不包含 0。

列表还有一项重要的功能：导入导出数据。导入时注意，每行文本占一个元素，文本格式另存为 UTF-8，导入后 Scratch 将会删除列表之前保存的所有元素。

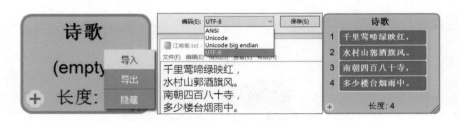

导出后的文档也包含回车，但 Windows 自带的记事本无法观察到，需要使用专业的文档编辑软件查看，如 Notepad++、Sublime 等。

最后提示一点，保存 Scratch 程序后，变量和列表的值也随之保存，因此可以实现存档机制，保存程序关闭前的结果。

10

[基本数据结构]
结构体

每个人都包含很多属性，如姓名、性别、班级和电话。这些属性信息如何被保存下来呢？有两种思路，第一种是使用多个列表，每个列表存储一种属性。

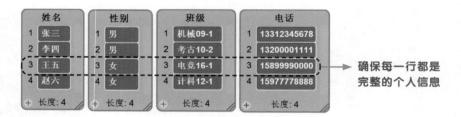

确保每一行都是
完整的个人信息

该方法的缺点是修改不灵活，无法动态添加新的属性。当你有这类需要时，可以尝试将数据压缩到一个列表中。

先设置属性名称
再设置属性对应的值

使用特殊符号
标记以上信息
属于某位学生

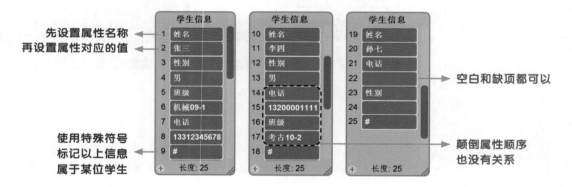

空白和缺项都可以

颠倒属性顺序
也没有关系

然后便可以根据姓名搜索这张列表，查找各类信息，即使修改了属性顺序也没有影响。

信息搜索 .sb2

自行查阅素材文件

输入要查询的姓名

学生 李四 的信息位于 10

结构体的形式不固定，通常根据程序的功能灵活设置。例如在画笔程序中，如果想要实现撤销功能，那么不仅要记录 x、y 坐标，还必须记录鼠标按下和松开的状态。

记录画笔 .sb2

附录 A 的 vol.41
讲解了撤销方法

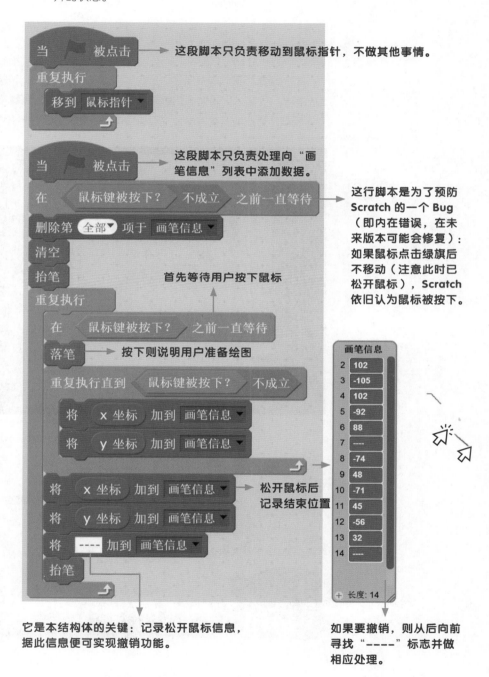

这段脚本只负责移动到鼠标指针，不做其他事情。

这段脚本只负责处理向"画笔信息"列表中添加数据。

这行脚本是为了预防 Scratch 的一个 Bug（即内在错误，在未来版本可能会修复）：如果鼠标点击绿旗后不移动（注意此时已松开鼠标），Scratch 依旧认为鼠标被按下。

首先等待用户按下鼠标

按下则说明用户准备绘图

松开鼠标后记录结束位置

它是本结构体的关键：记录松开鼠标信息，据此信息便可实现撤销功能。

如果要撤销，则从后向前寻找 "————" 标志并做相应处理。

总结来讲，结构体就是将数据按照自定义规则记录的数据结构，在实践中最常用。

11

[基本数据结构]
多级索引

索引是指列表的项数序号，多级索引是指保存了索引的列表。它是一种特殊的结构体，可极大化简程序，抽象统一角色的行为，我们来看实践中的真实案例。对于简单的游戏地图或棋盘，一层结构体可能就足够保存前进路径了。

简单地图 .sb2

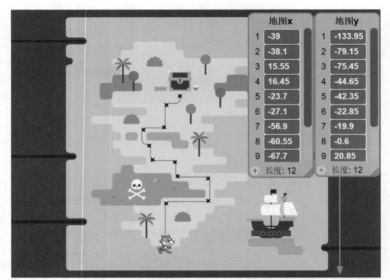

地图 x/y 列表记录了 12 个地点的坐标位置

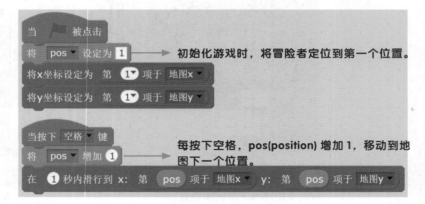

但是对于复杂地图而言则需要一些技巧。例如在飞行棋地图中，各颜色棋子的起点和起飞位置均不相同，同色跳跃路径的位置差异也非常大，可明明地图是那么有规律和逻辑！我们先来保存基础数据：整个地图的坐标。

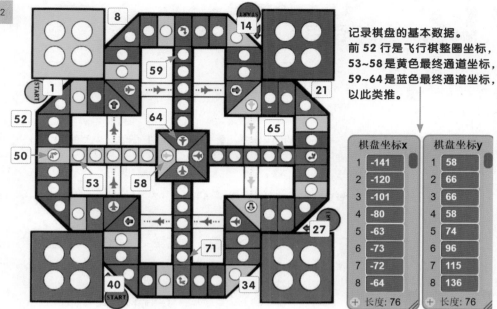

飞行棋地图 .sb2

记录棋盘的基本数据。
前 52 行是飞行棋整圈坐标，
53~58 是黄色最终通道坐标，
59~64 是蓝色最终通道坐标，
以此类推。

棋盘坐标x		棋盘坐标y	
1	-141	1	58
2	-120	2	66
3	-101	3	66
4	-80	4	58
5	-63	5	74
6	-73	6	96
7	-72	7	115
8	-64	8	136
+ 长度: 76		+ 长度: 76	

接下来就是多级索引大显身手的时候了：构建四个列表，每个列表保存棋盘坐标的索引。

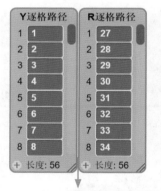

Y逐格路径		R逐格路径	
1	1	1	27
2	2	2	28
3	3	3	29
4	4	4	30
5	5	5	31
6	6	6	32
7	7	7	33
8	8	8	34
+ 长度: 56		+ 长度: 56	

Y逐格路径		R逐格路径	
50	50	50	24
51	53	51	65
52	54	52	66
53	55	53	67
54	56	54	68
55	57	55	69
56	58	56	70
+ 长度: 56		+ 长度: 56	

飞行路径	
1	2
2	6
3	10
4	14
5	18
6	30
7	22
8	26
+ 长度: 13	

Y=Yellow 黄色，R=Red 红色。
在逐格路径列表中，
前 1~50 个元素保存整圈位置。

51~56 保存了最终通道的坐标，
此列表的索引表示棋子距起点的距离，
所以逐格路径列表是二级索引。

如果发现逐格路径列表的索引
位于飞行路径列表中，则棋子飞行，
所以飞行路径列表是三级索引。

多级索引的本质是，列表的索引值是连续的，而列表的内容是间断的。通过变量的加减很容易操作连续数据，再将连续数据从索引映射到非连续的值，从而实现程序化简和统一。现在四种颜色的棋子可以被当作一种情况进行处理：所有棋子按照索引顺序移动，移动后检查自己的索引是否位于"飞行路径"，如果存在，则移动到飞行路径列表的下一个位置。

12

引用

在介绍引用前先了解一下作用域的概念。新建变量和列表时，我们注意到有一个选项：

全局变量或列表 ←━●适用于所有角色　　○仅适用于当前角色━→ **局部变量或列表**

所谓全局是指所有角色（包括舞台和克隆体）都能够使用，所谓局部是指仅建立该变量或列表的角色可以使用。全局和局部，专业称呼为变量或列表的作用范围或作用域。

我们之前创建的都是全局变量和列表，那么何时使用局部选项呢？一个典型应用就是克隆体的私有变量。为了能够独立地（而不是统一地）控制克隆体，克隆体必须使用私有变量标识自己的唯一身份，就像身份证号一样。新建私有变量 id（即 identity）。

局部变量的显示内容
与全局变量不同

为克隆体设置不重复的身份证 id 号。

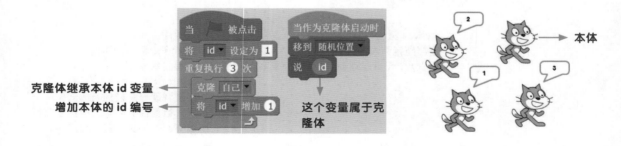

克隆体继承本体 id 变量
增加本体的 id 编号

这个变量属于克隆体

本体

在第二章讲解克隆时已经说明，克隆体会继承本体的全部信息，"仅适用于当前角色"的变量（或列表）也会被克隆体继承，因此每个克隆体都有属于自己的变量（或列表），相互独立不影响。既然每个克隆体都有不重复的编号，那么就能够独立地控制克隆体了。

独立控制的思路有两种。第一，广播消息并附带克隆体编号，克隆体接收消息后做判断。

独立控制克隆体方法 1.sb2

广播的意义在于让所有克隆体（以及本体）都接收到该消息，使用"并等待"的同步广播积木更严谨。

该变量必须是全局的，让所有克隆体共享访问。

此时称该变量引用了克隆体

是不是为本克隆体发送的消息呢？

如果是，那么改变自己的颜色。每按一次空格，只有一个克隆体发生变化。

第二种思路就是引用。使用列表索引自然对应 id，列表值则是具体的颜色值。

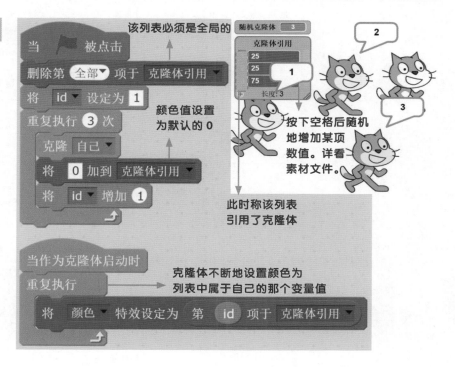

独立控制克隆体方法 2.sb2

该列表必须是全局的

颜色值设置为默认的 0

按下空格后随机地增加某项数值。详看素材文件。

此时称该列表引用了克隆体

克隆体不断地设置颜色为列表中属于自己的那个变量值

在实践中两种方法各有千秋，需灵活运用甚至混用。最后注意，在不同的编程语言中，术语"引用"在技术层面的差异非常大，但是思想都是类似的，用 Scratch 的话讲就是通过变量值或列表索引去对应克隆体的唯一标识，此时我们就称该变量或列表引用了克隆体。

13

[基本数据结构]
二维列表

　　列表只有一个维度，索引从 1 到 N，就像一维的数轴。但人类也习惯应对二维的情形（毕竟我们生活在更高维的三维空间中），如电子表格的单元格、种菜游戏的地皮、电影院的座位等。抽象来看，它们都有相似的结构，即必须由行和列才能唯一确定其位置。

第 1 行，第 1 列 ◄───

1,1	1,2	1,3
2,1	2,2	2,3

───► **第 2 行，第 3 列**

　　计算机的内存是线性一维的，没有二维内存的说法。所以计算机使用特定方法模拟出二维列表，配合一些操作约束，就可以使用行号和列号仿真二维操作（就像 x/y 坐标一样）。所以现在问题的本质便是，如何把一维列表的索引值转换为行号和列号。

索引值

1	2	3	4	5	6

➡

1,1	1,2	1,3
2,1	2,2	2,3

行号，列号

　　仔细分析后，你就会发现如下规律。

1=(1−1)*3+1	2=(1−1)*3+2	3=(1−1)*3+3
4=(2−1)*3+1	5=(2−1)*3+2	6=(2−1)*3+3

**固定的数字 3 表示
二维结构的列数，
具体数值取决于你的程序。**

　　综上所述，可以得到：

$$索引值 =（行号 −1）* 列数 + 列号$$
$$行号 = 向上取整（索引值 / 列数）$$
$$列号 =（索引值 −1）mod 列数 +1$$

　　向上取整（1.2）=2，向上取整（1.8）=2。mod 是取余数的意思，例如 2 mod 3=2，3 mod 3=0，4 mod 3=1。自己尝试套用几个索引值计算行列号吧！现在只要操作虚拟的二维行号和列号就能对应到正确的索引值，我们通过一个简单的艺术图案来感受下。

绘制方格 .sb2

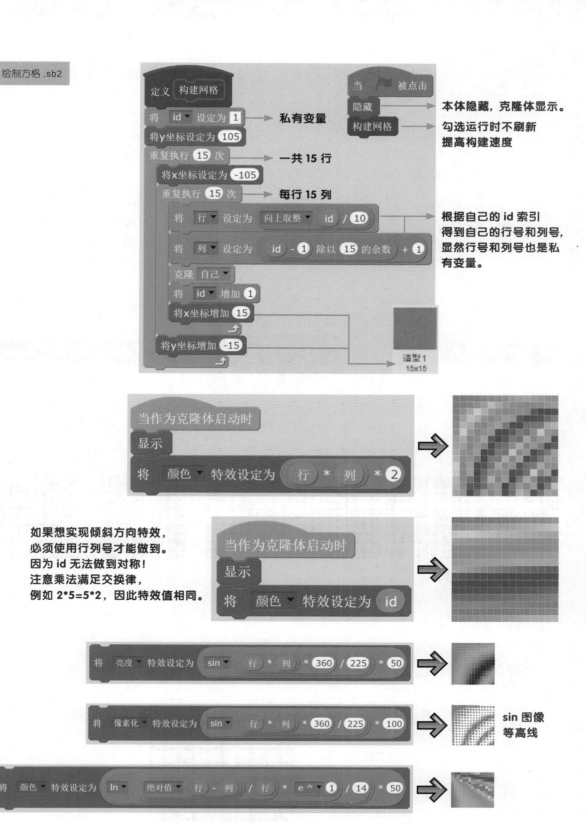

定义 构建网格

将 id▼ 设定为 1 ——► 私有变量

将y坐标设定为 105

重复执行 15 次 ——► 一共 15 行

　将x坐标设定为 -105

　重复执行 15 次 ——► 每行 15 列

　　将 行▼ 设定为 向上取整▼ id / 10

　　将 列▼ 设定为 id - 1 除以 15 的余数 + 1

　　克隆 自己▼

　　将 id▼ 增加 1

　　将x坐标增加 15

　将y坐标增加 -15

当 ⚑ 被点击

隐藏 ——► 本体隐藏，克隆体显示。

构建网格 ——► 勾选运行时不刷新
提高构建速度

根据自己的 id 索引
得到自己的行号和列号，
显然行号和列号也是私
有变量。

造型 1
15x15

当作为克隆体启动时

显示

将 颜色▼ 特效设定为 行 * 列 * 2

如果想实现倾斜方向特效，
必须使用行列号才能做到。
因为 id 无法做到对称！
注意乘法满足交换律，
例如 2*5=5*2，因此特效值相同。

当作为克隆体启动时

显示

将 颜色▼ 特效设定为 id

将 亮度▼ 特效设定为 sin▼ 行 * 列 * 360 / 225 * 50

将 像素化▼ 特效设定为 sin▼ 行 * 列 * 360 / 225 * 100

sin 图像
等高线

将 颜色▼ 特效设定为 ln▼ 绝对值 行 - 列 / 行 * e ^▼ 1 / 14 * 50

你还能实现哪些创意图案呢？

14

队列

附录 A 的 vol.66 同样使用了队列的思想，感兴趣的学习者不要错过。

队列和真实世界的排队现象相同。我们将队伍称为队列，（在秩序井然的前提下）人们总是进入队伍的末端，即入队，而业务员也总是依次地处理队伍中第一个人的请求，处理完毕后离开队伍，即出队。你要把队列想象成一条通畅的单向管道。对于管道而言，元素只能从一端入队，从另一端出队；对于元素而言，越先进入管道，越早被处理。

入队操作　　　　　　　　　　　　　　　　　　　　　　　　出队操作

我们通过一个案例学习队列数据结构。假设舞台中有 10×10 的方块网格，点击任意方块，将有上下左右四条射线散出，形成放射状特效。

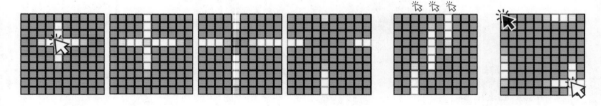

分析一下设计思路。每个方块都是克隆体，理论上应该让克隆的方块侦测鼠标点击事件。虽然这么做很直观，但是有两个严重缺陷：第一，程序职责极为混乱，所有功能几乎都由方块角色完成；第二，不利于程序修改和扩展，如果又想实现圆形放射怎么办呢？看来我们必须换种思路，把功能分离到多个角色中（本章后面还会详细说明这一点）。

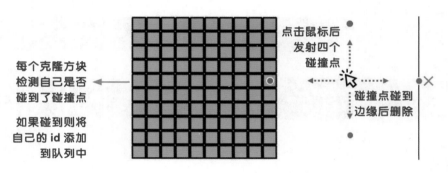

点击鼠标后
发射四个
碰撞点

每个克隆方块
检测自己是否
碰到了碰撞点

如果碰到则将
自己的 id 添加
到队列中

碰撞点碰到
边缘后删除

转换思路后，程序变得非常简单。上图中的核心部分就是将 id 添加到队列。
由于队列的特性是先进先出，因此脚本会先处理最初碰到碰撞点的方块，所以谁先碰到谁先执行特效。

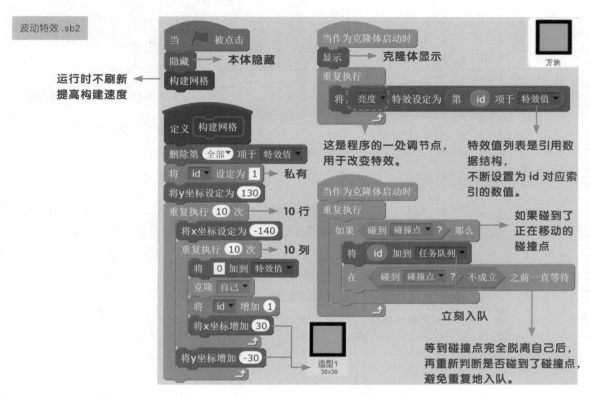

波动特效 .sb2

运行时不刷新
提高构建速度

本体隐藏

10 行
10 列

这是程序的一处调节点，用于改变特效。

如果碰到了正在移动的碰撞点

立刻入队

克隆体显示

特效值列表是引用数据结构。
不断设置为 id 对应索引的数值。

等到碰撞点完全脱离自己后，再重新判断是否碰到了碰撞点，避免重复地入队。

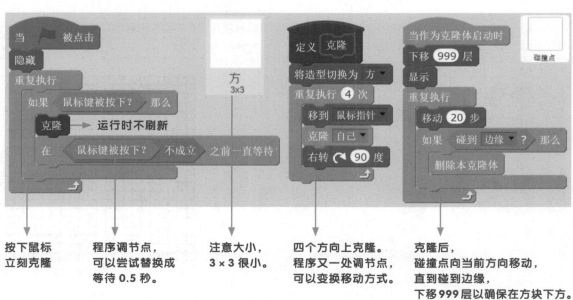

按下鼠标立刻克隆

程序调节点，可以尝试替换成等待 0.5 秒。

注意大小，3 × 3 很小。

四个方向上克隆。程序又一处调节点，可以变换移动方式。

克隆后，碰撞点向当前方向移动，直到碰到边缘，下移 999 层以确保在方块下方。

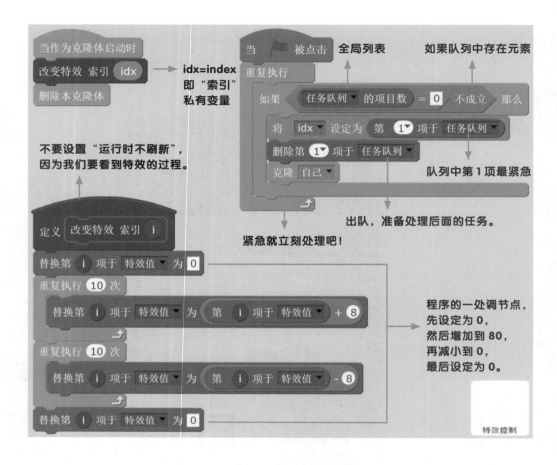

程序一共包含三个角色，每个角色功能清晰：方块负责克隆并监视自己的特效值；碰撞点负责生成特效形状；特效控制角色负责特效细节效果。现在程序想怎么修改就怎么修改，不信？我现在就把四个方向放射修改为圆形放射。显然，我们只需要修改碰撞点角色，因为其他角色和形状无关，理论也上不应该修改。

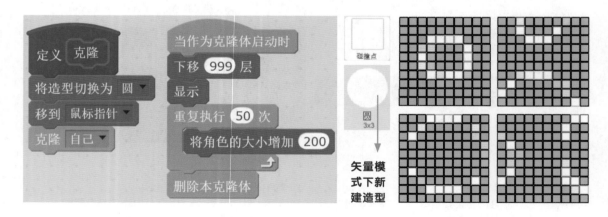

只修改碰撞点角色的图形动作，而没有任何其他修改。感受到程序设计的魅力了吗？

15

栈

队列（queue）是先进先出的数据结构，而栈（stack）则是先进后出的数据结构：元素一个一个地进入，但只有最后一个可以先出来。就像物流车，最后放进去的货物最先取出，而最先放进去的货物只能最后取出。放入货物的操作称为入栈（push），取出货物的操作称为出栈（pop）。栈就是只有一个入口的队列，所以只能把入口当出口从最后取出数据。

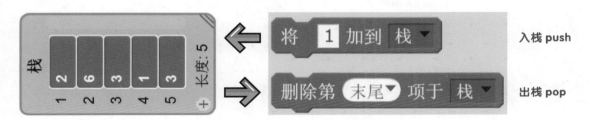

入栈 push

出栈 pop

栈常用于过程返回值、局部变量以及参数传递。大部分编程语言已经使用栈实现了这些特性，但它们都会做相应的封装整合，使用者通常看不到这个过程。然而 Scratch2.0 并未提供相应的封装整合，所以我们只能使用栈手工搭建这些特性了，先实现返回值特性。

所谓返回值，是指在调用自定义积木块后，让它返回一个或多个数据。例如通过成人的身高和体重计算 BMI 指数，不使用栈的版本，也是大家在 Scratch 中最常见的版本为：

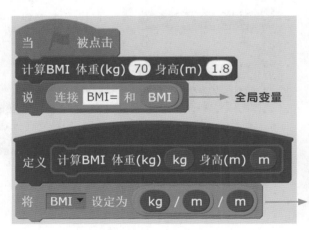

BMI 参考值：
过轻：低于 18.5
正常：18.5~23.9
过重：24~27
肥胖：28~32
非常肥胖：高于 32

全局变量

随着程序庞大，这么做的结果就是建立了大量的零散变量。不过对于小程序，通常也没有太大的问题。

这么做通常没有什么问题，也是最为常见的方式。下面我来介绍计算 BMI 的另一个版本，也就是使用栈模拟返回值功能。

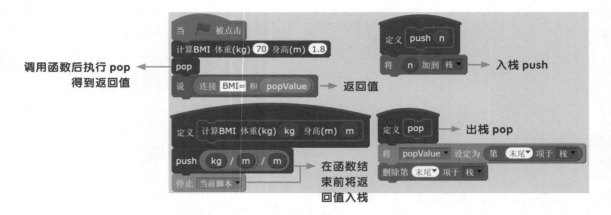

注意最后一次调用 pop 后，列表"栈"应该是空的。把事情搞这么复杂有意义吗？对于非尾递归，push 和 pop 操作几乎是必须的，比如下面这道数学应用题。

有个莲花池里起初有一只莲花，每过一天莲花的数量就会翻一倍。假设莲花永远不凋谢，30 天的时候莲花池全部长满了莲花，请问第 23 天的莲花占莲花池的几分之几？用数学公式可以表达为：

$$F(n) = \begin{cases} 1 & , n = 1 \\ F(n-1) * 2 & , n > 1 \end{cases}$$

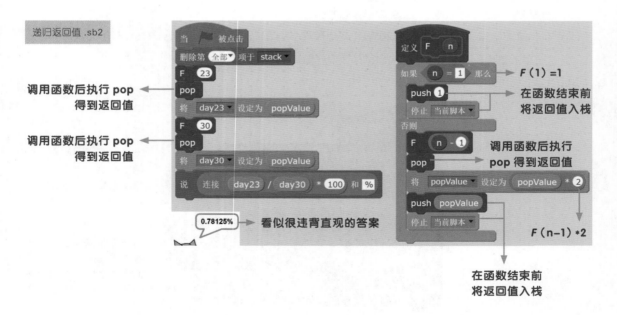

总结来说，返回值就是函数结束前 push，函数调用后 pop。

当然也可以返回多个数值，只要在函数结束前执行 N 次 push，函数调用后同样执行 N 次 pop。注意下图 push 的顺序，如果是第 1、2、3 个字符，则"说"的顺序为 271。

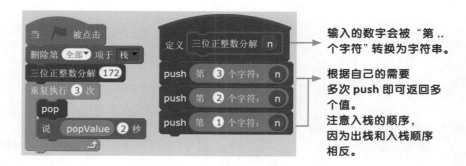

输入的数字会被"第..个字符"转换为字符串。

根据自己的需要多次 push 即可返回多个值。
注意入栈的顺序，因为出栈和入栈顺序相反。

说完了返回值，再看看如何实现局部变量。Scratch 变量只有两种作用域，第一是全局可见，第二是角色或克隆体内可见（即局部变量）。Scratch 不支持在自定义积木块内部设置临时变量（仅在自定义积木块内部生效，离开函数后该变量无效，第 7 章节将解决这个问题），这种高自由度的设定同时也带来了一定程度的混乱，增加了程序控制的难度。

在使用自定义积木时，经常会添加一些仅在该自定义积木块内部使用的全局变量。有些程序错误的产生原因正是由于在函数外误用了这些变量。当然大部分时候我们都能识别并修正。但对于非尾递归，需要避免全局资源被深层次的递归调用破坏（术语称为现场保护）。

科赫雪花 .sb2

附录 C 的 vol.2 详细讲解了科赫雪花的实现过程。附录 A 的 vol.52 讲解了不使用 push 和 pop 的科赫雪花绘制方法。

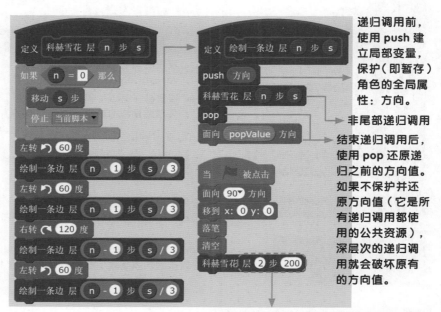

递归调用前，使用 push 建立局部变量，保护（即暂存）角色的全局属性：方向。

非尾部递归调用

结束递归调用后，使用 pop 还原递归之前的方向值。如果不保护并还原方向值（它是所有递归调用都使用的公共资源），深层次的递归调用就会破坏原有的方向值。

调节这两个参数，看看绘制效果有何差异。
层数建议范围 0~5，
步长建议范围 100~300。

上面仅演示了如何创造一个临时的局部变量，下面展示如何创建并使用多个局部变量的方法，本书后面的递归脚本将会使用这种技巧。假设 $a_0=a_1=1$，且有递推公式：

$$a_n = \frac{2a_{n-1}}{2+a_{n-2}}, n \geq 2$$

如果要计算 a_6，则必须先求得 a_5 和 a_4；计算 a_5 必先求得 a_4 和 a_3；以此类推。这显然是一个递归任务，每轮递归都需要处理分子、分母两个局部变量。

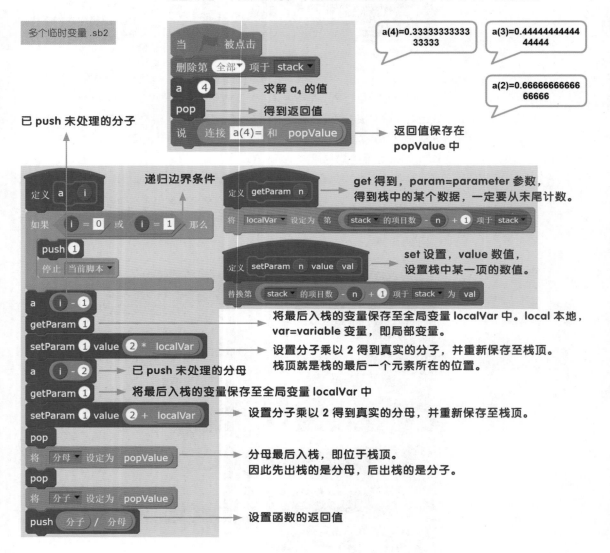

入栈是将元素添加至列表末尾，因此过程 get\set 要从栈的末尾获取\设置数值。

最后说明参数传递。实际上，在调用自定义积木块之前，Scratch 底层已经帮我们执行了 push 操作，并在进入过程内部之前自动执行了 pop 操作。Scratch1.4 没有自定义积木块功能，那时只能使用发送消息积木模拟自定义积木块，该过程可以模拟为：

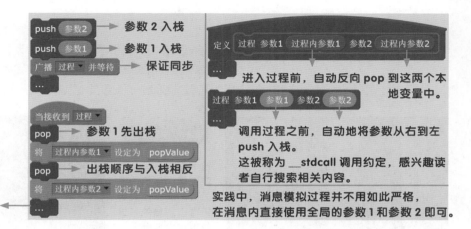

自行保证仅在该模拟过程的内部使用这两个变量

克隆功能的出现为广播积木添加了新的内涵：向本体和所有克隆体进行广播。因此使用消息传递参数时要特别注意，尤其是克隆体接收到消息后的 pop 操作。

克隆体的广播参数 .sb2

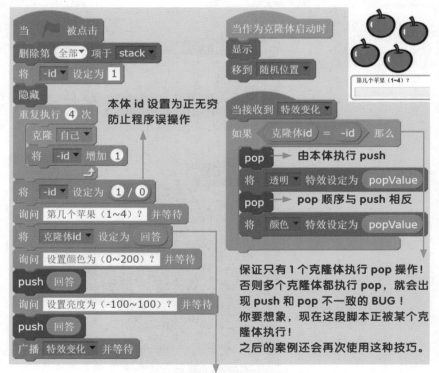

16

集合

集合是一种特殊的列表（队列和栈都是特殊的列表），它只允许存放不重复的元素。生活中有很多集合的情景，例如经典的不放回抽样。具体来说，如抓阄和产品抽样等。我们以选取候选的超级英雄为例。

按下空格后，从六位英雄中随机选择三位。显然选票是不可以重复的，这就是集合的概念。

不重复选票 .sb2
（节选）

全局的引用列表
所有克隆体都设置为该列表的值

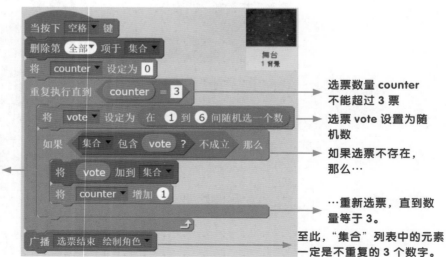

选票数量 counter
不能超过 3 票

选票 vote 设置为随机数

如果选票不存在，那么…

…将选票加入集合中，否则…

…重新选票，直到数量等于 3。

至此，"集合"列表中的元素一定是不重复的 3 个数字。

17

[基本数据结构]
树

组织结构图就是一种树形结构。例如在你的工作单位中，顶层是总经理，下一层是部门经理，最后是部门员工。使用树形结构的常见动机是数据出现了继承的层级关系。

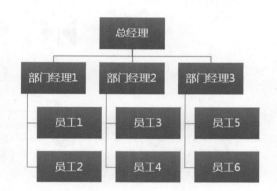

树结构被广泛应用在计算机科学中的各个领域。如操作系统的嵌套文件夹，算法中的搜索、编码、排序，网络通信中的路由器最短路径。甚至生活中的选择也是树形结构：周末选择出门还是宅；如果出门，选择去戈壁还是深海；如果宅，选择学习还是与人探讨哲学。

二叉树是最简单的树状形式，"二"表明树的最大度数等于 2。

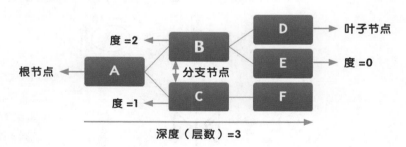

每个节点都有"度"的概念，也就是节点的分支节点数量。节点 A 的度数为 2，节点 D 的度数为 0。度数等于 0 称为叶子节点，度数不等于 0 称为分支节点。节点 B\C 是节点 A 的子节点或孩子节点，节点 A 是节点 B\C 的父节点或双亲节点。B\C 因为有相同的父节点故称为兄弟节点，D\E\F 的父节点虽不完全相同但位于同层，故称为堂兄节点。此外，术语"节点"与"结点"在实践中几乎是等价的，不予区分。

游戏技能树是经典的树形结构。玩家在辛辛苦苦升级之后得到 1 个技能点，你可以将其分配到技能树中某一个技能，越深层的技能效果越强悍。这棵技能树的操作限制包括：剩余技能点的数量大于 0；当前技能的激活取决于上层技能值。

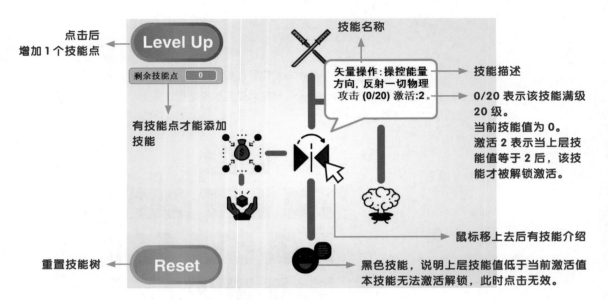

那么树结构要如何保存到计算机中呢？因为只有保存得当，程序才能方便地做判断和处理。根据之前的知识，我们先将这棵具体的技能树抽象化，转换为节点。

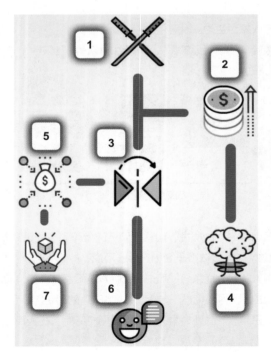

习惯上从上往下、从左至右地按顺序编号。该编号可以区分不同的节点，因此该编号就是 id 号。

根据定义可知，这是一颗二叉树，因为节点的最大度数等于 2。

明确了树中各节点 id，下面需要确定每个节点的属性，即包含哪些信息。根据我的理解，一个技能包含如下属性。

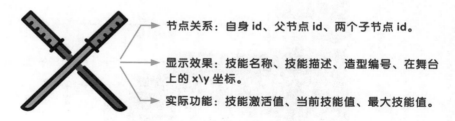

节点关系：自身 id、父节点 id、两个子节点 id。

显示效果：技能名称、技能描述、造型编号、在舞台上的 x\y 坐标。

实际功能：技能激活值、当前技能值、最大技能值。

明确了树形图所有节点以及每个节点的属性后，构建存储树结构的"技能树"列表。

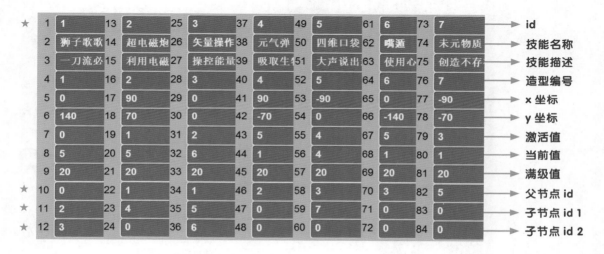

id	1	2	3	4	5	6	7
技能名称	狮子歌歌	超电磁炮	矢量操作	元气弹	四维口袋	嘴遁	未元物质
技能描述	一刀流必	利用电磁	操控能量	吸取生	大声说出	使用心	创造不存
造型编号	1	2	3	4	5	6	7
x 坐标	0	90	0	90	-90	0	-90
y 坐标	140	70	0	-70	0	-140	-70
激活值	0	1	2	5	4	5	3
当前值	5	5	2	1	4	1	1
满级值	20	20	20	20	20	20	20
父节点 id	0	1	1	2	3	3	5
子节点 id 1	2	4	5	0	7	0	0
子节点 id 2	3	0	6	0	0	0	0

每个技能都包含 12 条数据。在第一个技能中，第 1 条数据是自身 id，它是当前技能在树中的唯一标识。第 10 条数据是父节点 id，对于根节点来说，设置为 0 表示父节点不存在。最后两条数据表示两个孩子节点 id，根据树形图可知，第一个技能连接的正是 id 等于 2 和 3 的技能。在第二个技能中，上层父节点 id 等于 1，下层子节点 id 等于 4，另一个子节点 id 等于 0 则表示没有子节点，说明度等于 1。第四个技能的两个子节点 id 均等于 0，说明该节点是没有孩子结点的叶子节点。

这种保存方法专业上称为树的"链式存储结构"（父、子节点 id 就像链条一样连接了其他节点）。注意，列表中技能顺序没有严格的要求，因为父节点 id 和子节点 id 已经描述了树的形状。你可以先保存最后一个技能，最后保存第一个技能，只要这 12 条数据的内部顺序保持统一即可，这便是编码（或协议）的思想，设计数据结构的思想。

接下来根据技能树列表做初始化操作。

技能树.sb2

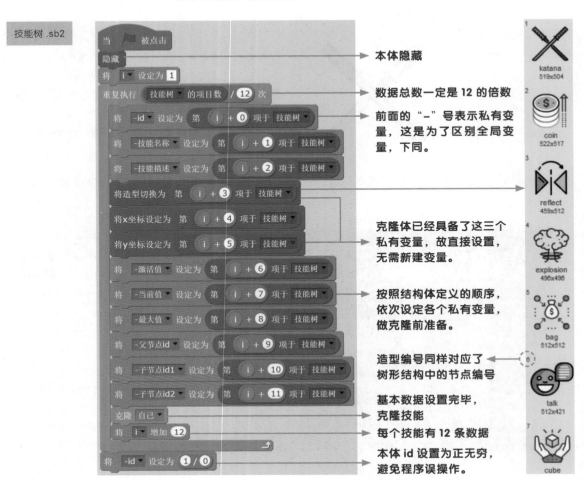

当 ▶️ 被点击

隐藏 → 本体隐藏

将 i▼ 设定为 1

重复执行 (技能树▼ 的项目数 / 12) 次 → 数据总数一定是 12 的倍数

　将 -id▼ 设定为 第 (i + 0) 项于 技能树▼ → 前面的 "–" 号表示私有变量，这是为了区别全局变量，下同。

　将 -技能名称▼ 设定为 第 (i + 1) 项于 技能树▼

　将 -技能描述▼ 设定为 第 (i + 2) 项于 技能树▼

　将造型切换为 第 (i + 3) 项于 技能树▼

　将x坐标设定为 第 (i + 4) 项于 技能树▼ → 克隆体已经具备了这三个私有变量，故直接设置，无需新建变量。

　将y坐标设定为 第 (i + 5) 项于 技能树▼

　将 -激活值▼ 设定为 第 (i + 6) 项于 技能树▼ → 按照结构体定义的顺序，依次设定各个私有变量，做克隆前准备。

　将 -当前值▼ 设定为 第 (i + 7) 项于 技能树▼

　将 -最大值▼ 设定为 第 (i + 8) 项于 技能树▼

　将 -父节点id▼ 设定为 第 (i + 9) 项于 技能树▼

　将 -子节点id1▼ 设定为 第 (i + 10) 项于 技能树▼ → 造型编号同样对应了树形结构中的节点编号

　将 -子节点id2▼ 设定为 第 (i + 11) 项于 技能树▼

　克隆 自己▼ → 基本数据设置完毕，克隆技能

　将 i▼ 增加 12 → 每个技能有 12 条数据

将 -id▼ 设定为 1 / 0 → 本体 id 设置为正无穷，避免程序误操作。

克隆体启动后，根据以上私有变量做基本的初始化设置。

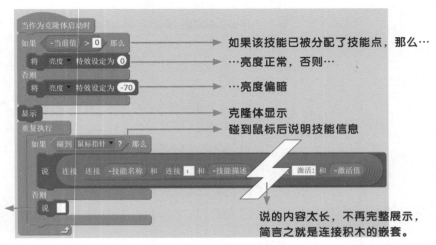

当作为克隆体启动时

如果 -当前值▼ > 0 那么 → 如果该技能已被分配了技能点，那么…

　将 亮度▼ 特效设定为 0 → …亮度正常，否则…

否则

　将 亮度▼ 特效设定为 -70 → …亮度偏暗

显示 → 克隆体显示

重复执行 → 碰到鼠标后说明技能信息

　如果 碰到 鼠标指针▼ ? 那么

　　说 连接 连接 -技能名称 和 连接 : 和 -技能描述 ⚡ 激活: 和 -激活值

　否则

　　说 ▢ → 说的内容太长，不再完整展示，简言之就是连接积木的嵌套。

参数中没有内容 ← 便可以清空上次说的内容

点击克隆体之后，克隆体要做多个判断。

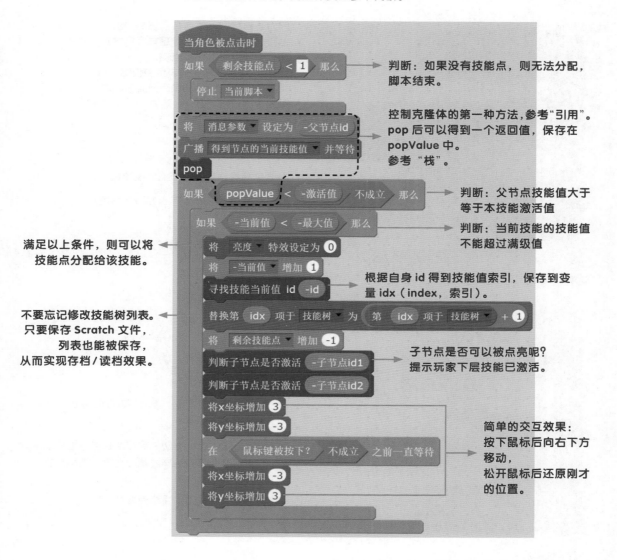

判断：如果没有技能点，则无法分配，脚本结束。

控制克隆体的第一种方法，参考"引用"。pop 后可以得到一个返回值，保存在 popValue 中。参考"栈"。

判断：父节点技能值大于等于本技能激活值

判断：当前技能的技能值不能超过满级值

满足以上条件，则可以将技能点分配给该技能。

根据自身 id 得到技能值索引，保存到变量 idx（index，索引）。

不要忘记修改技能树列表。只要保存 Scratch 文件，列表也能被保存，从而实现存档/读档效果。

子节点是否可以被点亮呢？提示玩家下层技能已激活。

简单的交互效果：按下鼠标后向右下方移动，松开鼠标后还原刚才的位置。

以上脚本涉及三处调用，我们依次观察。第一处调用是得到父节点的技能值。

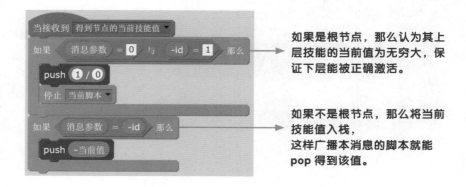

如果是根节点，那么认为其上层技能的当前值为无穷大，保证下层能被正确激活。

如果不是根节点，那么将当前技能值入栈，这样广播本消息的脚本就能 pop 得到该值。

第二处调用是根据 id 得到本技能的当前技能值。

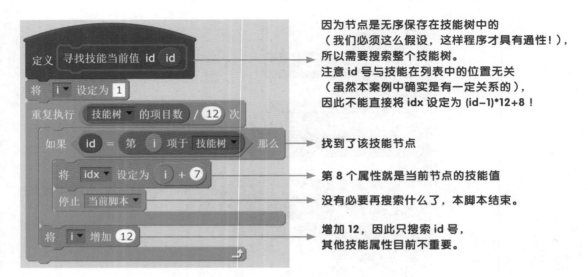

因为节点是无序保存在技能树中的
（我们必须这么假设，这样程序才具有通性！），
所以需要搜索整个技能树。
注意 id 号与技能在列表中的位置无关
（虽然本案例中确实是有一定关系的），
因此不能直接将 idx 设定为 (id−1)*12+8！

→ 找到了该技能节点

→ 第 8 个属性就是当前节点的技能值

→ 没有必要再搜索什么了，本脚本结束。

→ 增加 12，因此只搜索 id 号，
其他技能属性目前不重要。

第三处调用是判断子节点是否需要激活提示。

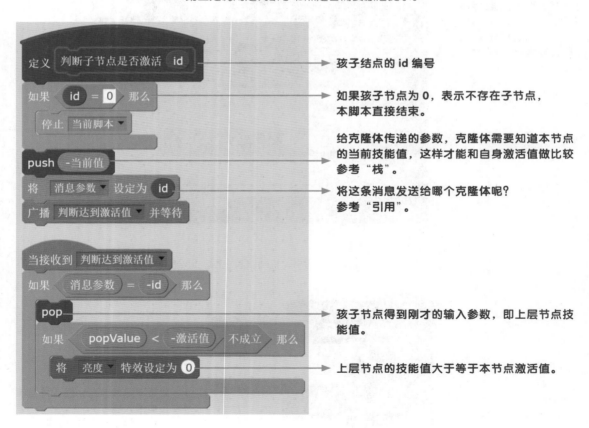

→ 孩子结点的 id 编号

→ 如果孩子节点为 0，表示不存在子节点，
本脚本直接结束。

→ 给克隆体传递的参数，克隆体需要知道本节点
的当前技能值，这样才能和自身激活值做比较
参考"栈"。

→ 将这条消息发送给哪个克隆体呢？
参考"引用"。

→ 孩子节点得到刚才的输入参数，即上层节点技
能值。

→ 上层节点的技能值大于等于本节点激活值。

最后为程序添加两个按钮角色，方便程序测试。

第一个是升级按钮。

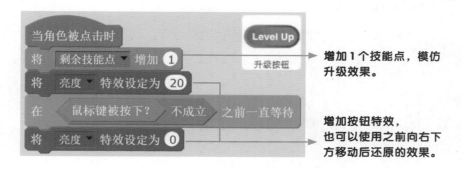

增加 1 个技能点，模仿升级效果。

增加按钮特效，也可以使用之前向右下方移动后还原的效果。

第二个是重置按钮。

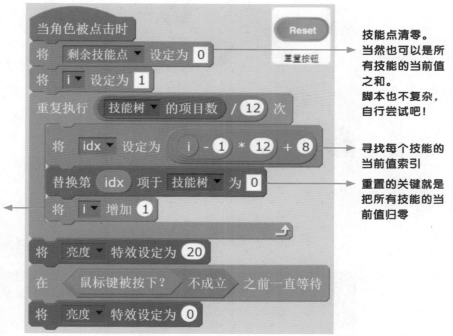

这里是增加 1 而非 12，因为上面的公式中已经乘以了 12。
过程"寻找技能当前值"中，展示了另一种遍历思想，两种方法是等价的实践中灵活运用。

技能点清零。
当然也可以是所有技能的当前值之和。
脚本也不复杂，自行尝试吧！

寻找每个技能的当前值索引

重置的关键就是把所有技能的当前值归零

其实我们也能用 7 个角色解决这个问题，脚本逻辑更简单，那为什么还要费尽力气做这件事情呢？第一，角色众多不利于管理；第二，当添加或删除技能时，脚本必然大幅改动；第三，程序无法复用。相反，使用树结构之后，虽然脚本复杂了，但是这一牺牲换来的好处则包括较少的角色数量、增删技能脚本无需变化（但列表必须修改）、程序可以重复利用。

如果说本程序的列表是模型，脚本是逻辑，那么将模型和逻辑分离则是当今程序设计的一个主流思维方式。只要技能树的逻辑没有较大改变，你甚至能够在自己的游戏中复用本程序的所有脚本。

## 18

[基本数据结构]
图

图是树的延伸。树是从根节点分裂下去的，而图中允许存在回路。图的应用非常广泛，如地图软件的寻找路径、项目进度安排、交通问题等。图中有如下常见术语。

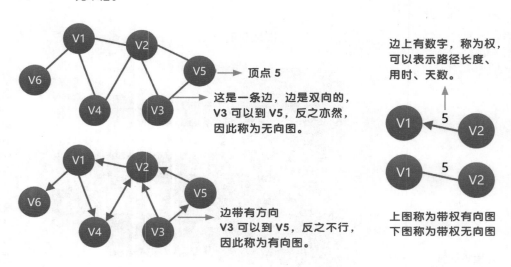

顶点 5

这是一条边，边是双向的，V3 可以到 V5，反之亦然，因此称为无向图。

边上有数字，称为权，可以表示路径长度、用时、天数。

边带有方向 V3 可以到 V5，反之不行，因此称为有向图。

上图称为带权有向图
下图称为带权无向图

图的保存方法很多，对于 Scratch 来说，最快捷的方式就是邻接矩阵。以上方的无向图和有向图为例，邻接矩阵保存在二维列表中的方法是：

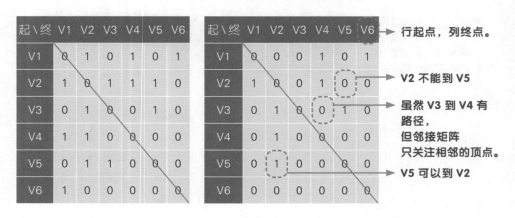

起\终	V1	V2	V3	V4	V5	V6
V1	0	1	0	1	0	1
V2	1	0	1	1	1	0
V3	0	1	0	0	1	0
V4	1	1	0	0	0	0
V5	0	1	1	0	0	0
V6	1	0	0	0	0	0

起\终	V1	V2	V3	V4	V5	V6
V1	0	0	0	1	0	1
V2	1	0	0	1	0	0
V3	0	1	0	0	1	0
V4	0	1	0	0	0	0
V5	0	1	0	0	0	0
V6	0	0	0	0	0	0

行起点，列终点。

V2 不能到 V5

虽然 V3 到 V4 有路径，但邻接矩阵只关注相邻的顶点。

V5 可以到 V2

显然，对角线元素必定为 0，无向图的邻接矩阵是沿对角线对称的，表格的行列必定相同。既然是二维的行列结构，那么我们要使用之前学习的二维列表构建邻接矩阵。

再来看看带权有向图的邻接矩阵。

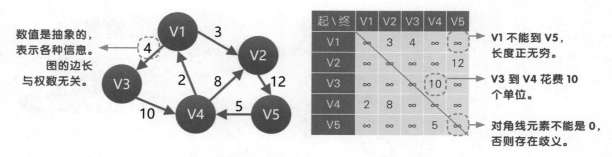

数值是抽象的，
表示各种信息。
图的边长
与权数无关。

起\终	V1	V2	V3	V4	V5
V1	∞	3	4	∞	∞
V2	∞	∞	∞	∞	12
V3	∞	∞	∞	10	∞
V4	2	8	∞	∞	∞
V5	∞	∞	∞	5	∞

V1 不能到 V5，
长度正无穷。

V3 到 V4 花费 10
个单位。

对角线元素不能是 0，
否则存在歧义。

正无穷是一个极限值，表示非常大的数字，可以用 1/0 得到该值。

因为带权有向图属于更加一般的形式，只要学会了保存、操作它，其他图都不是问题。所以这里只为大家展示如何生成随机的带权有向图。

生成随机带权有向图 .sb2

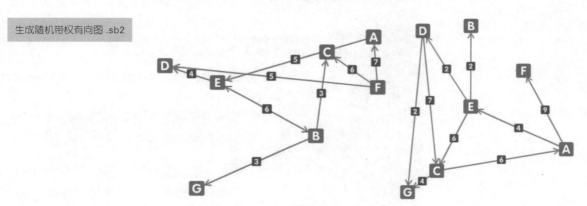

为了让程序功能更加合理，我添加了多个角色，并设置合理的执行顺序。

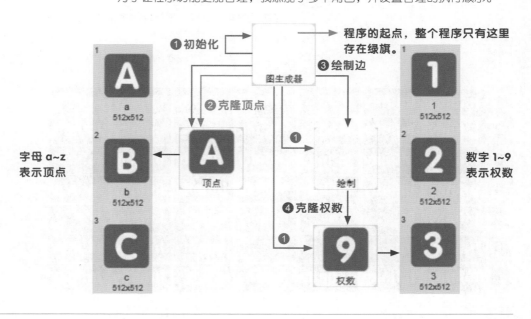

字母 a~z
表示顶点

①初始化

程序的起点，整个程序只有这里存在绿旗。

③绘制边

②克隆顶点

④克隆权数

数字 1~9
表示权数

显然"图生成器"是程序的启动点，那我们就从这里开始。

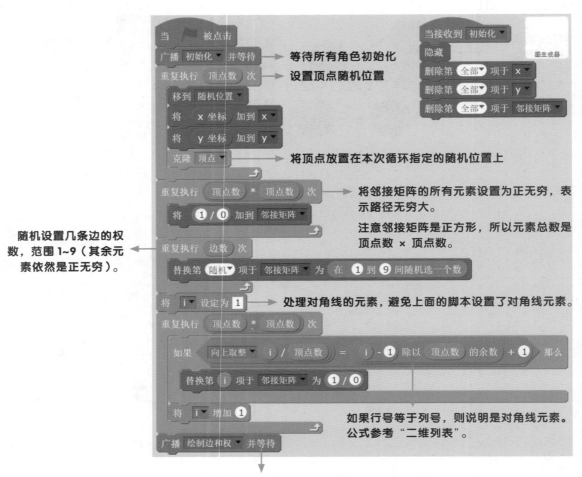

这段脚本执行之后，就得到了标准的邻接矩阵（以 7 个顶点为例）。

1	Infinity	Infinity	3	Infinity	Infinity	Infinity	Infinity
2	Infinity	Infinity	Infinity	Infinity	Infinity	Infinity	Infinity
3	Infinity	Infinity	Infinity	Infinity	Infinity	Infinity	Infinity
4	Infinity	Infinity	Infinity	Infinity	Infinity	Infinity	Infinity
5	Infinity	8	8	Infinity	Infinity	Infinity	9
6	Infinity	Infinity	2	8	Infinity	Infinity	Infinity
7	Infinity	Infinity	Infinity	Infinity	4	Infinity	Infinity

从顶点 5 到顶点 7
需要花费 9 个单位

在生成顶点随机位置时执行了克隆，下面来看顶点角色。

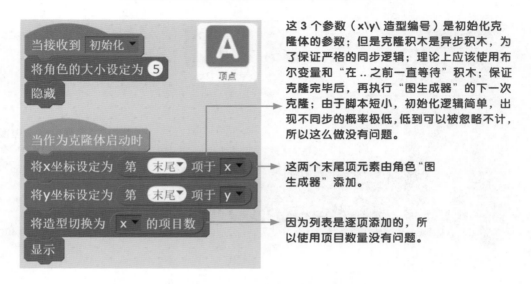

这 3 个参数（x\y\ 造型编号）是初始化克隆体的参数；但是克隆积木是异步积木，为了保证严格的同步逻辑；理论上应该使用布尔变量和"在 .. 之前一直等待"积木；保证克隆完毕后，再执行"图生成器"的下一次克隆；由于脚本短小，初始化逻辑简单，出现不同步的概率极低，低到可以被忽略不计，所以这么做没有问题。

这两个末尾项元素由角色"图生成器"添加。

因为列表是逐项添加的，所以使用项目数量没有问题。

邻接矩阵生成完毕后，广播通知"绘制"角色绘制线条和权数。

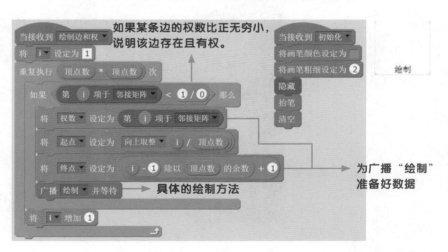

为广播"绘制"准备好数据

绘制线条的思路较为简单，连接起点和终点即可。

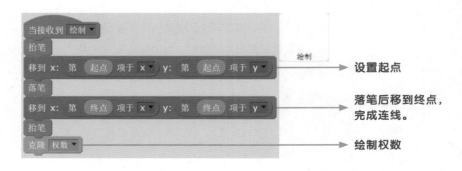

设置起点

落笔后移到终点，完成连线。

绘制权数

权数角色接收到克隆的命令后，立刻克隆并做显示相关的设置。

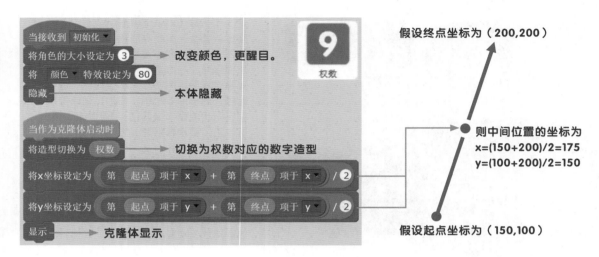

最麻烦的要属箭头的绘制了，既然是有向图，箭头必不可少。实现方法如下。

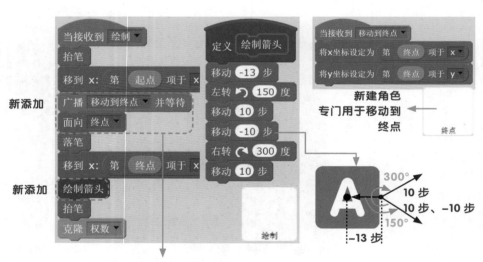

面向（位于终点的）角色，
从而避免起点到终点连线的方向计算。
实战中很有用的小技巧。

你能够使用这张地图创作什么作品呢？例如，小猫从某个点出发，携带一定数量的资源（如食物、生命值、剩余天数等），当从一个点到另一个点时，在当前资源的基础上增减相应的权数；或是猫咪在隐形的道路中探寻出路，比比谁走的路径最短。

图的内容非常多，除了存储结构外，还有广度、深度优先遍历、最小生成树、最短路径等问题。虽然我们只在数据结构中迈出了一小步，但这却是你掌握计算思维的一大步！

19

选择策略

数据结构是最重要的内容之一，是需求的权衡和设计的艺术。

说它是权衡，意味着要把握度。在问题明确之前，提前使用特定的数据结构，反而会把程序变复杂，导致难以阅读和修改；而有些程序可能没有必要使用特定数据结构也能解决问题，既然简单的方法可行，何必用复杂的方法解决问题呢？

说它是艺术，意味好的数据结构能极大化简程序逻辑，提高编程效率。结构体、多级索引、引用、二维列表、栈都是简化程序的利器，尤其是前两者。遇到较为复杂的问题时，要养成定义结构体的习惯，让数据归整，利于处理；要学会控制克隆体，让那些表面上不可见的运行中的脚本在心中运行。另一方面，数据结构也能混合使用。

数据结构的设计不是一蹴而就的。你需要在实践中思考磨练，才能感受到这种权衡的趣味和设计的艺术，从而提高把控程序的能力，提升设计思维。

最后做个总结。变量和字符串是较为底层的结构，使用动机也很明确，不再赘述；列表是变量的容器，使用动机为变量数量不确定，如动态获取用户的输入，但输入数量未知；结构体最灵活，使用动机是定义有结构和含义的数据块，让零散的数据作为整体存在，便于统一操作，脚本更加凝练；多级索引构建映射关系；引用能够方便地控制克隆体；二维列表使用虚拟的行号和列号访问表格数据；队列是先进先出的结构，常用于处理有先后关系的任务；栈是后进先出的结构，用于函数返回值、局部变量、（自定义积木块的和消息的）参数传递，是非尾递归的必备结构；集合用于保存不重复的元素；树用于构建树状信息，如层级关系、思维导图；图是抽象和一般化的树，顶点之间不再是类似于树的上下级层次关系，图的类型有两个维度，有向或无向，以及无权或带权，图的使用动机是构建复杂的网络图，如带有路程的地图、城市地铁图、人与人的关系网图。根据自己的需要从武器库中任性地选择吧！

20

[算法入门]
什么是算法

　　生活中待解决的问题无处不在。出门旅行时，在一定的时间和资金下，选择何种交通工具、路线、美食、旅店、纪念品能最大提升幸福感呢？同时洗碗和做饭，如何最大程度节约时间呢？如何在限定的时间内复习多个科目呢？排队如何选择队伍？如何在与同学或同事的竞争中赢得期望名次？玩游戏时如何以非作弊手段获得最高分？我们把各种解决问题的方法及其步骤统一称为算法。算法不是唯一的，针对一个问题，一千个人就有一千种算法。

　　在上述生活领域中，算法设计和算法执行的主体都是人。在计算机科学中，算法设计依旧由人完成，而算法的执行主体则是计算机。使用计算机语言描述的算法就是程序。显然描述过程必然涉及数据结构，因此有一个著名的（面向过程的结构化程序设计）公式：

$$程序 = 算法 + 数据结构$$

　　该公式从理论上表明，算法和数据结构是程序不可分割的部分。在实践中两者相互联系：设计数据结构时，相应的算法已经涌入心田；设计算法时，数据结构也愈发明确。计算机科学家 Knuth 将算法的性质总结为如下 5 点。

- 有穷性。算法在有限的步骤内结束，在合理的时间内完成。执行有限块积木后，算法必能结束，但执行时间也必须合理，等待 100 年才得出结果的算法没有意义。
- 确定性。每个步骤都是明确无歧义的。例如在执行"移动 10 步"积木时，10 步就是确定的数值，计算机无法执行诸如"向前小步移动"这种模糊的指令。
- 可行性。不仅明确更要可实现。如"播放音调 60 直到松开按键"虽然明确却不可行。
- 输入。算法有零个或多个输入，如当绿旗被点击、角色被点击等。
- 输出。算法有一个或多个输出结果，如得到具体的数值、舞台效果的变化。

回想你做过的 Scratch 程序，是不是都具有如上性质呢？积木块组成的脚本就是算法。

21

[算法入门]
表示算法的方式

在算法成为程序之前，我们如何记录描述解决问题的方法和步骤呢？实践中方式很多，最常见的就是伪代码和流程图。本书仅简单介绍流程图，如果读者想了解其他方式可以自行搜索关键词。下面以经典的 1+2+…+N 为例，流程图如下。

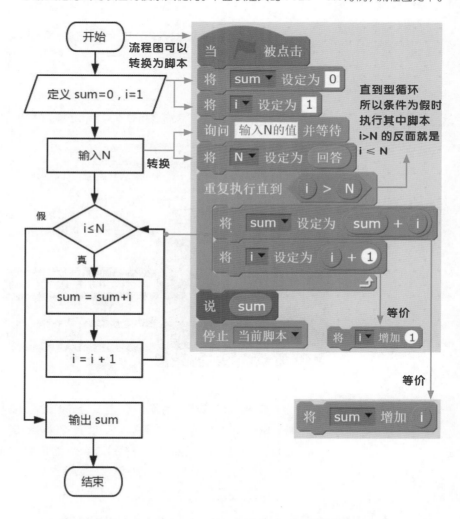

圆角矩形表示程序的开始和结束，长方形是具体的步骤，平行四边形表示创建变量，最重要的便是表示判断的菱形符号。循环效果是由返回至菱形的箭头实现的。

22

不同人在处理同一个问题，甚至同一个人在不同时间处理同一个问题时都有可能设计出不同的算法。在保证多种算法结果均正确的前提下，算法之间的另一个比较点便是效率。效率的关键是算法的执行时间，执行时间越短，则认为算法越好。

那么如何精确测量脚本运行时间呢？编程语言通常都内置了计时器的功能，Scratch 也不例外。只要在算法运行之前，让计时器归零，结束前输出计时器的值即可。

判断素数 .sb2

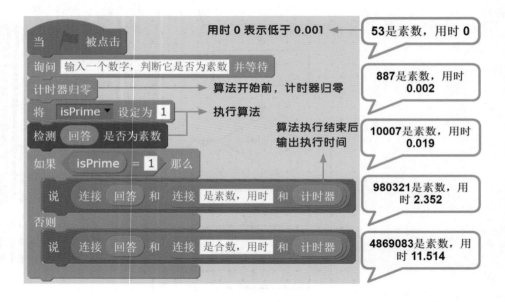

其实还存在第二种测算方式，这种方式更接近真实世界的时间值。或许你会问，Scratch 提供的计时器不就是秒数吗？还能精确到小数点后三位呢！难道它不是真实的秒数？确实如此，我将 Scratch 计时器提供的时间称为"Scratch 时间"，将下面两块积木提供的时间称为"真实时间"：

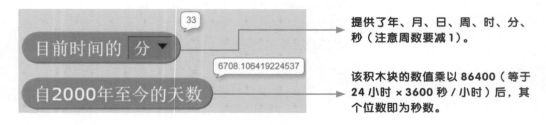

提供了年、月、日、周、时、分、秒（注意周数要减1）。

该积木块的数值乘以 86400（等于24 小时 × 3600 秒 / 小时）后，其个位数即为秒数。

秒的单位公式是：

$$1 \text{ 秒 (s)} = 10^3 \text{ 毫秒 (ms)} = 10^6 \text{ 微秒 (μs)} = 10^9 \text{ 纳秒 (ns)}$$

可以看出，计时器的最高精度是毫秒级，而"自 2000 年至今的天数"竟达到纳秒级！

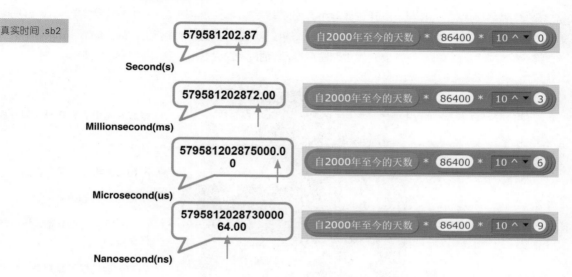

可在实践中，人们为什么极少使用它判断时间呢？我总结了五点理由。

● 根据经验，人很难察觉到 Scratch 程序中毫秒级的差异，秒级差异也能勉强接受。

● 操作系统是一个大型系统，程序每次运行的时间都稍有不同，检测过低单位无意义。

● 计时器积木块的语义更好，积木含义清晰，脚本阅读起来朗朗上口，便于理解。

● 只要不同算法在同一台计算机的 Scratch 中使用相同的测量方式，也没有问题。

● Scratch 时间慢于真实时间，这是因为 Scratch 时间取决于 FPS，即刷新舞台的每秒帧数，Scratch 2.0 的 FPS 约为 30。当出现大量和舞台效果相关的操作时，特别是修改特效值、碰到颜色等，舞台运算量增加。理论上 Scratch 应当丢帧以保证时间一致性，但其行为却是不跳帧，而是老老实实地逐帧计算，所以 FPS 远低于 30，导致计时器积木时间偏慢。如果测试算法中涉及舞台变化，则需要考虑计时器是否合适。这么设计的原因可能是为了保证碰到颜色积木的正确性，如果跳帧就有一定概率无法检测到目标颜色。

23

[算法入门]
问题规模

如果说效率和执行时间有关，那么效率还有另一个关键评价指标：问题规模。问题规模是指算法输入的数量或输入数值的大小。在上面的素数问题中，随着"回答"数值增大，程序的运行时间也随之增加。我们看看其中的脚本。

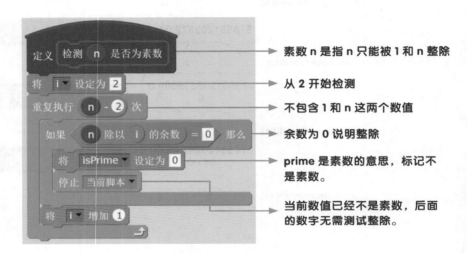

有无办法减少该算法的执行时间呢？换言之，随着问题规模的增加，执行时间能被大幅缩减。分析便可得知，数值 n 的对称乘数是根号 n，而乘法又满足交换律，故只需测试根号 n 以内的数值，超过根号 n 的数值必然对称。例如根号 10 约等于 3.16，那么只需要测试除数 2、3，因为 2×5 和 5×2 满足乘法交换律，测试除数 5 多此一举。算法被改进为：

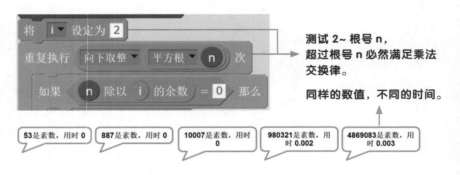

感受到算法的强大了吗？在第 7 章节，你会看到更多精妙的算法，它们不仅能极大地缩减时间，而且思想也非常巧妙。

24 [算法入门] 时间复杂度

在第一个素数程序中，我挑选了一些"等间距"的素数，同时记录其运行时间。以问题规模为横坐标，运行时间为纵坐标（单位秒），虚线为趋势线。

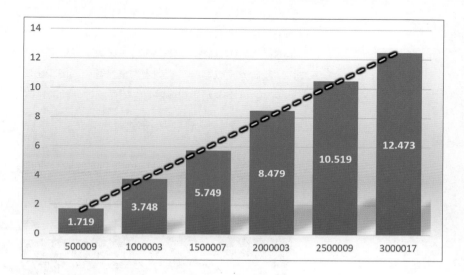

趋势线近似一次函数，我们将这种趋势记录为"O(n)"，读作"大欧恩"。

利用改进的素数程序，挑选1000003~450500023共900个"等间距"的素数，使用 Excel 绘制导出的列表，如下图所示。

统计耗时 .sb2

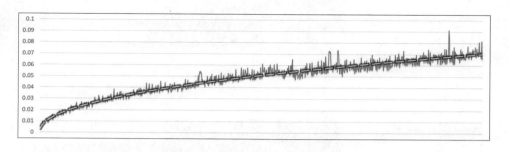

趋势线近似对数函数，我们将这种趋势记录为"O(log$_2$(n))"。可以看出在同一个任务中，随着问题规模的增大，O(log$_2$(n)) 完胜 O(n)。字母 O 称为大 O 记号，用于衡量算法的时间复杂度。虽然还有很多时间复杂度，如 O(1)、O(n^2)、O(n^3)、O(n*log$_2$(n))，但这已经超出了本书的讨论范围，感兴趣的读者请搜索关键词"算法复杂度记号"。

在自行设计算法时，你需要掌握几种基本的思想和策略，最常见的就是"遍历"思想。所谓遍历是指对集合性质的目标物依次地遍寻游历。什么是集合性质？例如 N 位数字是每一位数字的集合，字符串是字符的集合，列表是变量的集合，树是节点的集合，图是顶点的集合，因此"遍历"是抽象概念。它还能指代生活中的行为，如寻找扑克牌中的某一张牌时，从第一张牌开始遍历，逐张寻找。

我们分别以字符串和列表为集合物引入简单的案例，掌握遍历策略。如何统计英文字符串中元音的数量呢？如何统计列表中偶数的个数呢？

遍历字符串 .sb2

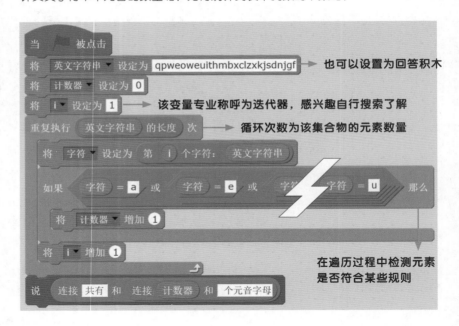

遍历整个列表就能统计出偶数的个数。

遍历列表 .sb2（节选）

另一种常见策略是递归，例如经典的汉诺塔游戏。游戏目标是把盘子从 A 柱全部移动到 C 柱，小盘子只能在大盘子上方。如何使用递归解决呢？

汉诺塔 .sb2

带有真实移动效果的汉诺塔程序参见附录 C 的 vol.25

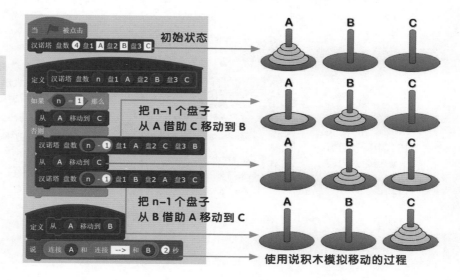

递归的优势是逻辑易于理解，有些复杂的问题用递归很容易表示出来。

还有一种常见策略称为分治。它是分而治之的缩写，意思是将不易求解的大问题划分为众多易于求解的小问题，最后统筹整合各个小问题的结果。以寻找列表的最大数值为例，最简单的方式是遍历寻找。

遍历寻找最大值 .sb2（节选）

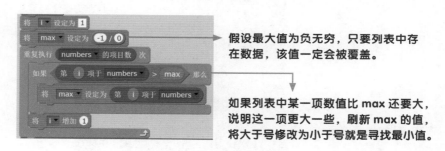

列表的元素数量较少则罢了，但若达到千万以上，则需要更高效的方法，分治法便是不错的选择。为了便于理解，下图仅描述了问题规模为10个元素的情况。

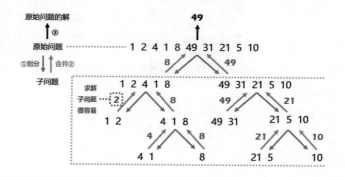

原始问题被不断地划分为 2 个或 1 个元素的子问题，因为 2 个或 1 个元素的最大值非常容易求解。求解之后依次从下往上合并子问题的解，最终得到原始问题的解。

分治法寻找最大值 .sb2

注意，随着问题规模（数量和范围）的增大，
Scratch 的文件大小也会增加，
程序保存会非常缓慢。

划分问题
列表索引范围从 1~ 整个列表元素数量

参考"栈"中关于函数返回值的内容

问题划分函数会返回一个最大值，所以在调用之后使用 pop 得到返回值。"生成随机数"并不复杂：删除 numbers 列表中的所有元素后，按照数量生成指定范围的数值。接下来看看分治算法的关键函数"问题划分"如何将索引逐步划分到 2 个或 1 个相邻元素。

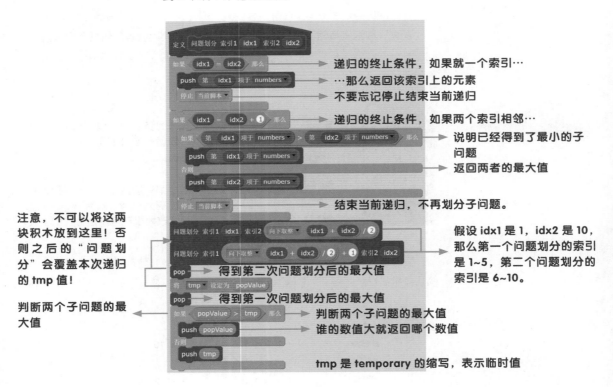

递归的终止条件，如果就一个索引…
…那么返回该索引上的元素
不要忘记停止结束当前递归

递归的终止条件，如果两个索引相邻…
说明已经得到了最小的子问题
返回两者的最大值

结束当前递归，不再划分子问题。

注意，不可以将这两块积木放到这里！否则之后的"问题划分"会覆盖本次递归的 tmp 值！

判断两个子问题的最大值

假设 idx1 是 1，idx2 是 10，那么第一个问题划分的索引是 1~5，第二个问题划分的索引是 6~10。

得到第二次问题划分后的最大值
得到第一次问题划分后的最大值

判断两个子问题的最大值
谁的数值大就返回哪个数值

tmp 是 temporary 的缩写，表示临时值

虽然在查找最大值问题中，遍历的速度完胜分治，但在后面讲解算法时你会看到，分治法的效率有时更高，而且具有实践价值。除遍历、递归、分治外，还有很多常见算法策略，如贪心、概率、动态规划、启发式等，本书后面再详细说明。

26

抽象

程序的基本设计原则之一：抽象，模拟客观世界。注意，这里的"抽象"是动词而非形容词。抽象的目的是让程序的行为越来越接近真实客观世界的逻辑，它发生在很多层次上，最高的层次便是总结程序各个部分功能。在创作程序之前，先想一想程序包含哪些角色，每个角色具有哪些功能，随着程序的深入，功能会越来越清晰。这与真实世界一致，任何国家、机构、制度、科学理论等，都是由一个个部分组成的整体。

参考附录 A 的 vol.42-1 和 vol.46

在实践中，简单程序的角色功能是显而易见的。而对于大程序来说，角色的功能抽象变得尤为重要，只有将功能合理地划分到不同的角色中，程序的整体框架才便于理解，修改和扩展也易于上手。你应当有意识地注意这一点并自我训练，才能逐渐提高抽象能力。抽象能力属于经验，只能在实践和反思中习得。下面展示一个游戏程序的抽象结果。

假如我们要创作复杂的横版闯关游戏，它可能包含如下角色。

- 流程控制（空角色，设置游戏当前状态，即处于选关界面、设置界面还是某一关）。
- 主角（主角的行走跳跃等动画，增减血量，角色移动，重力系统，技能等级）。
- 敌人（敌人的 AI 策略、敌人的移动、血量、重力系统）。
- 字幕系统（包含游戏中的所有字幕，如游戏胜利、失败、暂停等）。
- 规则系统（空角色，判断血量大小，判断游戏时间，游戏解谜判断）。
- 分数系统（显示分数，增减分数，重置分数）。
- 背景控制（移动背景，切换主界面、设置界面）。

我们之前的程序已经多次使用抽象，较为经典的就是"队列"中的案例"波动特效"。

参考附录 C 的 vol.16

另一个层次的抽象是在程序设计时，让脚本看到更真实的逻辑，而不是底层数据。例如在数据结构中的飞行棋游戏棋盘。最终脚本将会看到移动的步数，而不是移动的坐标。

27

[程序基本设计原则]
分解

程序的基本设计原则之二：分解，脚本职责单一。职责是指引起脚本变化的原因，单一是说引起脚本变化的原因应该尽可能少，让脚本完成尽可能少的功能。

参 考 附 录 A 的 vol.32、vol.49，附录 D 的 "明确代码职责"。

Scratch 初学者习惯使用一两段脚本完成大量的功能，这样并不合理。如果脚本出现错误，那么修正了脚本的某一处功能，就有可能影响到脚本的另一处功能。正确的做法是，把一段超长的脚本分解到多段脚本中，让每段脚本独立地应对某种变化。

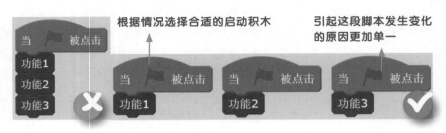

下图程序的效果很简单，当猫咪碰到铃铛就发出 pop 声。

脚本职责单一.sb2

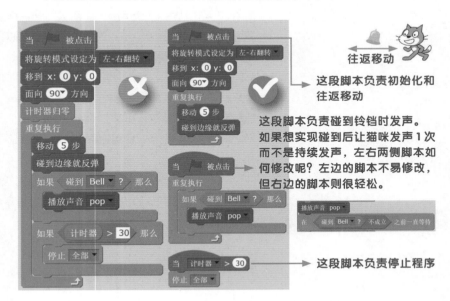

每一段脚本各司其职，且可以被独立地修改而不影响到其他脚本，这就是职责单一。

28

[程序基本设计原则]
信息隐藏

　　程序的基本设计原则之三：信息隐藏，保持局部独立互不干扰。信息局部化是指数据在一定范围内可以被读取和修改，而超过范围后无法被修改。数据的读写权限是非常重要的。例如在网店购物时，我们只能读取并访问商品的价格数据，却没有修改它的权力或权限，只有添加该商品的人才有权限修改价格数据。

　　再举一个抽象的案例。（在学校或工作单位的）上下级沟通时，下级的任务是根据上级领导释放的部分信息处理事务，下级并不用了解上级的全部信息；而下级汇报工作时，也只需要向上级展示局部的（上级关心的）信息，而非自己的全部信息。

　　信息隐藏和抽象一样也发生在多个层次中。最小的层次是自定义积木块（也就是过程或函数）和广播消息的输入参数，以及使用数据结构"栈"模拟的局部变量和返回值，这一点在非尾递归和向克隆体广播带有参数和返回值的消息中表现得淋漓尽致。在 push 和 pop 的操作下，栈列表最终是空的，说明列表中的元素都曾经作为过程和广播的临时变量，并随着调用结束而消失，不会影响现有程序。

　　下一个信息隐藏的层次是角色。如果变量或列表只属于这个角色，其他角色没有使用它的必要，则将其设置为"仅适用于当前角色"的局部变量（但克隆体的共享数据，只能设置为全局的）。如果希望外部可以访问，则使用变量；反之使用列表。

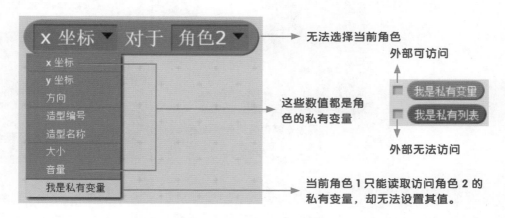

将数据设置为局部变量后，可以完全杜绝其他角色对其修改，迫使其他角色只能访问变量（而非列表）的值。注意，全局变量和公有变量、局部变量和私有变量，这两对术语在 Scratch 中没有差异可以互换，但在其他编程语言中却不行，这涉及到结构化设计和面向对象设计，感兴趣的读者自行搜索关键词。

信息隐藏的最高层次是模块。程序由模块构成，在抽象环节中得到的一个个部分就是模块。模块内功能相对独立，因此理论上模块内的数据是共享的，但对外是隐藏独享的，模块间的数据访问只能通过接口（Scratch 的接口就是广播消息）完成。

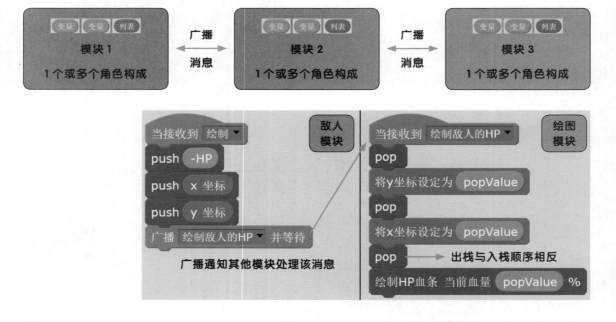

附录 A 的 vol.66 通过真实的问题展示了"模块"的概念。

因为 Scratch 没有提供模块（即组合角色）功能，无法实现模块内信息隐藏，但它又很重要，故实践中你要有意识地训练自己，思考哪些角色属于一个模块，模块内哪些信息全局共享，哪些数据隐藏独享，避免一个模块修改了其他模块中原本作为内部共享的全局变量。

29

[程序基本设计原则]
行为和实现分离

程序的基本设计原则之四：行为和实现分离，解除依赖关系。什么是依赖？最简单的依赖关系就是角色 A 使用了角色 B 的某个属性。

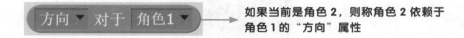

如果当前是角色 2，则称角色 2 依赖于角色 1 的"方向"属性

对私有变量的依赖并没有问题，而这里所说的行为和实现的依赖，是指另一种依赖形式。

实现
如何完成命令
是具体的细节

行为
要做什么事情
是抽象的命令

注意，不是只有在自定义积木块中才存在实现和行为的概念。任何积木块都包含实现和行为两个部分，只不过 Scratch 把它们的实现部分封装起来了，用户看不到而已。那么如何把行为和实现分离开呢？例如在下面这个绘制五角星的程序中：

可复用的程序 .sb2

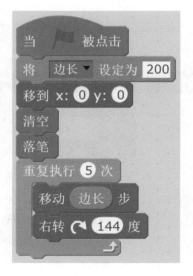

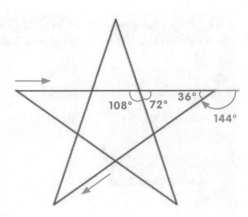

无论是游戏还是艺术类程序，绘制五角星是很常见的需求，但是不同程序对五角星的要求是不一样的。有的程序希望绘制的边是渐变效果，有的程序希望在绘制顶点时特殊处理，有的程序则希望在绘制开始时和结束后执行其他任务。

那么有没有一种统一化的方法，让所有程序都按照相同的逻辑绘制呢？很简单，我们使用消息把程序中的具体实现分离抽象成行为，而具体的实现则由其他角色接收消息后填补。

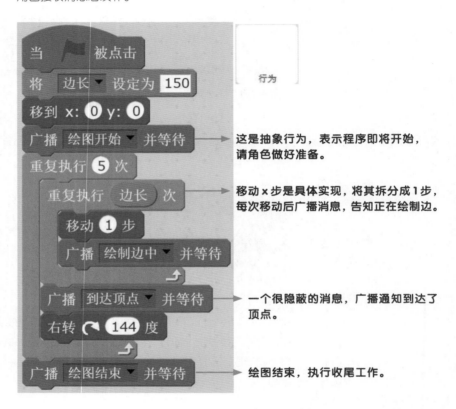

这是抽象行为，表示程序即将开始，请角色做好准备。

移动 x 步是具体实现，将其拆分成 1 步，每次移动后广播消息，告知正在绘制边。

一个很隐蔽的消息，广播通知到达了顶点。

绘图结束，执行收尾工作。

新建一个角色，实现这些抽象行为的具体细节。

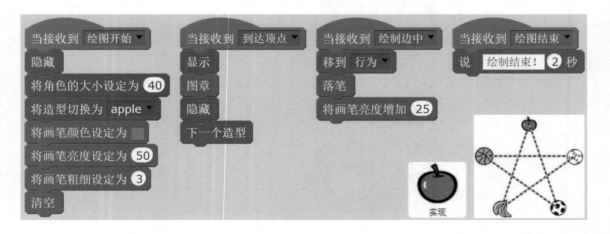

新建角色，再设置不同的特效，程序扩展起来很方便。

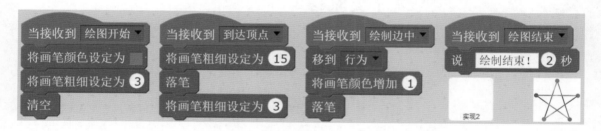

可以发现，每个角色只用专心地处理相应的消息，而无需关心绘制的流程。这带来了两个直接的好处：第一，便于程序复用，只要存在和五角星相关的需求，直接使用这段抽象的脚本，再完成具体的细节即可；第二，便于团队协作，例如制作游戏时，先完成这段抽象的脚本，再将消息告诉各小组成员独立完成，互不干扰。

状态机在附录 A 的 vol.34-1~vol.34-5 中已经详细说明，希望读者可以认真研究，提升抽象思维逻辑能力。此外，相关的视频还有附录 A 的 vol.16、vol.20。

这段脚本是一个简单的状态机，它是制作大型多界面游戏的利器。此外，这种程序设计方法也称为面向接口的程序设计（也称为控制反转 IOC、依赖倒置，这三个术语的本质内涵一致，不同领域使用不同术语，了解即可，不用深究）。

看似高深的技术，在真实世界中有没有等价物呢？其实还真不少见。例如在点餐时，你给出的接口是"给我上一盘鱼香肉丝"（行为），服务员接收了你的消息后并记录到纸上或手持终端（实现），然后亲自发送消息或由餐饮系统发送消息（行为）告知厨师，厨师接收到消息后完成菜品（实现）。你应该可以感受到，正是由于我们生活在行为和实现相分离的世界，自己才有足够的精力完成别人的接口所要求的具体实现！毕竟不可能事事躬亲，人的精力是有限的。

还存在一种依赖方式，参加附录 D 的"消除时间依赖"。

最后还存在一种依赖方式：在 A 角色（或模块）的内部直接使用 B 角色（或模块）的过程，则 A 依赖于 B 的过程输入、过程名称和过程返回值（此三者专业上合称为函数签名）时，我们就说 A 依赖于 B。如果 B 发生变化，就会影响到 A。但是 Scratch 环境不支持这种依赖方式，且分离这种依赖的目的是降低大型软件重新编译和部署的压力，Scratch 程序没有编译和部署的概念，因此不再做讲解。

以上四点程序设计原则适用于所有编程语言，但你也可以打破它们。例如程序特别简单，或者临时做测试、尝试完成程序的核心功能时，或者程序做完后永不修改和扩展，这些情况下可以打破原则，以免过度设计，带来不必要的复杂脚本。

30

程序开发流程

无论程序是大是小，我们在上手之前都要明确程序的需求。什么是需求？简言之，需求就是对程序的要求，或希望实现的效果。我们称提出需求的人为用户，实现用户需求的人为开发者，显然开发者完成的程序应由用户和开发者测试并反馈，最终通过用户验收并交付使用。交付之后，用户在使用程序的过程中还会提出新的需求，开发者要继续明确并完成这些需求。回想你开发 Scratch 程序的过程，是不是也是如此呢？

① 需求分析
明确程序的功能

② 程序设计
如抽象、模块、数据结构

③ 编写程序
按照设计的指导完成需求

④ 测试
测试程序的健壮性

⑤ 验收交付
用户检查是否实现了预定功能

⑥ 运行维护
实现用户提出的新需求

你可能会问，为什么我从来没有感受到这个过程？那是因为用户和开发者都是你自己。例如，假设你想制作一个电子贺卡，那么整个流程如下。

① 需求分析
确定贺卡主题、展示效果、交互方式、选用音乐

② 程序设计
角色功能划分、使用何种数据结构

③ 编写程序
使用 Scratch 完成程序

④ 测试
编写过程中和编码完成后测试贺卡是否满足了需求

⑤ 验收交付
自行检查是否满足了需求

⑥ 运行维护
过一段时间后发现程序有BUG或改进，继续编程实现

注意，以上过程并不一定完全是线性地顺序展开的，例如在编写程序的过程中发现需求分析时遗漏了重要的功能。当开发者和用户都是你一个人时，这些过程的边界非常模糊，以至于无法察觉。但是当开发人员和用户涉及到更多人时，项目管理越需要科学的方法，本书不再详细说明，感兴趣的读者搜索关键词"软件工程"。你现在编写的程序处于什么阶段呢？

## 31

[程序开发方法]
程序的正确性

　　每当看到程序正确运行的那一刻，我总会不由自主地"哇"起来。是的，编写正确的程序不是一件容易的事情，基于文本的编程语言甚至不允许漏掉任何一个符号！虽然 Scratch 这类积木式图形化编程语言没有语法错误的概念，但是想要程序完全正确，也需要注意很多细节并掌握一些方法，下面分别讲解。

　　方法之一：注意数据类型错误。之前已说明，Scratch 的数据均被保存成字符串。因此当使用变量时，就需要格外注意变量的转换问题。下面的脚本能得到期望的结果吗？

- 因为移动 x 步和增加的参数空位是圆角矩形，因此只能填入整数或小数。Scratch 不会停止脚本的执行，也不会报错，而是忽略移动和增加脚本。
- 负无穷确实属于特殊的浮点数，但是移动负无穷步没有任何直观上的意义。
- 数字 + 字符串？结果是 123。或许你想表达的是数字 1"连接"数字 2？
- 布尔 + 布尔？真为 1 假为 0，所以结果是 2。

　　方法之二：命名规范。无论是角色名、变量、列表、过程还是消息。你自己感受下：

　　英文变量的命名习惯是驼峰命名法，如 isClone、currentState（或缩写 curState）。它的规则是首字母小写（或大写），之后每个单词的首字母大写，就像驼峰一样有高有低。

　　方法之三：防御性编程。这是一种谨慎的、细致的、防卫的编程习惯，是指根据经验遇见出现问题的代码，然后插入一个测试环境，一旦出现问题有办法告知开发者或进行处理，从而防御不合理的情形，保护后面程序的正确性。在 Scratch 中

（不同编程语言提供了不同的防御方法，如 assert 断言和异常机制，感兴趣自行搜索了解）最常见的形式是：检查数据特性情况，排除不合理的数据，避免 bug。

判断用户的输入，
如果是偶数，继续执行，
否则根据情况处理。
比如这里的提示和停止，
从而保护后续脚本。
这就是防御的概念。

方法之四：代码评审，也称为代码审查。是指开发者检查自己或别人编写的代码，检查点包括：命名规范、程序架构、代码重复、程序可读性、程序扩展性等，从而提高代码质量，减少 bug 出现可能性，降低出现问题后返工的成本（如时间成本），以上问题在本书之前的内容都有讲述。可以看出代码评审也是一种编程习惯，要有意识地完善脚本，我们的目标是让脚本像小说一样朗朗上口！评审可以采用互评的方式，自己看别人的脚本常能发现不合理之处。如果你加入了 Scratch 社团，举办定期的脚本互评是学习他人思路的好方法。

代码评审的最大作用是，当你知道自己的脚本未来会受到其他人的仔细评审时，你的编程态度就会发生变化，更有可能编写出漂亮的程序。如果没有审查，你就知道自己的脚本不会有任何人查看，自然没有紧迫感和被批评的担忧。

方法之五：测试。顾名思义，就是检测程序是否按照预期运行。测试不是编程结束后才执行的活动，每当你编写一部分脚本并尝试运行绿旗观察当前脚本是否如期运行时，就是在做程序测试。从测试的目标上，可分为正确性测试（程序结果是否正确）、稳定性测试（面对各种各样的用户输入和操作，程序表现是否稳定）或效率测试（面对问题规模的稳定增长，程序运行时间如何变化）等；从测试的细节程度上，可简单分为黑盒测试（不关注底层细节，测试整体功能）和白盒测试（关注实现细节的测试）。下面通过一个案例，从正确性的角度测试程序。

这里的测试只关注整体功能，所以是黑盒测试。

如果输入 0 或 –1 会怎么样？
（我们称 0 和 –1 为两个测试用例）
如果空位是变量，变量却是字符串怎么办？
如果测试用例为 7、6 会怎么样？
如果测试用例为 0、1 或 –1、1 或 10、11 又如何？
如果是 6、10 呢？

你发现测试用例的规律了吗？它们全部都是边界值（如 0 和 –1）或特殊情况（如 6、7 改为 7、6）。结果显示，所有的测试全部失败！它们或多或少地出现了问题。既然黑盒测试失败了，我们就进行白盒测试，看看是什么原因导致黑盒测试失败。

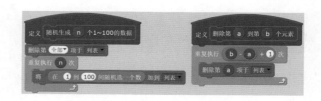

如果你理解了之前的内容，就会发现这里完全没有使用防御性编程的方法，对参数没有做检查，而是信任输入完全正确。这些细节正是 bug 的"源泉"。

方法之六：契约式设计。契约就是大家共同遵守的规则。例如上面的程序中，只要我们能够保证参数的合理性，就没必要检查参数了，删除过程也不会有问题。

先决条件是指调用过程前，调用者必须保证的内容。后置条件是指过程结束后，过程保证一定能做到的事情。换言之，只要先决条件为真成立，后置条件必然成立。这种做法本质上是将检查（或保证）参数合法性的职责转移给了调用者。看似有点不负责，但如果你确定程序一定能满足先决条件，干嘛还要强迫自己在过程内编写检查参数的脚本呢？

契约式设计正是我们在 Scratch 中的生存常态，例如函数的返回值。

契约的先决条件是 n 大于等于1，后置条件是返回值一定保存在 sum 中。再如：

移动积木的契约就是步数应为非无穷数值，如果出错就是你的责任。但是对于用户的输入数据不能使用契约哦，因为你永远不知道使用者会输入什么信息（除非只有你一个使用者）。契约式设计非常流行，尤其是弱类型的脚本语言（如 Scratch、Python）使用了大量契约。使用者在调用函数前要明确契约规则，通常帮助文档中会详细说明。

如果程序运行时出现 bug，我们怎样检测并修改呢？这就需要一些调试手段了。调试就是查错和排错的过程，是提高思维能力的好方法，也是学习编程无法回避的过程。不同编程语言和编程环境提供了不同的调试方法，下面介绍实践中 Scratch 常用的调试方法。

方法之一：说积木。这是笔者最爱用的方法，使用它就能快速定位错误所在，例如：

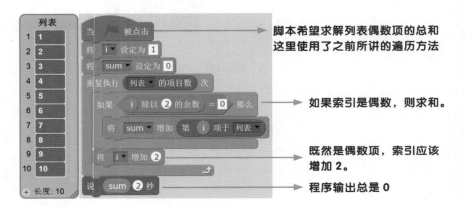

脚本希望求解列表偶数项的总和
这里使用了之前所讲的遍历方法

如果索引是偶数，则求和。

既然是偶数项，索引应该增加 2。

程序输出总是 0

为什么结果总是 0 呢？我们将说积木插入到关键点，看看运行情况。

关键点的位置判断需要在实践中积累，在这里插入说积木。
程序的输出是依次是 1、3、5、…、19

这些数值都是奇数，不会执行如果中的脚本。

使用说积木定位到问题所在后，你知道如何修改了吗？

方法二：等待积木。常用于检测多段脚本的同步问题，例如：

这个程序有什么问题？

我们尝试添加一些等待积木（使用说积木也可以），就会看到效果变化。

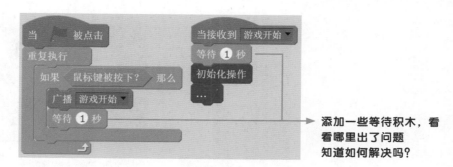

添加一些等待积木，看
看哪里出了问题
知道如何解决吗？

参考附录 A 的 vol.36、
vol.40、vol.45

还有一些很隐晦的不同步问题，实践中最常见的就是多段绿旗的同步问题。
当多段绿旗同时启动时，它们的先后执行顺序是随机的。

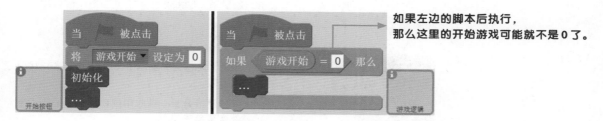

如果左边的脚本后执行，
那么这里的开始游戏可能就不是 0 了。

在右侧绿旗下方添加一块等待 1 秒积木，程序就完全没有问题了。所以解决
方法是使用消息同步多段脚本的执行顺序。

方法三：计数器。常用于检测一段脚本的执行次数，例如：

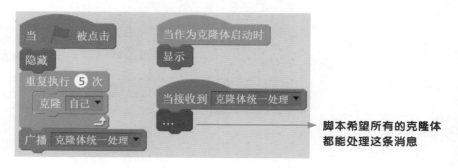

脚本希望所有的克隆体
都能处理这条消息

然而这么做有一个隐含的 bug，就是本体也会参与进来，使用计数器调试
便知。

常见的解决方法是使用私有变量做本体和克隆体的区分。

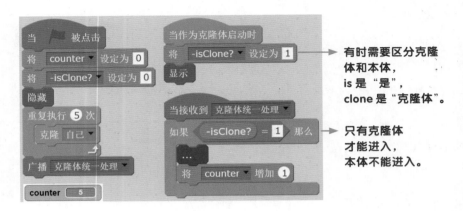

有时需要区分克隆
体和本体，
is 是"是"，
clone 是"克隆体"。

只有克隆体
才能进入，
本体不能进入。

方法四：数据带入，逐行分析。这是最万能的调试思路，要有足够的耐心，例如：

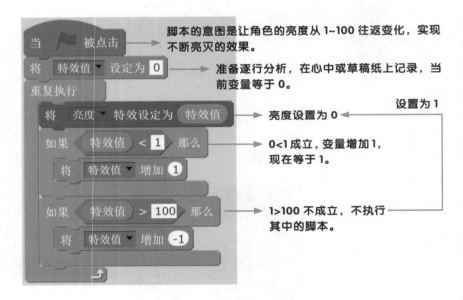

脚本的意图是让角色的亮度从 1~100 往返变化，实现不断亮灭的效果。

准备逐行分析，在心中或草稿纸上记录，当前变量等于 0。

设置为 1

亮度设置为 0

0<1 成立，变量增加 1，现在等于 1。

1>100 不成立，不执行其中的脚本。

可以看出亮度值一直是 1，效果没有变化。正确的实现方法如下。

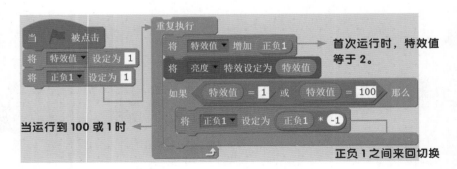

首次运行时，特效值等于 2。

当运行到 100 或 1 时

正负 1 之间来回切换

方法五：显示消息发送者和接收者。随着程序消息数量的增加，寻找消息也变得困难。拿一个简化过的程序为例。

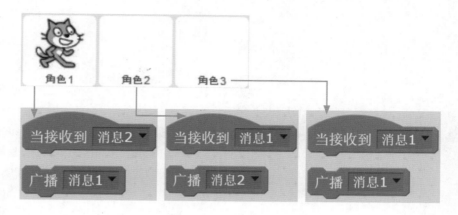

肉眼寻找消息 1 的接收者和发送者要花费些时间，所以 Scratch 提供了寻找功能。

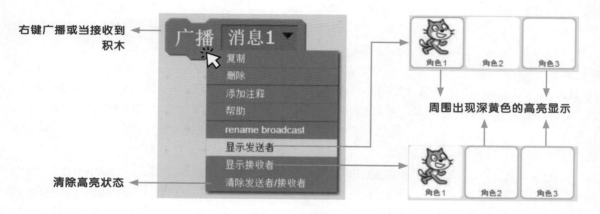

方法六：从局部调试到整体调试。这是一种思维方式：只要局部正确，由局部构成的整体通常也是正确的。在自定义积木、广播消息并等待前后添加检测点，看看它们是否正确，如果正确继续往下测试，否则进入其内部再次添加测试点，寻找出错脚本。

这种思维方式就是之前所讲的黑盒测试和白盒测试：先从整体入手（黑盒测试），发现问题再测试局部细节（白盒测试）。

大程序的角色间关系非常复杂，广播的消息相互穿插，全局数据相互共享使用。所以测试时还要关注是否有其他处理消息的脚本或全局数据影响了当前测试的脚本。如果有，则需要联合这几段脚本一起测试。

33

软件重构

参考附录 A 的 vol.42-1

软件重构就是（局部或全部地）重编现存软件的意思。那为什么要重新编写脚本呢？

- 软件要添加新功能，这是最常见的动机。Scratch 程序已完成，但你希望在此基础上实现新的功能。你可能发现新功能影响到了先前的程序结构，选择修改还是不修改呢？这里就有一个权衡考虑：如果修改，下次看到这段脚本就更好理解；如果不修改今后阅读脚本可能更加费劲，从而导致更难修改。至于修改与否，请你在实践中体会并思考。

- 程序出现 bug。脚本一方面是给 Scratch 运行的，另一方面也是给人读的。如果程序出现的 bug 不能被直观地发现，这就是重构的信号。

- 代码评审。作为 Scratch 初学者，要虚心接受他人的建议，切勿固步自封、文人相轻。客观地分析他人的想法，如果对方的方法确实比你的高效就尝试重构吧！

- 没有意义的代码。没有意义的脚本需要尝试重构。例如，按下上方向键时发送广播 A，广播接收后执行自定义积木 A；或是发送消息 A 到消息 B，消息 B 接收后只做了一件事情，发送消息 C。大部分情况下，这都是没有意义的多余脚本。编写脚本时要清楚积木的明确用途，没有必要做多余的事情。

参考附录 A 的 vol.16、vol.38

- 重复的脚本。如果程序有五段近似的脚本，然而你只想起并修改了其中四段，最终程序出了 bug，这是多么常见的情景！ Scratch 新手最常见的做法是：复制一大堆重复的角色，它们的脚本几乎完全相同。先不说忘记修改，光是修改就属于辛苦的体力劳动。正确的做法是使用克隆体、自定义积木块、列表，把重复的脚本、逻辑压缩到一段脚本中。你可以参考左侧的附录 A 中的视频。

- 过长的脚本。之前已经讲解过脚本应职责单一，脚本之所以过长，大都是因为整合了太多职责，把它们用事件积木分离开吧。

## 34

[程序开发方法]
脚本复用

如何把脚本从一个程序复制到另一个程序中呢？这就要提到脚本的复用方法。

如果你习惯使用网络版 Scratch，那么方法非常简单：书包。书包是 Scratch 复用利器，而且只有在 Scratch 账号登录的情况下才能使用。

放入书包后，你可以再将其保存到新项目中，下载到本地使用。

离线版 Scratch 如何复用呢？没有特别好的方法，只能先从本地环境中导出，再导入另一个程序中。

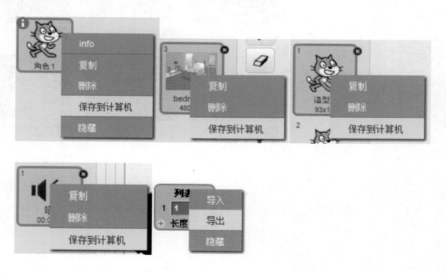

最后点击相应的导入按钮复用以上资源。

35

在软件世界有一句很经典的话：不要重复发明轮子。意思是说，如果别人已经做过了，你没有必要从头再来，直接借鉴使用，即拿来主义。抛开学习和教学因素，这么做很有益处，毕竟软件是可以复制的，别人实现了我何必再做一次呢？

所谓第三方库是指，他人已经完成了某些程序，并释放了一些接口，使用者只要调用这些接口，就能直接实现某些功能。在 Scratch 中，程序接口就是指消息和自定义积木块，有时也是整个程序。在不同的领域，第三方库也称为引擎，两者本质上是等价的。

在 Scratch 官网搜索引擎的英文 "engine"，就会出现大量他人已经完成的程序。

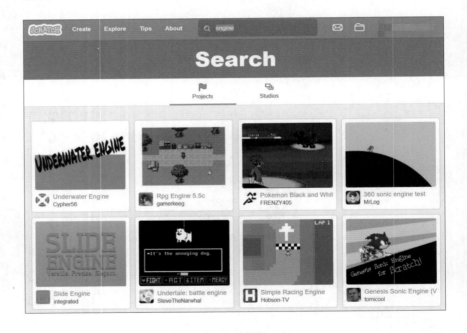

以上图为例，前八个分别是：水面引擎、RPG 游戏引擎、《精灵宝可梦黑 / 白》的战斗引擎、索尼克引擎测试、幻灯片切换引擎、《Undertale》的战斗引擎、简单赛车游戏引擎、索尼克引擎。有没有感觉自己发现了新大陆呢？

关键词不一定是 engine，也有可能是其他领域的术语。例如图形化用户界面 GUI。

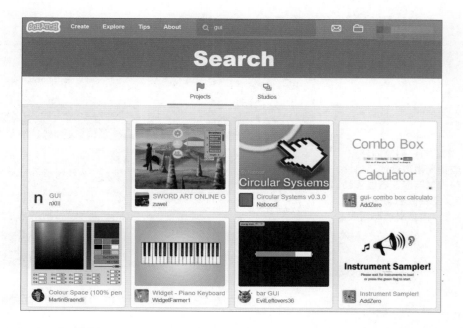

以上图为例，前八个分别是：按钮和进度条、多级菜单、画图系统、下拉菜单、颜色选取器、琴键（和 GUI 关联不大）、动态进度条、乐器采样器。你还可以尝试搜索 3Dengine、slide engine、fireworks engine、particle engine、effect engine、font engine 等。

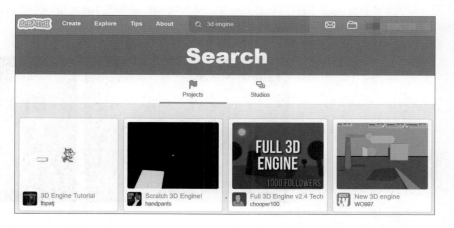

以上图为例，第一个是 3D 引擎教程，后三个都是具体的 3D 案例。

要使用他人的程序，必然要理解其接口才能动手修改，这就是契约式设计。

例如在上面的幻灯片切换引擎中，程序详细介绍了本契约的前置条件：

幻灯片引擎，
多用途、精确、优雅。

本幻灯片引擎是
在 Scratch 生成
演示文稿的框架。

由 integrated 创
作，可免费使用
但需要 @ 致谢。

本幻灯片引擎的特点：
支持无限数量的幻灯片，
精确地响应左右键移动，
支持位图和矢量图，
自定义移动速度。

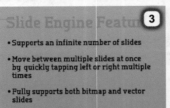

使用方法：
拖拽角色到书包，
打开你的项目，
从书包加载角色
替换引擎的造型
致谢并分享项目。

再如简单赛车游戏引擎，作者在"操作说明"中描述了该引擎的使用方法。

操作说明 ——→ 使用方向键移动，再创造自己的赛道

Use arrow keys to move.
You can remix this and make your own tracks if you want.

进入引擎，就会看到赛道角色 Track 有两个造型，它们是引擎提供的默认赛道。

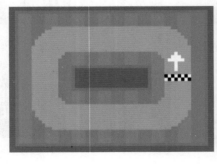 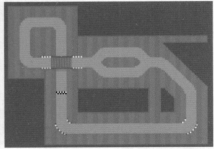

你只要设计并添加自己的个性化赛道，便能玩赛车游戏，是不是很方便快捷？

精彩的软件世界就是不断地站在巨人的肩膀上发展而来的。今后遇到问题，尝试搜索与项目相关的关键词，或许别人已经写好了引擎，等着你使用呢！

36

完成作品后，最开心的事情莫过于得到大家的认可和讨论。Scratch 不仅是编程语言和编程环境，同时也是一个大型社区！截稿时，Scratch 社区已经包含 27602778 件作品。如果你也想加入其中，则需要将自己的项目分享到社区。对于离线版 Scratch，点击菜单中的"分享到社区"：

网络版 Scratch 直接保存文件即可。

但此时作品只是被上传到了官网，还处于独享状态，需要手工设置为分享状态。进入 Scratch 官网，使用账号密码登陆后，进入我的项目。

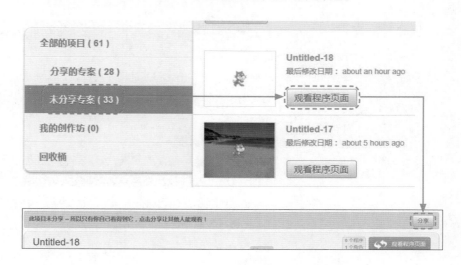

可以尝试在操作说明中编写英文介绍。如果你的作品质量不错，可能还会有其他国家的 Scratch 用户与你沟通交流、切磋技艺哦！

37

习题和探索

[编程基础概念]

1. 设定变量 a 为字符串 "a"，那么将 x 坐标设定为 a 有什么效果？

2. 实现出 a 键和 d 键同时按下的输入方式。

3. 在折叠衣服的案例中，嵌套的循环结构有什么规律？（提示：整体与局部）

4. 在绘制飞机的案例中，众多自定义积木块好像很有规律，如何做到以不变应万变？

5. 你发现生活中有哪些递归现象？

[基本数据结构]

1. 列表、集合、队列、栈的区别显而易见，那它们的联系是什么？

2. 实现结构体中记录画笔程序的撤销功能。

3. 详细说明多级索引中飞行棋的索引方式，描述程序的飞行方法。

4. 为什么克隆体需要私有的 id 号？除了身份证外，生活中有类似的现象吗？

5. 假设有 10 个克隆体，如何在不使用"等待 .. 秒"的情况下，让它们依次说自己的 id 号 2 秒？（提示：引用）

6. 生活中有哪些二维数据？

7. 在二维列表的绘制色块案例中，在不使用行列号的情况下真的无法绘制出斜向图案？

8. 队列是先进先出，但是还有一种称之为优先级队列的结构，所有元素按照一定的优先级入队（插队行为）。请给出简单的仿真模拟程序。（提示：使用结构体和引用。）

9. 使用栈完成阶乘操作。

10. 集合内包含不重复的元素，但是还有一种称之为有序集合的数据结构，其内部的元素不但唯一而且有序，如何实现？你认为它有什么应用？

11. 生活中有哪些树状结构？有哪些图结构？树与图的区别和联系是什么？

12. 把带权有向图程序改造成你的游戏。

[算法入门]

1. 什么是算法？

2. 尝试使用第二种测量算法时间的方法进行计时。

3. 在现实生活中，有没有随着问题规模的增加仍有效解决问题的算法？它是如何有效解决的？

4. 常见的算法复杂度包括 O(1)、O($\log_2 n$)、O(n)、O(n2)、O(n3)、O(n*log2(n))。括号里面的表达式就是初中数学讲解的函数。你能画出 y=1、y=$\log_2 x$、y=x 等方程的函数图像吗？

5. 结合你的实际生活，举例哪些场景应用了遍历、递归和分治算法。

[程序基本设计原则]

1. 结合你做过的程序，说明如何抽象该程序的功能。

2. 寻找自己做过的脚本，反思有没有违反脚本职责单一原则。

3. 为什么信息隐藏很重要？在现实世界中，信息不隐藏会发生什么事情？

4. 你能将五角星程序用于绘图之外的其他任务吗？

[程序开发方法]

1. 描述制作某个项目时，你在各开发流程所做的工作。

2. 在"程序的正确性"的白盒测试中，完成对参数的有效性检查。

3. 你调试过程序吗？如果调试过，都使用了哪些方法？

4. 挑选一段自己曾经写过的脚本，添加新的功能，尝试重构。

5. 在 Scratch 官网搜索关键词 engine，下载一个引擎程序并尝试个性化修改。

6. 分享一个迄今为止自己最满意的程序到 Scratch 社区。

第四章
离散数学

如果说软件开发基础是计算机科学的骨骼，那么离散数学就是计算机科学的血肉，因为几乎所有子领域都会涉及到离散数学的部分内容。它是研究离散量的结构及其相互关系的数学学科，能够提升你的抽象思维能力和推理能力，更是你将来做科研创新开发工作的基础哦！

计算机通常也称为数字计算机，"数字"一词的内涵非常深刻，它是指"模拟"的对立面（这涉及到电子工程学科的知识），而数字是指离散量，模拟量是连续的值。因此离散数学是构筑在数学和计算机科学之间的桥梁。

计算机科学
Computer Science, CS
偏软件

电子工程
Electronic Engineering, EE
偏硬件

较为重要的部分是集合论、代数系统、组合数学。其中布尔代数、函数、排列组合几乎贯穿本书的各个章节。在实践中，离散数学更多是一款工具箱，纯粹的离散数学问题较为少见。因此在解决问题时，要能够关联到离散数学的知识。

你将在本章节学习到：
● 集合论：集合运算、函数。
● 图论：通路、回路、欧拉图、哈密顿图。
● 代数系统：布尔代数。
● 数理逻辑：命题形式化、推理形式化。
● 组合数学：Ramsey 定理、计数和容斥原理、排列组合、通项公式。
● 初等数论：同质和余数、初等数论定理。

1

[集合论]
集合的概念和运算

　　我们在数据结构中已经学习，集合是不存在重复元素的列表（存在重复元素的集合称为多重集合，本书不讲解，有兴趣自行搜索）。通常使用大写字母 A、B、C…表示集合，用小写字母 a、b、c 表示集合中的元素。如果元素 a 是 A 的元素，则记为 $a \in A$，读作"a 属于 A"。如果 a 不是 A 的元素，则记为 $a \notin A$，读作"a 不属于 A"。Scratch 提供了一块积木用于检测元素是否属于集合。

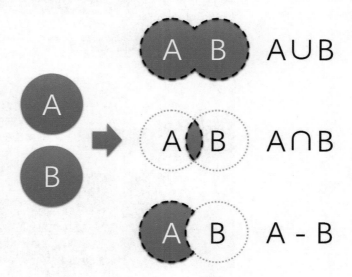

　　若集合 A 包含元素 a、b、c，则记为 A={a,b,c}。如果没有元素，则为空集，记作 Φ。

　　假设 A={a,b,c,d}，B={a,b}，C={d,z}，D={a,b}。显然 B 中的元素都包含在 A 中，记作 $B \subseteq A$，读作"B 包含于 A"或"A 包含 B"，称呼 B 是 A 的一个子集。集合 C 的元素超过了集合 A 的范围，所以 C 不是 A 的子集。集合 B 和集合 D 元素相同，因此两集合相等，记作 B=D。

　　两个集合之间包含三个常见运算：交集、并集、差集，韦恩图如下。

　　以上面的数据为例，$A \cup B$={a,b,c,d}，$A \cap B$={a,b}，A–B={c,d}；$A \cup C$={a,b,c,d,z}，$A \cap C$={d}，A–C={a,b,c}；$B \cup C$={a,b,d,z}，$B \cap C$=Φ，B–C={a,b}。

以上知识在中学便会讲解，应该不难理解：交集是相同元素的集合；并集是所有元素的集合；差集是当前集合的元素排除另一个集合元素后的集合。注意，上图中虽然只涉及了两个集合，但实践中运算可以在多个集合上进行。Scratch的实现方法如下。

集合操作 .sb2

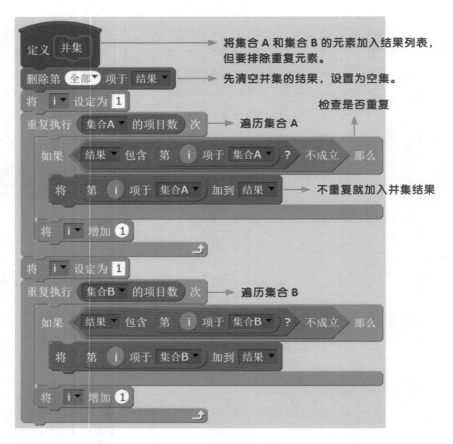

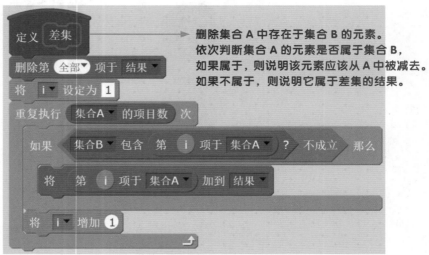

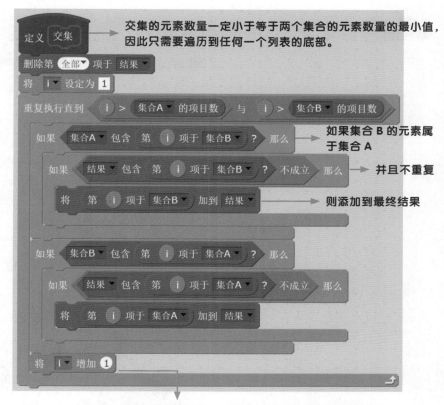

交集的元素数量一定小于等于两个集合的元素数量的最小值，因此只需要遍历到任何一个列表的底部。

如果集合 B 的元素属于集合 A

并且不重复

则添加到最终结果

假如集合数量等于 3，i 也等于 3，说明已到达列表底部。i+1 后等于 4，遍历结束。

对称差（A ⊕ B）是上述三种运算的整合，使用 Scratch 也不难实现。

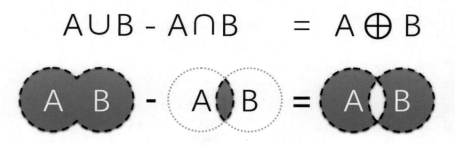

$$A \cup B - A \cap B = A \oplus B$$

　　集合是集合论的基础，而集合论则是数学和计算机科学不可或缺的工具，集合运算的思想在生活中更是无处不在。例如，网购时广泛搜索各个商家的产品，这就是并集操作；在并集结果中排除那些不包邮的产品，这就是差集操作；在差集结果中货比三家，最终选定的产品便是交集操作的结果。再如，多个班级考试的及格人数，就是交集的结果数量。

2

两个事物间的关系就是二元关系。为简单起见，我们不引入过多符号和概念，仅介绍最简单的笛卡尔积。在学习之前，先来看看如何使用集合的符号定义有序对。我们称 {{a},{a,b}} 为由元素 a 和 b 构成的有序对，记作 <a,b> 或 (a,b)，a 是有序对的第一个元素，b 是有序对的第二个元素。习惯上称 n 个元素的有序对为 n 元组。

我们知道集合内的元素是没有先后关系的，而元组的定义中引入了顺序的概念：(1,2) 和 (2,1) 是不同的元组。中学学习的函数坐标就是二元组，Scratch 的舞台坐标系也不例外。在讲解数据结构的图时，边的定义正是二元组的集合，以下图为例。

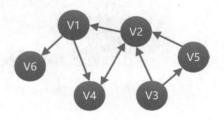

边 ={(V1,V6),(V1,V4),(V2,V1),(V2,V4),(V4,V2),(V5,V2),(V3,V5),(V3,V2)}

带权图要如何保存呢？这就是一个三元组：（起点，终点，权数）。由元组定义可知元素顺序非常重要，每个位置上的元素都有特定的含义。

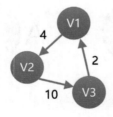

{(V1, V2, **4**), (V2, V3, **10**), (V3, V1, **2**)}

（起点，终点，权数）

在讲解数据结构的树时，案例技能树所保存的结构体是多元组：（id，名称，描述，…）。我们的三维世界坐标也是由三元组（经度，纬度，高度）表示的。

当集合的元素均为 n 元组时，则称该集合为 n 元关系。因此邻接矩阵也称为关系矩阵，属于二元关系；带权有向图是三元关系；技能树是十二元关系。以上均可简称为关系。

集合 A×B 的结果称为笛卡尔积（也称为卡氏积）。假设 A={a,b,c}，B={1,2}，则笛卡尔积的结果如下：

$A \times B$={(a,1),(a,2),(b,1),(b,2),(c,1),(c,2)}

$B \times A$={(1,a), (1,b), (1,c), (2,a), (2,b), (2,c)}

$A \times A$={(a,a),(a,b),(a,c),(b,a),(b,b),(b,c),(c,a),(c,b),(c,c)}

$B \times B$={(1,1),(1,2),(2,1),(2,2)}

元素均为二元组，故它是二元关系。下面看看如何使用 Scratch 生成笛卡尔积。

笛卡尔积 .sb2

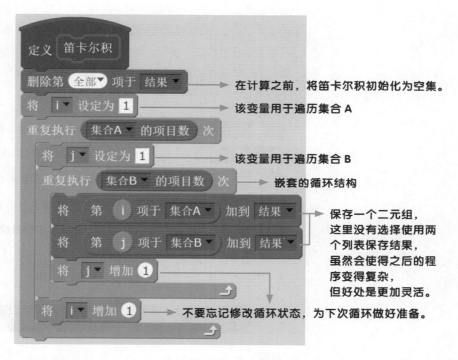

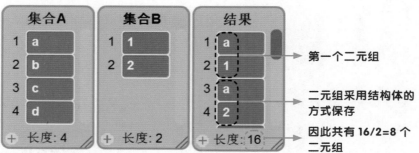

在笛卡尔积的结果中添加一些操作便可以实现出关系数据库的基本运算，故它是关系数据库的关键，感兴趣的学习者自行搜索了解。

3

[集合论]
函数

在讲解自定义积木块时我们便说明，术语"函数"和"过程"在应用角度上几乎是等价的（底层技术上有区别，但并不是我们关心的重点）。如果自定义积木块的功能是执行动作，那么称呼为过程更为合适；如果功能是计算数值，那么称呼为函数更为合适。

到底何为函数？函数即映射。假设有两个集合 X 和 Y，有一个二元关系 F（常用 F、f、G、g、H、h 等字母）且 (x,y) ∈ F，则称 F 为函数，记作 y=F(x) 或 F:X → Y。映射分为三种情形：单射、满射和双射，读者可自行搜索学习。Scratch 的函数是绿色的"运算"积木，它们的特征是给定一个或多个参数，积木映射出该参数下的返回值，例如：

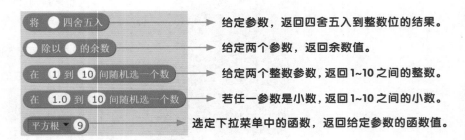

函数积木块之间可以嵌套组合，形成组合函数。

除了绿色的函数积木外，还可以自行构建函数。例如符号函数的数学定义是：

$$Sign(x) = \begin{cases} 1, & x > 0 \\ 0, & x = 0 \\ -1, & x < 0 \end{cases}$$

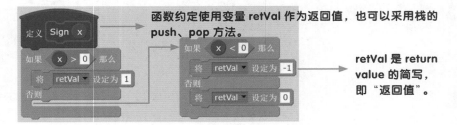

函数约定使用变量 retVal 作为返回值，也可以采用栈的 push、pop 方法。

retVal 是 return value 的简写，即"返回值"。

附录 A 的 vol.42–2、附录 C 的 vol.8 都运用了范围映射的技巧

实践中最常见的映射问题之一便是范围映射：如何把位于某个范围内的数据映射到另一个范围。例如，若舞台是海洋，舞台上边缘是海平面 0 米，舞台下边缘是海拔 –100 米，鱼儿处于 –43 米处，如何求得鱼儿的 y 坐标位置？

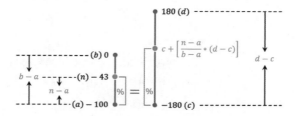

从图中看出问题的关键在于，两个红点到起点的距离占总长度的百分比相同。

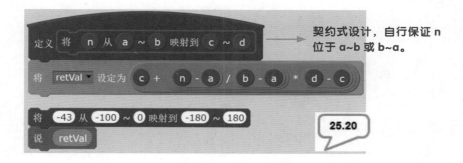

契约式设计，自行保证 n 位于 a~b 或 b~a。

中学学习函数时经常绘制函数图形，下面制作一个简单的函数绘图器。

绘制函数 .sb2

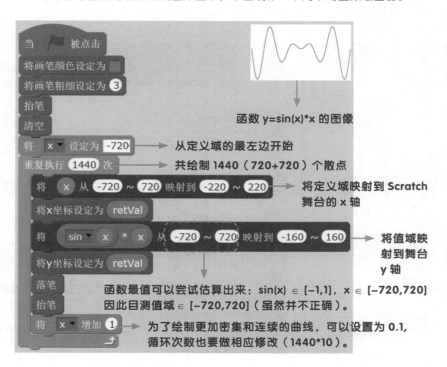

函数 y=sin(x)*x 的图像

从定义域的最左边开始

共绘制 1440（720+720）个散点

将定义域映射到 Scratch 舞台的 x 轴

将值域映射到舞台 y 轴

函数最值可以尝试估算出来：sin(x) ∈ [-1,1]，x ∈ [-720,720] 因此目测值域 ∈ [-720,720]（虽然并不正确）。

为了绘制更加密集和连续的曲线，可以设置为 0.1，循环次数也要做相应修改（1440*10）。

4

[图论]
通路与回路

在数据结构中我们讲解过图的概念及其存储结构邻接矩阵，它们也属于离散数学中图论要研究的问题。所谓图论是研究事物之间关系图的理论，而连通性和回路是图论中两个重要的问题。连通性是指两个顶点是否存在通路，回路是指通路能否首尾相连形成圈。图中可能存在不止一条通路和回路，例如在下面的有向图中：

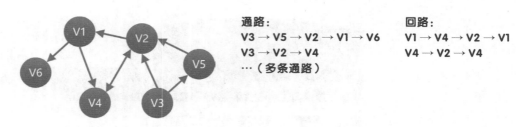

通路：
V3 → V5 → V2 → V1 → V6
V3 → V2 → V4
…（多条通路）

回路：
V1 → V4 → V2 → V1
V4 → V2 → V4

两个概念并不复杂，但要使用程序判断通路和回路却要花费一些心思。对于连通问题，我们要从某个顶点出发，依次遍历与该顶点相邻的且未曾被遍历过的顶点，再对这些相邻顶点做同样的事情。为简单起见，本程序使用之前的素材文件"生成随机带权有向图 .sb2"。

通路判断 .sb2（节选）

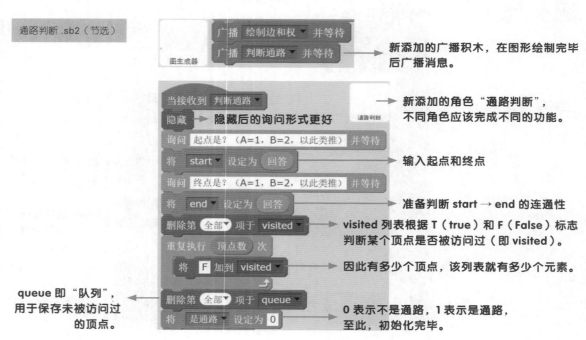

新添加的广播积木，在图形绘制完毕后广播消息。

新添加的角色"通路判断"，不同角色应该完成不同的功能。

输入起点和终点

准备判断 start → end 的连通性

visited 列表根据 T（true）和 F（False）标志判断某个顶点是否被访问过（即 visited）。

因此有多少个顶点，该列表就有多少个元素。

queue 即"队列"，用于保存未被访问过的顶点。

0 表示不是通路，1 表示是通路，至此，初始化完毕。

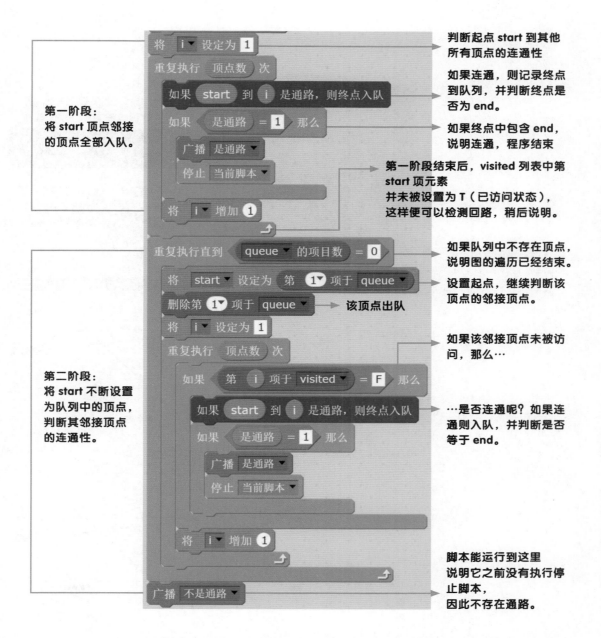

第一阶段：
将 start 顶点邻接
的顶点全部入队。

将 i▾ 设定为 1

重复执行 顶点数 次

如果 start 到 i 是通路，则终点入队

如果 是通路 = 1 那么

广播 是通路 ▾

停止 当前脚本 ▾

将 i▾ 增加 1

重复执行直到 queue▾ 的项目数 = 0

将 start▾ 设定为 第 1▾ 项于 queue▾

删除第 1▾ 项于 queue▾

将 i▾ 设定为 1

重复执行 顶点数 次

如果 第 i 项于 visited▾ = F 那么

如果 start 到 i 是通路，则终点入队

如果 是通路 = 1 那么

广播 是通路 ▾

停止 当前脚本 ▾

将 i▾ 增加 1

广播 不是通路 ▾

第二阶段：
将 start 不断设置
为队列中的顶点，
判断其邻接顶点
的连通性。

判断起点 start 到其他
所有顶点的连通性

如果连通，则记录终点
到队列，并判断终点是
否为 end。

如果终点中包含 end，
说明连通，程序结束

第一阶段结束后，visited 列表中第
start 项元素
并未被设置为 T（已访问状态），
这样便可以检测回路，稍后说明。

如果队列中不存在顶点，
说明图的遍历已经结束。

设置起点，继续判断该
顶点的邻接顶点。

该顶点出队

如果该邻接顶点未被访
问，那么…

…是否连通呢？如果连
通则入队，并判断是否
等于 end。

脚本能运行到这里
说明它之前没有执行停
止脚本，
因此不存在通路。

　　脚本分为两个阶段，首先将起点 start 的邻接顶点入队，然后将这些邻接顶点依次设置为起点，再次寻找它们的邻接顶点，直至队列为空，说明从 start 出发已访问了所有顶点。

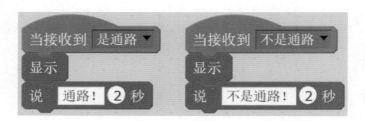

我们来看看两个相邻顶点的通路判断脚本。

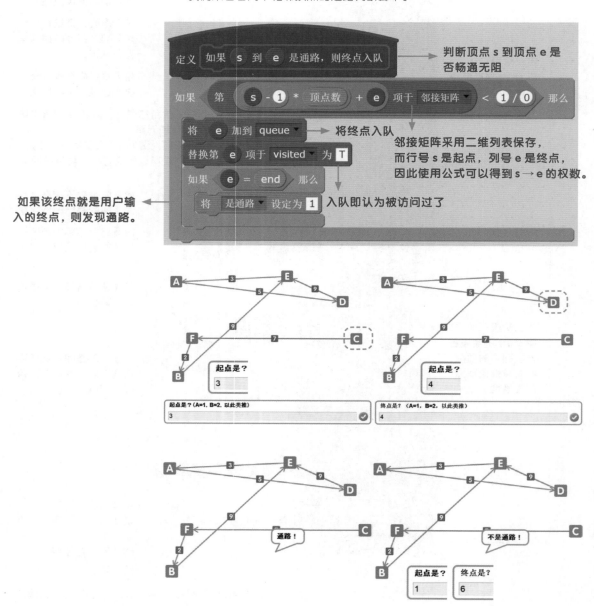

如何判断回路呢？回路是一种特殊的通路，因此只需在程序中输入相同的起点和终点。在第一阶段结束后，起点仍然处于未被访问的状态。那么在第二阶段的遍历过程中，如果发现未被访问的邻接顶点刚好等于起点（就是你输入的终点），则可判定为回路。

说到欧拉图，不得不提到"七桥问题"。哥尼斯堡城有一条贯穿全城的普雷格尔河，河中的两岛与两岸用七座桥连接起来。当地居民热衷于一个难题：怎样不重复地走遍七座桥，最后回到出发点呢？ 1736 年瑞士数学家欧拉发表了图论领域的第一篇论文《哥尼斯堡七桥问题》。在论文中他将问题抽象，逐步形成下图右侧的图形并加以研究。

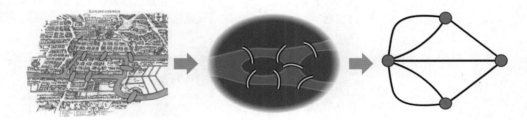

论文得到的结论是："要将城市中所有的桥都遍历一次，除最多两个点外，其他所有点的度都必须为偶数。"这便是著名的欧拉定理。我们在数据结构的树中已经说明度的概念，而对于无向图，度就是和顶点连接的边数；对于有向图分为出度和入度，出度表示当前顶点到其他邻接顶点的边数，入度表示其他邻接顶点到本顶点的边数。

你发现了吗？欧拉定理本质上就是"一笔画"问题。以下图形能否一笔画呢？

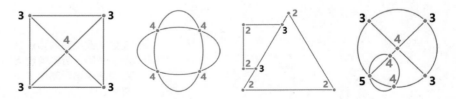

当所有顶点的度均为偶数时，不仅可以一笔画，而且还能首尾相连。

如何判断欧拉图呢？只要对邻接矩阵遍历计数。

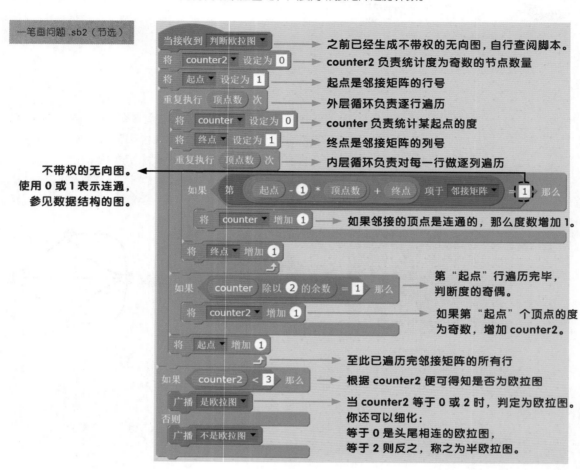

一笔画问题 .sb2（节选）

当接收到 判断欧拉图 ▼ → 之前已经生成不带权的无向图，自行查阅脚本。

将 counter2 ▼ 设定为 0 → counter2 负责统计度为奇数的节点数量

将 起点 ▼ 设定为 1 → 起点是邻接矩阵的行号

重复执行 顶点数 次 → 外层循环负责逐行遍历

　将 counter ▼ 设定为 0 → counter 负责统计某起点的度

　将 终点 ▼ 设定为 1 → 终点是邻接矩阵的列号

　重复执行 顶点数 次 → 内层循环负责对每一行做逐列遍历

不带权的无向图。使用 0 或 1 表示连通，参见数据结构的图。

　　如果 第 (起点 - 1) * 顶点数 + 终点 项于 邻接矩阵 ▼ = 1 那么

　　　将 counter ▼ 增加 1 → 如果邻接的顶点是连通的，那么度数增加 1。

　　将 终点 ▼ 增加 1

　　如果 counter 除以 2 的余数 = 1 那么 → 第"起点"行遍历完毕，判断度的奇偶。

　　　将 counter2 ▼ 增加 1 → 如果第"起点"个顶点的度为奇数，增加 counter2。

　将 起点 ▼ 增加 1 → 至此已遍历完邻接矩阵的所有行

如果 counter2 < 3 那么 → 根据 counter2 便可得知是否为欧拉图

　广播 是欧拉图 ▼ → 当 counter2 等于 0 或 2 时，判定为欧拉图。你还可以细化：等于 0 是头尾相连的欧拉图，等于 2 则反之，称之为半欧拉图。

否则

　广播 不是欧拉图 ▼

我们测试一下程序，看看能否正确判定一笔画的欧拉图（结果在图片右下角）。

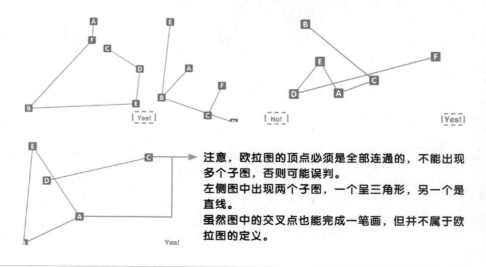

注意，欧拉图的顶点必须是全部连通的，不能出现多个子图，否则可能误判。
左侧图中出现两个子图，一个呈三角形，另一个是直线。
虽然图中的交叉点也能完成一笔画，但并不属于欧拉图的定义。

[图论]
哈密顿图

1859 年数学家威廉·哈密顿提出了"周游世界问题",问题转化后可描述为:
如果顶点是城市,边是城市之间的交通线,那么从某个城市出发,沿交通线经过
每个城市一次,最后如何回到出发点?哈密顿通路(回路)是指通过了图中的每
个顶点,且仅通过一次的通路(回路)。存在哈密顿回路的图称为哈密顿图,存
在哈密顿通路的图称为半哈密顿图。

**右图存在哈密顿回路
因此左图是哈密顿图**

为简单起见,本小节仅讨论不带权的无向图。目前还没有判断哈密顿图的充
要条件,只有一些充分或必要条件,其中一个充分条件是:如果一个图的顶点数
大于等于 3(2),任取两个不相邻的顶点 u 和 v,都有 u 的度加 v 的度大于等于
顶点数(顶点数 −1),则此图是哈密顿图(半哈密顿图)。上面这句话使用数学
公式可表达为(仅作为了解):

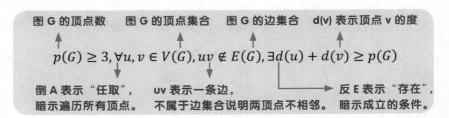

下面编写程序,按照上方条件即可判定哈密顿图。为便于上手,本程序直接
对"一笔画问题.sb2"程序进行修改。首先判断顶点数:

哈密顿图判断.sb2(节选)

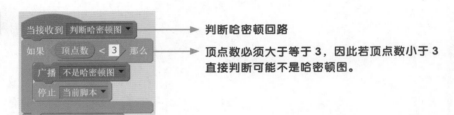

→ **判断哈密顿回路**

→ **顶点数必须大于等于 3,因此若顶点数小于 3
直接判断可能不是哈密顿图。**

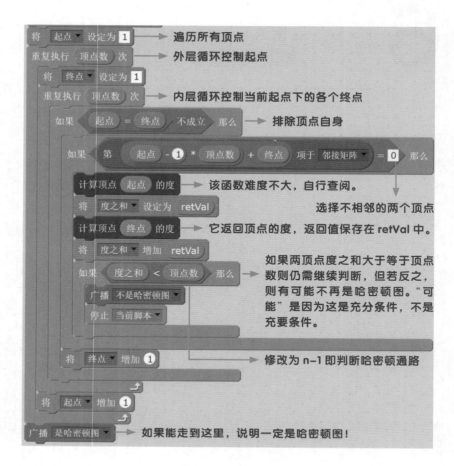

将 起点 设定为 **1** ──→ 遍历所有顶点

重复执行 顶点数 次 ──→ 外层循环控制起点

　将 终点 设定为 **1**

　重复执行 顶点数 次 ──→ 内层循环控制当前起点下的各个终点

　　如果 〈 起点 = 终点 不成立 〉那么 ──→ 排除顶点自身

　　　如果 〈 第 （ （ 起点 - **1** ） * 顶点数 ） + 终点 项于 邻接矩阵 = **0** 〉那么

　　　　计算顶点 起点 的度 ──→ 该函数难度不大，自行查阅。

　　　　将 度之和 设定为 retVal

　　　　计算顶点 终点 的度 ──→ 它返回顶点的度，返回值保存在 retVal 中。

↳ 选择不相邻的两个顶点

　　　　将 度之和 增加 retVal

　　　　如果 〈 度之和 < 顶点数 〉那么 ──→ 如果两顶点度之和大于等于顶点数则仍需继续判断，但若反之，则有可能不再是哈密顿图。"可能"是因为这是充分条件，不是充要条件。

　　　　　广播 不是哈密顿图

　　　　　停止 当前脚本

　　　　将 终点 增加 **1** ──→ 修改为 n-1 即判断哈密顿通路

　　将 起点 增加 **1**

广播 是哈密顿图 ──→ 如果能走到这里，说明一定是哈密顿图！

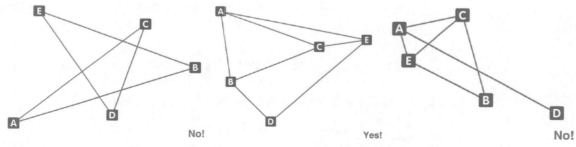

No!　　　　　　　　Yes!　　　　　　　　No!

　　目测以上三个随机图，可知只有前两个为哈密顿图。但由于算法是充分条件，故当结果是"No!"时，无法确定它是否为哈密顿图（第一个图和第三个图都是"No!"，但只有第一个图是哈密顿图）；但若结果为"Yes!"，说明满足充分条件，可断定为哈密顿图。至于充分条件和必要条件的概念，本章稍后讲解。

7

[代数系统]
布尔代数

什么是代数？1859 年，我国数学家李善兰在译著《代数学》中首创 "代数" 一词，首卷有 "代数之法，无论何数，皆可以任何记号代之"，故代数便是以符号 "代" 替 "数" 字。那代数系统又是什么呢？无论是初等代数（研究对象如整数、有理数、实数）、集合代数（集合）、线性代数（矩阵）、布尔代数（逻辑）、命题代数（命题）、格拉斯曼代数（也称外代数）、四元数等，它们都有共性（如是否满足交换律、分配律），这就是代数系统所研究的内容。

代数系统非常复杂和抽象，这里仅给大家简单介绍布尔代数和在 Scratch 中的应用。布尔代数的代数系统描述方法为（仅作为了解）：

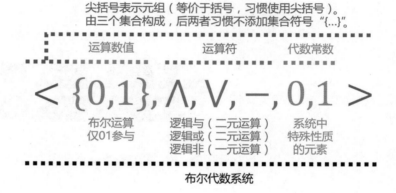

布尔代数系统

英国数学家乔治·布尔在 1854 年出版的编著《思维规律的研究》中阐述了布尔代数。它和我们最熟悉的初等代数不同，其数值表示的是逻辑关系，而非数量关系，因而也被称为逻辑代数。布尔代数还是数字电路和计算机的基础，也称作开关代数。

布尔代数的三个运算符是与、或、非，数学符号是 ∧、∨、–。通常使用真值表记录它们的运算规则结果。

∧	0	1
0	0	0
1	0	1

∨	0	1
0	0	1
1	1	1

–	0	1
	1	0

与、或、非在 Scratch 的等价积木是：

相信根据你的 Scratch 实践，已经可以轻松解读以上真值表。但布尔代数还有很多运算规律，这里介绍一些实践中能够使用到的公式。

$$\overline{a \wedge b} = \overline{a} \vee \overline{b}, \quad \overline{a \vee b} = \overline{a} \wedge \overline{b}$$

以上公式在 Scratch 的等价脚本是：

→ 这两个等价

→ 下同

假设 a 是程序中规定的 01 布尔值，则上述公式还可被化简为：

如何在 Scratch 中构造 ≥ 和 ≤ 运算呢？我们先了解开闭区间的记号。

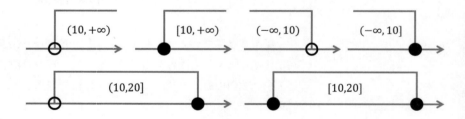

由上图可知：圆括号是开区间，表示不包含等于号；方括号是闭区间，包含等号。假设你要检测某个变量是否位于上述区间，判断方法如下。

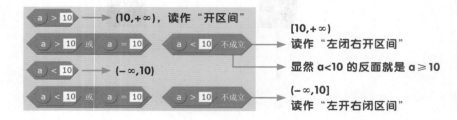

→ (10,+∞)，读作"开区间"

[10,+∞)
→ 读作"左闭右开区间"

→ 显然 a<10 的反面就是 a≥10

(−∞,10)

(−∞,10]
→ 读作"左开右闭区间"

相信你已经可以写出最后一个闭区间的 Scratch 表达式了。有时还会涉及另一种情形的区间判断。

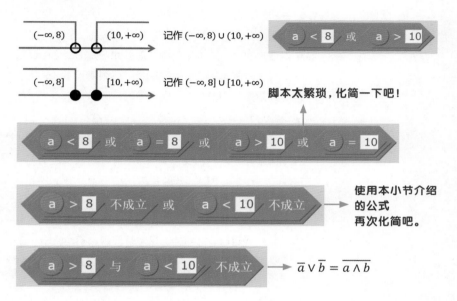

再看一个有趣的问题：顾客走进宠物店对店员说"我想要一只公猫，白色或黄色均可；或者一只母猫，除白色外均可；或者只要是黑猫，我也要"。

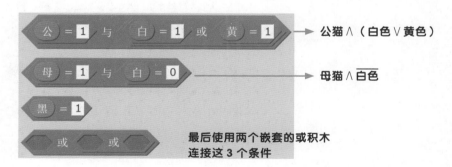

如果店员拿出一只灰色的公猫，能否满足顾客的要求呢？第一个条件中公猫成立但颜色不符，第二个条件中母猫不符，第三个条件黑色不符，因此不能满足要求。有没有发现布尔代数和集合代数（我们之前讲解的集合论）很相似：交集类似于且，并集类似于或，补集（我们未曾提及）类似于非。这是因为它们都是布尔格（仅作为了解）。

人的思想能不能用数学表达？这个问题就是数理逻辑的起源。什么是逻辑？当我们认为一个人说话有逻辑时，通常会发现他使用了类似于除非、既然、如果、否则、并非、因为、所以、并且、或者、等价、当且仅当、充分、必要等逻辑词，这便是数理逻辑的研究内容。因此它是形式化的逻辑，并不在乎内容真假，这是数理逻辑的本质特征。例如，"如果明天下雨，那么 1+1=2"，这是一个命题。数理逻辑关心的并非"明天下雨"和"1+1=2"这些内容，而是"如果 .. 那么"这个形式。

所谓命题，是描述客观外界所发之事的陈述句。命题非真即假，没有真假不清的命题。例如"10 大于 1"是真命题，"1 大于 10"是假命题。"如果明天下雨，那么 1+1=2"也是命题，但因为发生在未来，所以现在无法确定为真，故为假命题。注意，以下句子并非命题。

- 1 大于 2 吗？这是疑问句，不是陈述句，不属于命题。

- 绿灯行，红灯停。这是祈使句，不是命题。注意，感叹句也不是命题。

- 我正在撒谎。如果这句话为真（假），则内容为假（真），不真不假称为悖论。

本小节标题为"命题形式"，顾名思义，将命题形式化、抽象化。和初等代数一样，命题代数（一种特殊的布尔代数）将其最小研究单元"命题"使用字母代之（常用字母为 p、q、r），并将逻辑词抽象为形式化的符号，称为联结词。

- 否定联结词¬：若命题 p 为真，则¬p 为假，反之亦然。读作"非 p"。

- 合取联结词∧：若命题 p 和 q 都为真，则 p ∧ q 为真，否则为假。读作"p 并且 q"。

- 析取联结词∨：若命题 p 和 q 有一者为真，则 p ∨ q 为真，否则为假。读作"p 或者 q"。

- 蕴含联结词→：如果 p 则 q，记作 p → q。p 和 q 专业上称为蕴含式的前件和后件。

- 等价联结词↔：p 当且仅当 q，记作 p ↔ q。仅当 p、q 全真或全假时 p ↔ q 为真。

下方真值表总结了所有的联结词的真假情况。

p	q	¬p	p ∧ q	p ∨ q	p → q	p ↔ q
0	0	1	0	0	1	1
1	0	0	0	1	0	0
0	1	1	0	1	1	0
1	1	0	1	1	1	1

上面的内容比较抽象，让我们看看如何将生活中的命题使用联结词形式化。

- 新疆的首府是乌鲁木齐：p，真命题。
- 雪花不是黑色的：¬p，真命题。
- 今天刮风而且今天下雨：p ∧ q，该形式化命题的真假取决于p、q，下同。
- 张三考了100分或者李四考了90分：p ∨ q。
- 铁和氧化合，但铁和氮不化合：p ∧ (¬q)。
- 只要一会下雨，我就回家：p → q。
- 除非一会下雨，否则我绝不回家：¬p → ¬q。
- 如果我有时间而且心情好，那么我就陪你聊聊天：p ∧ q → r。
- 麻烦你书面通知我，或用邮件通知我，这样我才能参加明天的会议：p ∨ q → r。
- 如果你能考及格，那太阳要从西边升起来了：p → q。
- 不积跬步无以至千里：¬p ↔ ¬q。
- 如果他没来参会，说明他要么是生病了，要么不在本地：¬p → (q ∨ ¬r)。
- 王五是六年级学生，他住在1号或2号宿舍：p ∧ ((q ∨ r) ∨ (¬(q ∧ r)))。
- 如果我下班早，就去商店看看，除非我很累：¬p → (q → r)，命题p代表"我很累"。

可以看出，形式化的作用把各种语句（甚至是其他语言的语句）抽象为统一的联结词和符号构成的命题，这么做的好处是参与运算，寻找规律，甚至发现一些隐含的逻辑。

下面我们利用已知的命题，创作一个考验逻辑的程序。假设有如下命题形式：

$$(p \land q) \to (\neg(q \lor r))$$

其真值表如下（有兴趣的读者可以自行推理，否则只用关注最后一列的结果）：

p	q	r	p ∧ q	¬(q ∨ r)	(p ∧ q) → (¬(q ∨ r))
0	0	0	0	1	1
1	0	0	0	1	1
0	1	0	0	0	1
0	0	1	0	0	1
1	1	0	1	0	0
1	0	1	0	0	1
0	1	1	0	0	1
1	1	1	1	0	0

给定变量p、q、r，如何构造出上面的命题形式呢？

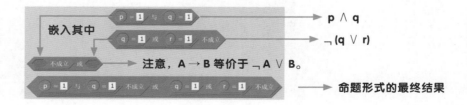

为了便于脚本编写，本程序专门设计了数据结构，含义如下：

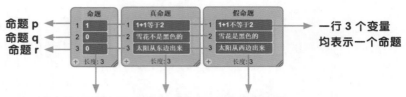

命题 p →
命题 q →
命题 r →

一行 3 个变量
均表示一个命题

0\1 表示命题的真假　真命题的表述　假命题的表述

你也可以自行填写真假命题。这样程序随机设置"命题"列表后，如果元素为 1 暗示真命题，选择真命题列表对应的元素；如果元素为 0 则选择假命题列表。

如何将真假命题整合到一句话中呢？仔细观察命题形式，翻译联结词：

$$(p \wedge q) \to (\neg(q \vee r))$$

如果 p 并且 q，那么以下论断就是错误的：q 或者 r

程序随机地设置三个命题的真假并询问最终结果，测试一下自己的逻辑能力吧！

逻辑测试仪 .sb2

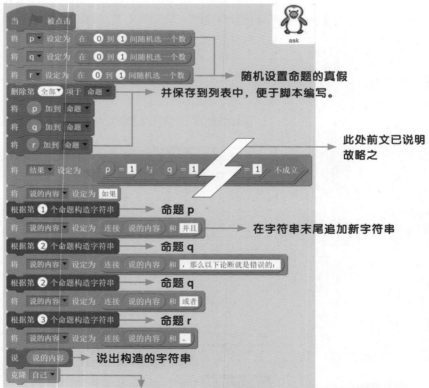

随机设置命题的真假
并保存到列表中，便于脚本编写。

此处前文已说明
故略之

命题 p

在字符串末尾追加新字符串

命题 q

命题 q

命题 r

说出构造的字符串

让克隆体隐藏后询问（一个角色无法在说的同时使用隐藏询问），也可以使用消息让其他角色询问，但这么做更紧凑些。

克隆体启动后，询问玩家的回答并判断正确与否，而后向玩家反馈。

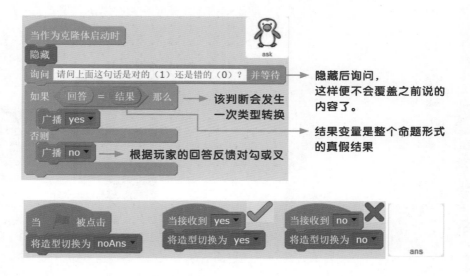

程序的运行结果如下：

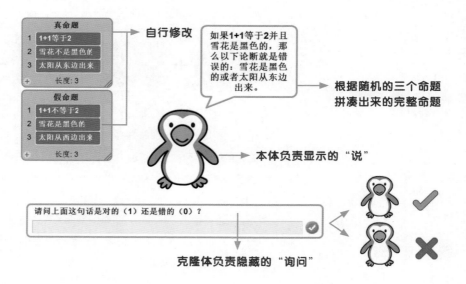

9

[数理逻辑]
充分和必要

我们首次接触该概念是在本章节的"哈密顿图",其定义和命题联结词"蕴含"有关。如果命题 p → q 是真命题,则有 p 是 q 的充分条件,q 是 p 的必要条件。若 p ↔ q 为真命题,则称 p 是 q 的充要条件。实际上,虽然如此定义充分条件和必要条件是严谨无误的,但是不易理解。从多个条件和一个结论的角度出发会更容易理解,首先介绍充分条件。各个条件是并联关系,任意一个条件成立则结论成立。

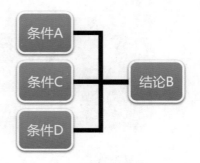

- 如果任意一个条件成立,则结论必成立:A → B。
- 如果结论不成立,则所有条件全部不成立:¬B →¬A。
- 条件 A 不成立,但条件 C、D 成立使得结论 B 成立。故无法得到¬A →¬B。

然后是必要条件。各个条件是串联关系,所有条件都成立,结论才成立。

- 如果结论 B 成立,则所有条件均成立:B → A。
- 如果条件 A 不成立,结论 B 也无法成立:¬A →¬B。
- 条件 A 成立,但条件 C、D 不成立使得结论 B 不成立。故无法得到¬B →¬A。

例如,在哈密顿图问题中,判断条件是充分条件。因此只要条件成立,结论(是哈密顿图)必然成立。但充分条件暗示着无法得出¬A →¬B:如果判断条件不成立,那么无法判定结论的真假。

[数理逻辑]
推理形式化

我们在看推理片时，如《名侦探柯南》和《神探狄仁杰》，总惊叹于主角的推理能力。例如《神探狄仁杰》中的一段推理："门栓完好无损，窗台落灰无踩踏痕迹，客房仅门窗可以进入，说明凶手不是破门而入。此外，房内无打斗迹象，凶手定是熟人作案。"设命题 p1：门栓完好无损。命题 p2：窗台落灰。命题 p3：窗台有踩踏痕迹。命题 P4：客房仅门窗可以进入。命题 p5：凶手破门而入。命题 p6：房内有打斗迹象。命题 p7：熟人作案。如果使用之前讲解的命题形式可表示为：

$$(p_1 \wedge \underbrace{(p_2 \rightarrow \neg p_3)}_{\text{整体记作命题A}} \wedge p_4) \rightarrow \neg p_5) \wedge \neg p_6 \rightarrow \neg p_7$$

整体记作命题B

仔细观察就会发现，如果命题 p2 为真则命题非 p3 为真，这就是一次推理！如果命题 p1、A、p4 全部为真，则命题非 p5 也为真，这还是一次推理！如果命题 B、命题非 p6 也为真，那么命题非 p7 当然为真，这又是一次推理！你能总结出推理的抽象形式化结构吗？我们要理解推理的三层含义，之后便可得到推理形式。

第一层含义，推理总是由两个部分构成：前提和结论。如命题 B 和命题非 p6 都是前提，命题非 p7 是结论。换言之在某些情形下，命题被称为前提和结论。记录推理的方式很多，这里选用的记录方法是 $A_1 \wedge A_2 \wedge \cdots \wedge A_n \rightarrow B$。称 A_n 为前提，B 为结论，联结词 "$\wedge$"（并且）符合推理时的逻辑。显然描述中包含了三个推理，依次是 $p_2 \rightarrow \neg p_3$、$p_1 \wedge A \wedge p_4 \rightarrow \neg p_5$、$B \wedge \neg p_6 \rightarrow \neg p_7$。

第二层含义，推理是有效的还是无效的（或称为"不合理的"）。如果所有的前提都成立，但结论有时为真命题，有时为假命题，则认为该推理是无效的。如果所有前提都成立时，结论总是为真命题，那么该推理是有效的。为什么会出现无效推理呢？

例如，根据三个前提 $p \vee q$，$\neg q$，$(p \rightarrow q) \rightarrow r$ 推出结论 r。列出该推理的真值表：

p	q	$p \vee q$	$\neg q$	$(p \rightarrow q) \rightarrow r$	r
1	0	1	1	1	0
1	0	1	1	1	1
...	...	...	...	...	...

注意，这里的前提不再是一个简单的命题符号，而是更复杂的命题形式，p、q、r 称为这三个前提的变元（你可以理解为"变"化的"元"素），即构成复杂命题的最小命题符号。当变元 p、q、r 分别等于 (1,0,0) 和 (1,0,1) 时，三个前提全部为真，然而结论却出现了一真一假的情况。这就说明该推理形式是无效的，是不合理的！前提为真，结论必然为真，不允许出现假命题的结论，这才是合理的有效的推理形式！例如前提 p → q，p 推出结论 q，其真值表如下：

p	q	p → q
0	0	1
1	0	0
0	1	1
1	1	1

当前提全部为真时，结论必为真，不存在结论为假的情况，因此以上推理便是有效的。我们使用特殊的记号表明有效合理的推理：$(p → q) \land p \Rightarrow p$。

第三层含义，如果推理有效，那么当所有前提都成立时，结论必然成立。可以看出前提是已知的条件，结论是推断得到的新命题，这便产生了因果关联。离散数学已经证明，如果 $A_1 \land A_2 \land \cdots \land A_n \Rightarrow B$，那么命题 $A_1 \land A_2 \land \cdots \land A_n → B$ 永远为真（专业称为重言式），感兴趣的读者可以自行演算一番。注意，当前结论可作为后续推理的前提。离散数学已总结出了众多有效推理。

- 附加律：$p \Rightarrow p \lor q$
- 化简律：$p \land q \Rightarrow p$、$p \land q \Rightarrow q$
- 假言推理：$(p → q) \land p \Rightarrow q$
- 拒取式：$(p → q) \land \neg q \Rightarrow \neg p$
- 析取三段论：$(p \lor q) \land \neg q \Rightarrow p$
- 假言三段论：$(p → q) \land (q → r) \Rightarrow p → r$
- 等价三段论：$(p ↔ q) \land (q ↔ r) \Rightarrow p ↔ r$
- 构造性二难：$(A → B) \land (C → D) \land (A \lor C) \Rightarrow B \lor D$
- 构造性二难的特殊形式：$(A → B) \land (\neg A → B) \land (A \lor \neg A) \Rightarrow B$
- 破坏性二难：$(A → B) \land (C → D) \land (\neg B \lor \neg D) \Rightarrow \neg A \lor \neg C$

根据如上理论，我们就能够创作一款自动推理机：根据已知的前提套用推理定律，输出必然发生的结论！首先设计程序的数据结构，便于编写程序算法。在上一个程序中处理字符串非常费劲！一个很直观的想法是为每个推理建立角色，角色内拼接真假命题，然后说出该字符串。这样设计并非不可以，但能够想象得出程序必然异常臃肿，脚本编写费劲，重复劳动太多。因此本程序的设计方法是将各推理的内容保存为模板，直接替换模板中的内容。

例如"拒取式：如果 _1_，那么 _2_. 因此若 _!2_，则说明 _!1_."。模板中的"_1_"表示第 1 个真命题（真命题列表的第 1 项），"_!1_"表示第 1 个假命题（假命题列表的第 1 项）。

推理定律模板 .txt
（可右键导入链表）

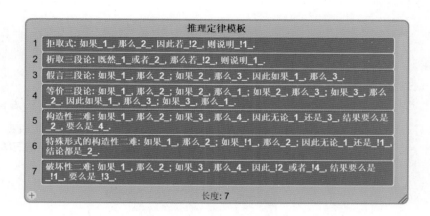

然后在列表中手工填写所有的真假命题。

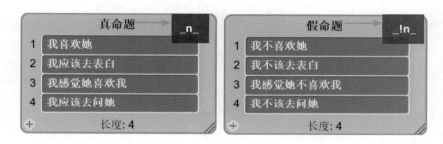

这样脚本只要替换模板中的特定符号（专业称为占位符）便可构成整个推理语句。可以看出，数据结构设计得当，程序编写也较为简单。下面在舞台中显示所有的推理。

自动推理机 .sb2

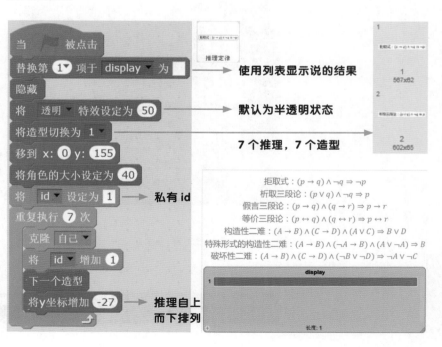

使用列表显示说的结果

默认为半透明状态

7 个推理，7 个造型

拒取式 : $(p \rightarrow q) \wedge \neg q \Rightarrow \neg p$
析取三段论 : $(p \vee q) \wedge \neg q \Rightarrow p$
假言三段论 : $(p \rightarrow q) \wedge (q \rightarrow r) \Rightarrow p \rightarrow r$
等价三段论 : $(p \leftrightarrow q) \wedge (q \leftrightarrow r) \Rightarrow p \leftrightarrow r$
构造性二难 : $(A \rightarrow B) \wedge (C \rightarrow D) \wedge (A \vee C) \Rightarrow B \vee D$
特殊形式的构造性二难 : $(A \rightarrow B) \wedge (\neg A \rightarrow B) \wedge (A \vee \neg A) \Rightarrow B$
破坏性二难 : $(A \rightarrow B) \wedge (C \rightarrow D) \wedge (\neg B \vee \neg D) \Rightarrow \neg A \vee \neg C$

私有 id

推理自上而下排列

鼠标滑过后的高亮状态可以提示用户当前已经选定的推理，这是一种很常见的提升用户体验的方法。使用列表 display 的原因是，最终结果的长度不定，如果使用"说"积木，那么显示效果无法保证："说"积木展示的内容长短不一，有可能会遮盖到上面的推理选项，不便于对比观察。下面编写克隆体的行为。

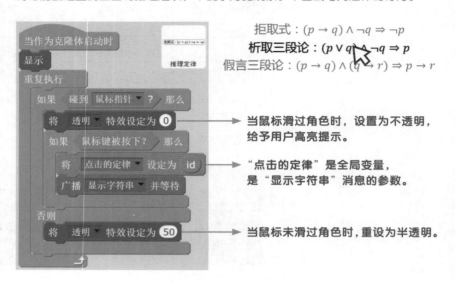

拒取式：$(p \rightarrow q) \wedge \neg q \Rightarrow \neg p$

析取三段论：$(p \vee q) \wedge \neg q \Rightarrow p$

假言三段论：$(p \rightarrow q) \wedge (q \rightarrow r) \Rightarrow p \rightarrow r$

当鼠标滑过角色时，设置为不透明，给予用户高亮提示。

"点击的定律"是全局变量，是"显示字符串"消息的参数。

当鼠标未滑过角色时，重设为半透明。

　　得知用户的输入后，将相应的推理模板复制到"字符串"变量中，准备进行替换。

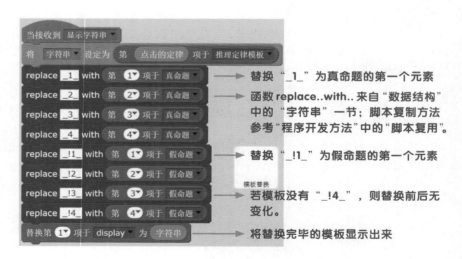

替换 "_1_" 为真命题的第一个元素

函数 replace..with.. 来自"数据结构"中的"字符串"一节；脚本复制方法参考"程序开发方法"中的"脚本复用"。

替换 "_!1_" 为假命题的第一个元素

若模板没有 "_!4_"，则替换前后无变化。

将替换完毕的模板显示出来

　　我们尝试在列表中输入一些真假前提，看看自动推理机能得到什么有趣的结论。

拒取式：如果社会蓬勃发展，那么人民收入水平提高. 因此若人民收入水平持平，则说明社会发展停滞不前.

拒取式: 如果我能准时起床, 那么我能上班. 因此若我不能上班, 则说明被子把我封印住了.

拒取式: 如果有耕耘, 那么有收获. 因此若没有收获, 则说明没有耕耘.

析取三段论: 既然公交可达或者地铁可达, 那么若地铁停运, 则说明公交可达.

析取三段论: 既然我今天去爬山或者我今天去游泳, 那么若我今天不去游泳, 则说明我今天去爬山.

析取三段论: 既然周瑜是气死的或者周瑜是病死的, 那么若周瑜不是病死的, 则说明周瑜是气死的.

假言三段论: 如果我粗心了, 那么我犯错了; 如果我犯错了, 那么我不开心. 因此如果我粗心了, 那么我不开心.

假言三段论: 如果天气预报说明天下雨, 那么天气预报很准确; 如果天气预报很准确, 那么科学的力量好伟大. 因此如果天气预报说明天下雨, 那么科学的力量好伟大.

假言三段论: 如果睡前玩手机, 那么晚上睡眠不足; 如果晚上睡眠不足, 那么影响第二天工作学习. 因此如果睡前玩手机, 那么影响第二天工作学习.

等价三段论: 如果n是偶数, 那么n可以被2整除; 如果n可以被2整除, 那么n是偶数; 如果n可以被2整除, 那么n不是奇数; 如果n不是奇数, 那么n可以被2整除. 因此如果n是偶数, 那么n不是奇数; 如果n不是奇数, 那么n是偶数.

构造性二难: 如果我喜欢她, 那么我应该去表白; 如果我感觉她喜欢我, 那么我应该去问她. 因此无论我喜欢她还是我感觉她喜欢我, 结果要么是我应该去表白, 要么是我应该去问她.

构造性二难: 如果你说真话, 那么小兰恨你; 如果你说假话, 那么小囡恨你. 因此无论你说真话还是你说假话, 结果要么是小兰恨你, 要么是小囡恨你.

特殊形式的构造性二难: 如果我的做法合情合理, 那么女王永远是对的; 如果我的做法有失偏颇, 那么女王永远是对的; 因此无论我的做法合情合理还是我的做法有失偏颇, 结论都是女王永远是对的.

特殊形式的构造性二难: 如果我选择面对, 那么事情终将发生; 如果我选择逃避, 那么事情终将发生; 因此无论我选择面对还是我选择逃避, 结论都是事情终将发生.

破坏性二难: 如果我喜欢她, 那么我应该去表白; 如果我感觉她喜欢我, 那么我应该去问她. 因此我不该去表白或者我不该去问她, 结果要么是我讨厌她, 要么是我感觉她讨厌我.

破坏性二难: 如果我选择A, 那么我将得到快乐; 如果我选择B, 那么我将得到未来. 因此我无法得到快乐或者我无法得到未来, 结果要么是我放弃A, 要么是我放弃B.

　　你还能创造出什么好玩的逻辑呢? 注意, 真命题不一定非要是肯定句, "我讨厌你""我不喜欢文言文"可能也是真命题.

在讲解组合数学之前，你要先了解什么是排列（之前已讲解集合的概念，不再赘述）。假设有集合 S={a,b,c}，则称：

- "3 元素集合 S 的 1 排列"是 a、b、c。
- "3 元素集合 S 的 2 排列"是 ab、ac、ba、bc、ca、cb。
- "3 元素集合 S 的 3 排列"是 abc、acb、bac、bca、cab、cba。
- 3 元素集合 S 没有 4 排列。

习惯上我们将"n 元素集合 S 的 r 排列"简称为"S 的排列"或"n 个元素的排列"。用 $P(n,r)$ 表示排列的数量，因此 $P(3,1)=3$，$P(3,2)=6$，$P(3,3)=6$。理解了"排列"的概念后，再来看看"组合数学"的概念。

五十支球队参赛，每队只能与其他队比赛一次，那么有多少场比赛呢？纸牌游戏中同花色的概率是多少？斐波那契数列的递推公式是什么？两个地点之间共有多少条可能存在的路径？象棋的某个棋子存在多少种走法？这些问题都是组合数学要研究的内容。

在计算机出现之后，以前不可能解决的组合数学问题，都可以用计算机来解决。组合数学是研究离散构造的存在、计数、分析和优化问题的一门学科。这里所说的离散构造是指有限集合。如 {1,2,3}。下面说明这四种组合数学常见的问题，其中前两个问题更加基础。

- 存在：排列的存在性。如果想让集合中的元素在排列后满足特定的规则，那么是否存在该排列就是存在性研究的内容。有时存在性是显而易见的，而有时需要进行数学证明。注意，存在性解决的问题是存在与否，而非如何寻找特定的排列。下一小节讲解的鸽巢原理就是最简单的存在性定理。
- 计数：排列的列举。如果排列存在，那么这种排列有多少种？如果数量较少，则直接列出后计数即可。但若数量大到无法全部列出，就需要特定的方法。例如上面讲解的排列问题，当 n 和 r 非常大时，$P(n,r)$ 已经无法列出，那么如何在不列出它的情况下算得数量呢？
- 分析：研究已知排列。构建满足条件的排列后，研究它的性质和结构。例如研究斐波那契数列的性质，寻找其递推公式。
- 优化：构造最优排列。如果存在多个满足规则的排列，那么哪个排列才是最优的呢？图论在心理学、社会学、遗传学等各大领域都有广泛应用，你可以把路径抽象成人与人的距离、原子之间的键等。优化问题已经超出了本书的讨论范围，感兴趣的读者自行研究。

准备进入组合数学的世界吧！

[组合数学]
鸽巢原理

鸽巢原理是最简单的存在性定理：如果 n+1 只鸽子飞回 n 个巢穴，那么至少有一个巢穴包含两只或更多只鸽子。该原理的正确性是显而易见的。实践中，鸽巢原理常被描述为：如果把 n+1 个物体放入 n 个盒子，那么至少有一个盒子包含两个或更多的物体。

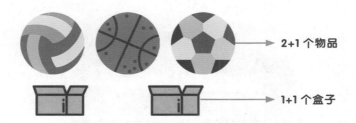

2+1 个物品

1+1 个盒子

鸽巢原理是抽象的，它可以被具体地运用到生活的方方面面。

- 使用 n 种颜色给 n+1 个物体着色，则必然有两个物体的颜色相同。
- 随机挑选 13 个人，则至少有两个人的生日在同一月份中。
- 随机挑选 367 人，则必有两人生日相同。
- 在 n 对夫妻中（共 2n 个人）随机挑选 n+1 个人，可保证其中存在一对夫妻。

在 3 行 9 列的方格中，给每个方格涂一种颜色，则必然有两列的颜色相同。因为配色方案共 $2^3=8$ 种，由鸽巢原理可知必有两列相同。

鸽巢原理 .sb2

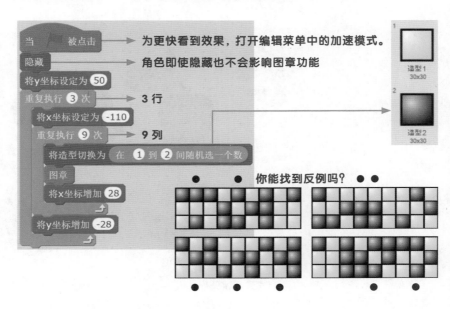

为更快看到效果，打开编辑菜单中的加速模式。

角色即使隐藏也不会影响图章功能

3 行

9 列

你能找到反例吗？

上述鸽巢原理是一个简化版，完整版描述为：设 $q_1, q_2, \cdots, q_n$ 是正整数，如果将

$$q_1 + q_2 + \cdots + q_n - n + 1$$

个物体放入 n 个盒子内，那么或者第一个盒子至少含有 q_1 个物体，或者第二个盒子至少含有 q_2 个物体，…，或者第 n 个盒子至少含有 q_n 个物体。当 $q_1 = q_2 = \cdots = q_n = 2$ 时，我们就得到了简单的鸽巢原理。

一般化的鸽巢原理是不是很抽象呢？我们举个具体实例。在一个果盘中最少放入多少个水果，使得它至少包含 3 个苹果，或者至少包含 4 个香蕉，或者至少包含 5 个橘子呢？根据鸽巢原理可知，当水果数量为 3+4+5−3+1=10 个时，必定满足果盘的要求。

一般化的鸽巢原理 .sb2

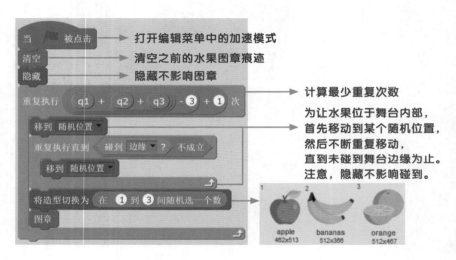

我们换一种思考方式：从包含无限个水果的袋子中随机抓取多个水果，最差的情况就是抓取到了 2 个苹果、3 个香蕉和 4 个橘子，此时再抓取任意一个水果即可满足果盘的要求。因此最少放置 2+3+4+1=10 个水果。

5 个香蕉，条件满足！
你能找到反例吗？

13

Ramsey 定理

Ramsey 定理是鸽巢原理的重要扩展。为纪念其发明者英国数学家、哲学家、经济学家 Frank Ramsey（24 岁提出该定理，26 岁因慢性肝炎去世）的突出贡献，该定理命名为 Ramsey 定理。该定理在组合数学中有着重要的地位。

它的数学定义和证明较为复杂，但是却存在一个浅显易懂的图形化解释：在任何一个 6 人聚会中，必有 3 人相互认识或相互不认识。我们可以把这个问题转换为如下形式：假设 6 个人是图论中的 6 个顶点，6 个顶点之间全部相互连接，如果红边表示两人相识，蓝边表示两人不认识，那么必然存在一个红色三角形，或者一个蓝色三角形。为了验证这一点，我们对程序"哈密顿图判断 .sb2"做小幅修改，得到新的程序。

验证 Ramsey 定理 .sb2（节选）

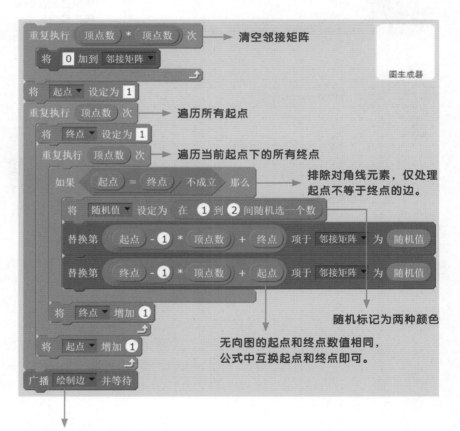

根据标记的 1 或 2 绘制蓝边或红边

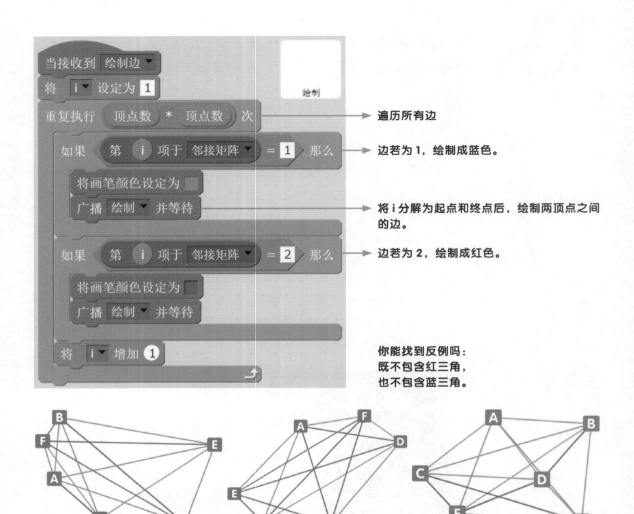

遍历所有边

边若为1，绘制成蓝色。

将i分解为起点和终点后，绘制两顶点之间的边。

边若为2，绘制成红色。

你能找到反例吗：
既不包含红三角，
也不包含蓝三角。

蓝三角和红三角　　　　　　　仅存在红三角　　　　　　　仅存在蓝三角

　　　我们将上述结果简记为 R(3,3)=6。其中前两个 3 分别表示蓝色或红色多边形的边数，6 表示图的顶点数量，也称为 Ramsey 数。显然 R(m,n)=R(n,m)。目前仅极小的 m、n 所对应的 Ramsey 数被找到。

　　　Ramsey 定理还可以被进一步抽象，如 R(3,3,3)=17，表示在 17 个顶点两两相互连接的无向图中（这种所有顶点互连的图称为完全图），将边设置为三种颜色中的任意一种，则必然存在某种颜色的三角形。30 ≤ R(3,3,4) ≤ 32 表示在 30、31、32 个顶点的完全图中，将边的颜色设置为三种颜色中的任意一种，则必然存在第一种颜色的三角形，或者第二种颜色的三角形，或者第三种颜色的四边形。

[组合数学]
计数原理和容斥原理

计数就是计算数量，它是日常生活中最常见的任务。有四个常见的计数原理。

- 加法原理。你有 3 个苹果，我有 4 个苹果，加起来是 7 个苹果；假设去游乐园玩，要么从 3 个滑行类项目中选择其一，要么从 4 个观览车类项目中选择其一，那么你共有 7 种选择方法；10 道单选题，无论怎么选，最终你选定的答案总数只有 10 个。

- 乘法原理。粉笔长度有 3 种，颜色有 8 种，直径有 4 种，那么共有 $3 \times 8 \times 4 = 96$ 种不同的粉笔；你有 5 件衬衫，4 条牛仔裤，3 双鞋子，那么共有 $5 \times 4 \times 3 = 60$ 种搭配方法；A 到 B 有 3 条路径，B 到 C 有 2 条路径，则 A 到 C 共有 6 条路径。

- 减法原理。10 个人中有 3 人身高超过 160cm，那么不超过 160cm 的人数为 $10 - 3 = 7$ 人；假设 6 位密码由 0~9 共 10 个数字组成，由乘法原理可知共有 $10 \times 10 \times \cdots \times 10 = 10^6 = 1000000$ 种可能，而各位密码数字之间相互不重复的情形，根据乘法原理共有 $10 \times 9 \times \cdots \times 5 = 151200$ 种，因此密码存在重复数字的情形为 848800 种。

- 除法原理。80 个物品被存入多个盒子中，已知每个盒子都存放了 10 个物品，则盒子的数量为 8 个。

你在生活中是不是这样计数的呢？注意，加法原理的本质是计算多个相互排斥集合的元素数量。例如，你的苹果和我的苹果之间是排斥的两个集合，没有交集。而实践中可能会有交集问题，这就是容斥原理要解决的问题。例如，某班有 15 人数学得满分，有 12 人语文得满分，并且有 4 人语、数都是满分，那么这个班至少有一门得满分的同学有多少人？

集合 A 的元素数量为 15；集合 B 的元素数量为 12，A ∩ B 的数量为 4。
因此至少一门满分的同学有 A+B−A ∩ B=15+12−4=23 人。
以上公式为两集合的容斥原理，三集合的容斥原理为：
A+B+C−A ∩ B−A ∩ C−B ∩ C+A ∩ B ∩ C。

此外还有个著名的 Polya 计数定理，但已超出本书谈论范围，感兴趣的读者自行搜索。

[组合数学]
排列组合计数

在上面的内容中我们了解到 P(n,r) 表示排列的数量。在 n、r 较大时，不可能将其全部列出后计数，通常使用公式直接计算得到结果：

$$P(n,r) = n \times (n-1) \times ... \times (n-r+1) = \frac{n!}{(n-r)!}$$

感叹号读作"阶乘"，表示从 1 连乘到 n，如 5!=1×2×3×4×5。人为规定 0!=1。例如，上一小节中讲解的 6 位由 0~9 构成的密码，如果每个位上数字不重复，就是典型的排列问题：P(10,6)。我们用 Scratch 计算这个数值吧。

排列问题 .sb2

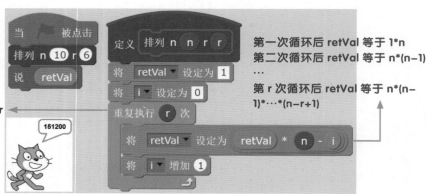

第一次循环后 retVal 等于 1*n
第二次循环后 retVal 等于 n*(n−1)
…

第 r 次循环后 retVal 等于 n*(n−1)*…*(n−r+1)

重复的次数 =n−(n−r+1)+1=r

除了排列问题外，另一种计数问题也很常见：从集合 S={a,b,c,d} 中随机抽取 3 个元素，求解有多少种不同结果，注意结果是无序的，{a,b,c} 和 {c,b,a} 是等价的。此类问题称为组合问题。组合的结果有 4 个：{a,b,c},{a,b,d},{a,c,d},{b,c,d}。我们将组合问题记录为 C(n,r)，因此 C(4,3)=4。当 n、r 较大时使用公式进行计算：

$$C(n,r) = \frac{P(n,r)}{r!} = \frac{n!}{r!\,(n-r)!}$$

实践中，C(n,r) 的另外三种记录方法也较常用：

$$_nC_r \quad \binom{n}{r} \quad C_n^r$$

组合问题在生活中屡见不鲜。例如，从 60 个人的班级中随机地派出 3 人参加活动，那么共有多少种组合方法呢？ C(60,3)=34220 种方法。

明确公式后，Scratch 程序的实现较为容易。

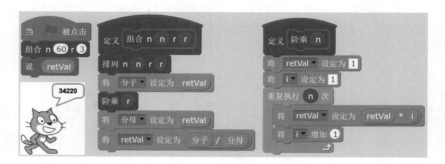

关于组合的一个有趣的性质是：二项式定理的系数可以用组合符号 C(n,r) 完美地呈现出来。所谓二项式定理是指：

$$(a + b)^2 = a^2 + 2ab + b^2$$
$$(a + b)^3 = a^3 + 3a^2b + 3ab^2 + b^3$$
$$\cdots$$
$$(a + b)^n = C_n^0 a^n + C_n^1 a^{n-1}b + \cdots + C_n^r a^{n-r}b^r + \cdots + C_n^n b^n$$

如果把二项式中的组合系数单独拎出来，逐行排列，就会出现有趣的图形。

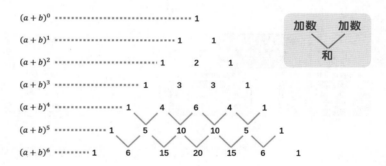

这就是著名的"杨辉三角"，它是由我国南宋数学家杨辉于 1261 年在其著作《详解九章算法》中提出的。杨辉三角有大量神秘而有趣的性质，但这并非本书要讨论的内容，请你自己探索吧！下面我们使用之前的组合程序绘制杨辉三角！

绘制杨辉三角的难点在于：Scratch 无法直接在舞台上绘制数值。看来我们需要构建一个较为底层的绘制数字的模块了。首先导入 Scratch 角色库中的数字角色 0~9，命名为 n0~n9。注意第一个元素不要命名为 0（因为"将造型切换为"积木的参数既可以使用名称，也可以使用序号，因此使用 0 命名造型时会出现 BUG）。

为了保持数字宽度统一，假定任意数字的最大宽度约为 40 步，最多可绘制 3 位数字。首先设置角色大小为 25％，以数字 8 为例，其宽度约为 12 步，高度约为 18 步：

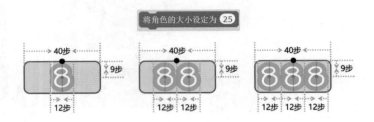

上图中小红点是造型中心点，小黑点是绘制起始点，各数值总结如下。

- 绘制 1 位数字时，绘制起点为 (0，−9)。
- 绘制 2 位数字时，绘制起点分别为 (−6，−9) 和 (6，−9)。
- 绘制 3 位数字时，绘制起点分别为 (−12，−9)、(0，−9) 和 (12，−9)。

准备工作已经完毕，下面便开始绘制杨辉三角。首先梳理一下程序的架构，如下左图所示。

我们先从"位置角色"开始吧！如何把角色定位到三角形区域的指定位置呢？如下右图所示。

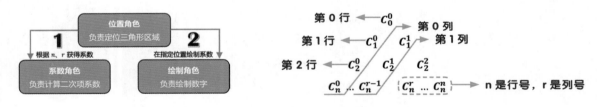

由上图可知，三角形区域可被当作行列结构处理，注意每行的行首位置变化。

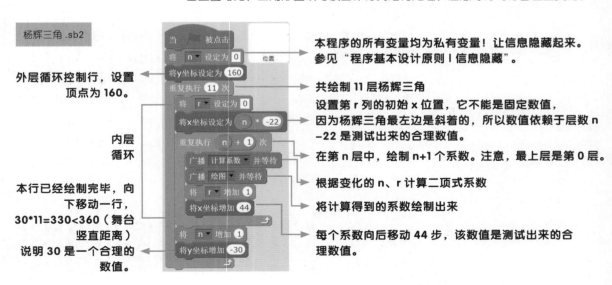

杨辉三角 .sb2

外层循环控制行，设置顶点为 160。

内层循环

本行已经绘制完毕，向下移动一行，30*11=330<360（舞台竖直距离）说明 30 是一个合理的数值。

本程序的所有变量均为私有变量！让信息隐藏起来。参见"程序基本设计原则 l 信息隐藏"。

共绘制 11 层杨辉三角

设置第 r 列的初始 x 位置，它不能是固定数值，因为杨辉三角最左边是斜着的，所以数值依赖于层数 n −22 是测试出来的合理数值。

在第 n 层中，绘制 n+1 个系数。注意，最上层是第 0 层。

根据变化的 n、r 计算二项式系数

将计算得到的系数绘制出来

每个系数向后移动 44 步，该数值是测试出来的合理数值。

位置角色的脚本负责定位三角形的位置，然后发送两条关键的消息。第一条消息告知系数角色，根据 n、r 计算二项式系数：

使用导入角色的方法
快速得到其他程序中的脚本

因为所有变量都是私有的，所以使用蓝色积木获取数值，让每个角色更加独立。

第二条消息告知绘制角色，将二项式系数绘制在舞台的指定位置上。

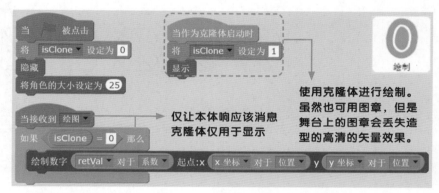

仅让本体响应该消息
克隆体仅用于显示

使用克隆体进行绘制。虽然也可用图章，但是舞台上的图章会丢失造型的高清的矢量效果。

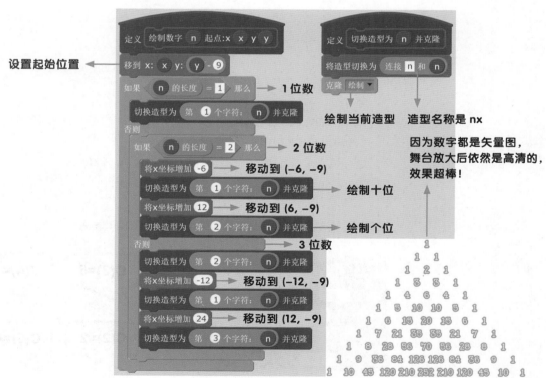

设置起始位置

1 位数

2 位数

移动到 (−6, −9)

绘制十位

移动到 (6, −9)

绘制个位

3 位数

移动到 (−12, −9)

移动到 (12, −9)

绘制当前造型

造型名称是 nx

因为数字都是矢量图，舞台放大后依然是高清的，效果超棒！

16

[组合数学]
Catalan 数

考虑一个计数问题：用直线连接凸多边形的顶点，将凸多边形划分为多个三角形，直线不能交叉，问有多少种划分方法。以正六边形为例，共有 14 种方法。

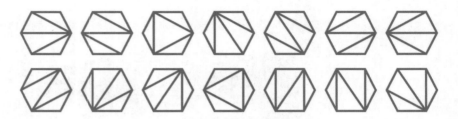

我们将这个问题的总数称为 Catalan 数。以上问题记作 C(4)=14，数字 4 表示 4 个三角形区域。Catalan 数是组合数学中最常用的计数方法之一，其公式为：

$$C(0)=C(1)=1, C(n)=C(0) \times C(n-1)+C(1) \times C(n-2)+\cdots+C(n-1) \times C(0)$$

根据上述公式可知，如果希望计算 C(5) 的值，则必须知道 C(4) 到 C(0) 的值，因此这类公式也称为递推公式，即逐项推导求解之意。

$$C(0)=1$$
$$C(1)=1$$
$$C(2)=C(0) \times C(1)+C(1) \times C(0)=2$$
$$C(3)=C(0) \times C(2)+C(1) \times C(1)+C(2) \times C(0)=5$$
$$C(4)=C(0) \times C(3)+C(1) \times C(2)+C(2) \times C(1)+C(3) \times C(0)=14$$
$$C(5)=C(0) \times C(4)+C(1) \times C(3)+C(2) \times C(2)+C(3) \times C(1)+C(4) \times C(0)=42$$

既然是递推公式，意味着它要使用递归的方式加以解决。

Catalan 数（递推公式）.sb2

下面详细讲解 Scratch 如何实现该递推公式。仔细观察就会发现，脚本递归时需要求解并保存大量局部变量，因此务必先理解数据结构中关于栈的内容哦！

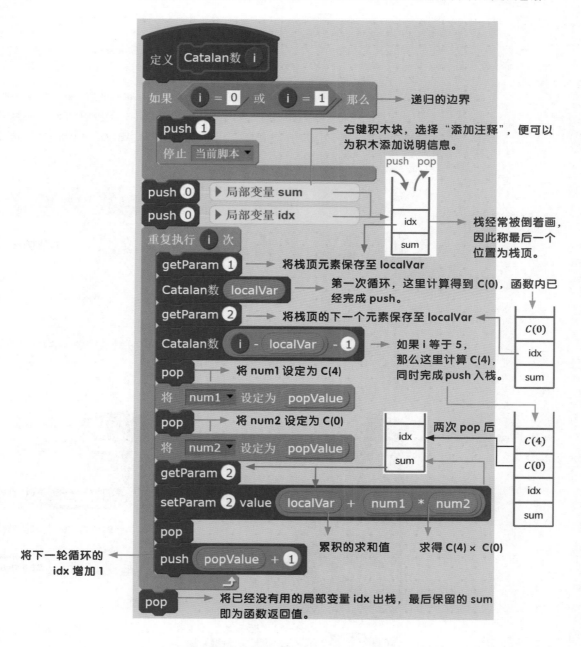

以 $C(3)=C(0) \times C(2)+C(1) \times C(1)+C(2) \times C(0)=5$ 为例。$C(3)$ 表明整个循环要执行 3 次，第一次循环结束后栈底（栈的首个元素的位置）等于 $C(0) \times C(2)$，第二次循环结束后栈底等于之前的值加上 $C(1) \times C(1)$，第三次结束后等于之前的值加上 $C(2) \times C(0)$。在草稿纸上绘制栈图，仔细理解整个过程，相信它一定能锻炼你的逻辑能力！

## 17

[组合数学]

Stirling 数

Stirling 数的定义较为复杂，和 Ramsey 定理、Catalan 数一样，我们继续采用直观的方法来学习。考虑一个计数问题：把 n 个物体分配到无差别的 k 个组中的方法数（每个组必须有物体存在）。例如把四个人 ABCD 分配到两个无差异的组别中的全部方法如下。

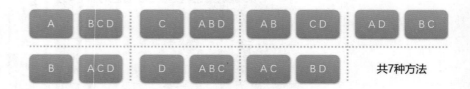

"无差异"是指两个组没有第一组和第二组的次序差别之分：(AB)(CD)=(CD)(AB)，显然组内可以是无序的。我们将以上计数问题的结果称为第二类 Stirling 数，记作 $S_2(n,k)=S_2(4,2)=7$。根据定义可知 $S_2(n,n)=S_2(n,1)=1$，$S_2(n,k)$ 的递推公式为：

$$S_2(n,k)=S_2(n-1,k-1)+kS_2(n-1,k)$$

第二类 Stirling 数（递推公式）.sb2

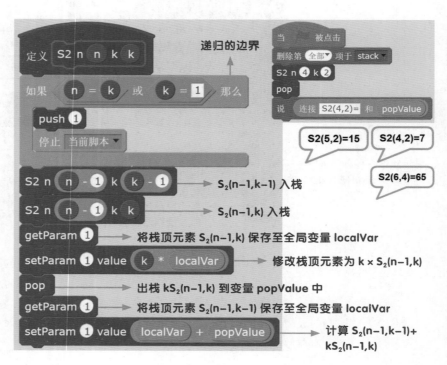

再考虑一个计数问题。把 n 个物体分配到无差别的 k 个组中（每个组必须有物体存在），求解每个组内按照特定顺序围成圆圈的方法数。什么是特定顺序的圆圈呢？例如 ABC 三人坐在圆桌前，那么只存在两种特定的顺序，你还能找到第三种顺序吗？

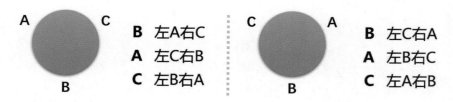

若有 ABCD 四个人分成两组，那么每组围成特定顺序圆圈的全部方法如下：

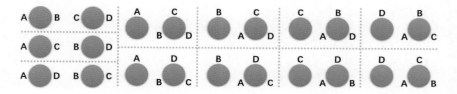

我们将以上计数问题的结果称为第一类 Stirling 数，记作 $S_1(n,k)=S_1(4,2)=11$。根据定义可知 $S_1(n,0)=0$，$S_1(n,n)=1$（注意 $S_1(0,0)=1$），$S_1(n,k)$ 的递推公式为：

$$S_1(n,k)=S_1(n-1,k-1)+(n-1)S_1(n-1,k)$$

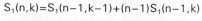

第一类 Stirling 数（递推公式）.sb2

先处理该边界，避免将 $S_1(0,0)$ 误判为 1。

此时 $S_1(0,0)$ 已排除

$S_1(n-1,k-1)$ 入栈

$S_1(n-1,k)$ 入栈

修改栈顶元素为 $(n-1) \times S_1(n-1,k)$

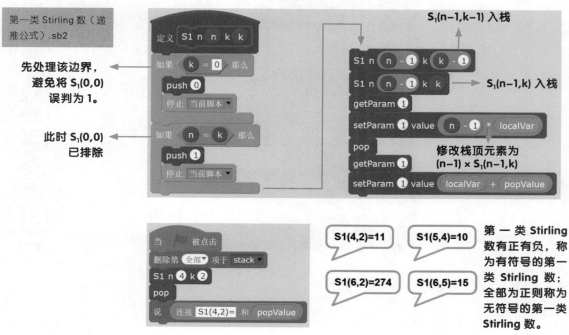

S1(4,2)=11　S1(5,4)=10

S1(6,2)=274　S1(6,5)=15

第一类 Stirling 数有正有负，称为有符号的第一类 Stirling 数；全部为正则称为无符号的第一类 Stirling 数。

18

通项公式

定义了边界条件和递归规则的递推公式是那么简洁，以至于为了得到某一项数值，我们不得不求解该数值之前的全部数值！有没有办法一步到位呢？这就是组合数学中的任务之一：研究已知排列。数学家对递推公式进行研究，得到了很多通项公式。如何得到它并非本书的重点，这里直接给出部分数列的通项公式，感受来自数学的魅力吧！如斐波那契数列：

$$a_n = \frac{1}{\sqrt{5}}\left[\left(\frac{1+\sqrt{5}}{2}\right)^n - \left(\frac{1-\sqrt{5}}{2}\right)^n\right]$$

a_n 表示斐波那契数列的第 n 项数值，这样就不用再使用递归的方法了。

斐波那契数列（通项公式）.sb2

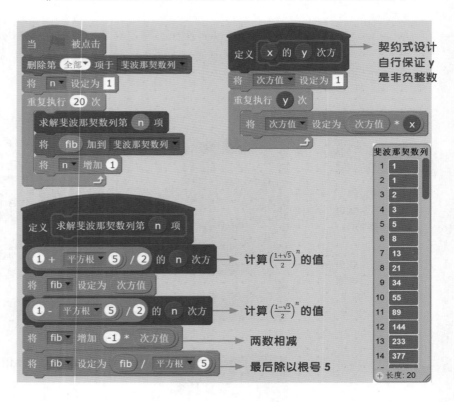

通项公式避免了脚本的递归，因此计算速度大大提升。注意，并非所有排列都可以找到通项公式。

其实 Catalan 数、Stirling 数都存在通项公式。换言之，有更简单的求解方法：

$$C(n) = \frac{C_{2n}^n}{n+1}$$

Catalan 数（通项公式）.sb2

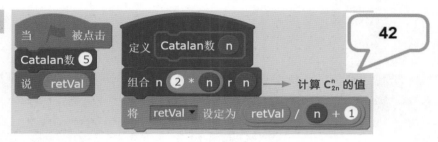

$$S_2(n, k) = \frac{1}{k!}\sum_{i=0}^{k}(-1)^i \binom{k}{i}(k-i)^n$$

递推公式中的"Σ"是求和符号，读作"sigma"，表示将多个式子求和，例如：

$$\sum_{i=0}^{3}(i+1)^i = (0+1)^0 + (1+1)^1 + (2+1)^2 + (3+1)^3$$

第二类 Stirling 数（通项公式）.sb2

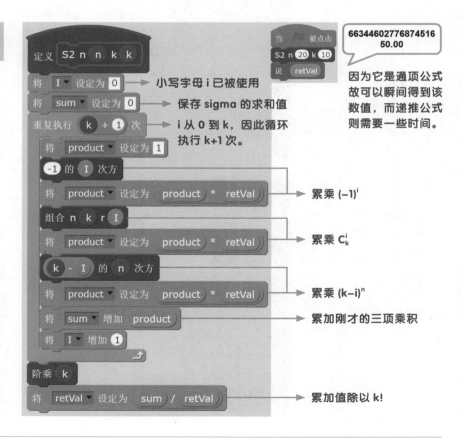

第一类 Stirling 数的通项公式稍微复杂一些：

$$S_1(n,k) = \sum_{r=0}^{n-k} \sum_{j=0}^{r} (-1)^j \binom{r}{j} \binom{n+r-1}{k-1} \binom{2n-k}{n-k-r} \frac{j^{n-k+r}}{r!}$$

两个求和符号表示存在两层重复执行，外层变量 r，内层变量 j。

第一类 Stirling 数
（通项公式）.sb2

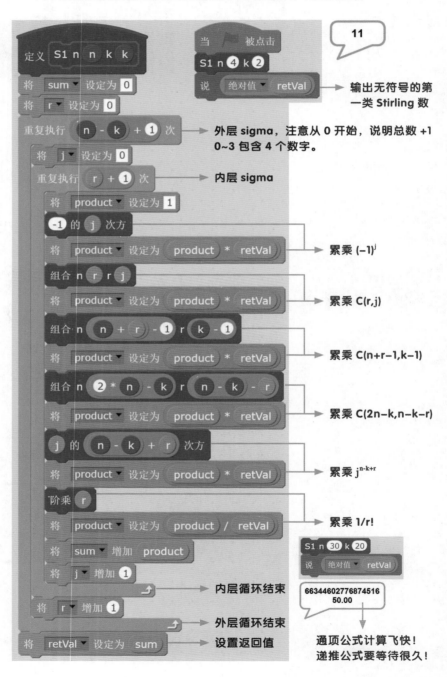

11

输出无符号的第
一类 Stirling 数

外层 sigma，注意从 0 开始，说明总数 +1
0~3 包含 4 个数字。

内层 sigma

累乘 (−1)^j

累乘 C(r,j)

累乘 C(n+r−1,k−1)

累乘 C(2n−k,n−k−r)

累乘 j^{n-k+r}

累乘 1/r!

内层循环结束

外层循环结束

设置返回值

6634460277687451650.00

通项公式计算飞快！
递推公式要等待很久！

19

同余和余数

数论是研究整数性质的古老而又活跃的学科。高斯曾说"数学是科学之王，数论是数学之王"，由此可见其基础性地位。数论的分支很多，如初等数论、代数数论、解析数论、计算数论等。随着它的发展，数论与其他学科也在不断结合，如动力系统和数论的结合。

在介绍之前，首先了解数论中的一个重要概念：同余。如果两个整数 a、b 除以 m 的余数相等（a mod m=b mod m），则称 a 和 b 对于模 m 同余，记作 a ≡ b(mod m)；还可以解释为 (a–b)/m 的结果为整数。例如，26 除以 12 的余数等于 2，2 除以 12 的余数等于 2，因此 26 和 2 对模 12 同余，记作 26 ≡ 2(mod 12)；或解释为 (26–2)/12=2 为整数。

再了解一个概念：正余数和负余数。相信大家都不陌生除法公式：被除数 ÷ 除数 = 商…余数；被除数 = 商 × 除数 + 余数。显然 7÷3=2…1，7=2×3+1，余数都为正。那么有没有其他可能呢？为了解决这个问题，我们引入形式化的定义：

a、d ∈ Z 且 d ≠ 0，则存在整数 q（商）和 r（余数），使得 a=qd+r，|r|<|d|

以 43÷5 为例，仅存在两种满足条件的结果：43=8×5+3；43=9×5–2。3 称为正余数，–2 称为负余数，两数绝对值之和必等于商。这种形式化定义的好处在于，我们可以计算负数的余数，以 (–7)÷3 为例：–7=–3×3+2；–7=–2×3–1。既然有两个余数，编程语言要如何选择呢？目前编程语言大都选择较小商 q 所对应的余数 r。

7÷3	(–7)÷3	7÷(–3)	(–7)÷(–3)
7=q×3+r	–7=q×3+r	7=q×(–3)+r	–7=q×(–3)+r
7=2×3+1	–7=–2×3–1	7=–2×(–3)+1	–7=2×(–3)–1
7=3×3–2	–7=–3×3+2	7=–3×(–3)–2	–7=3×(–3)+2
7 除以 **3** 的余数 **1**	**-7** 除以 **3** 的余数 **2**	**7** 除以 **-3** 的余数 **-2**	**-7** 除以 **-3** 的余数 **-1**
所有编程语言一致	C++/Java 例外 它们选择较大商的余数	C++/Java 例外 它们选择较大商的余数	所有编程语言一致

20

[初等数论]
质数 \GCD\LCM

再介绍几个初等数论中较为重要的概念。第一个概念就是质数，也称为素数，是指一个数字只能被 1 和自身整除，否则称为合数。例如素数 17 只能被 1 和 17 整除，而合数 153 可以被 3 整除。质数包含 2，因此数论中常出现的"奇素数"概念是指 2 以外的所有质数。

另外两个重要的概念是 GCD 和 LCM。这是什么？其实就是我们小学接触的最大公约数（Greatest Common Divisor）和最小公倍数（Least Common Multiple）。我们很容易在草稿纸上找到两个数（或多个数）的 CGD 和 LCM。

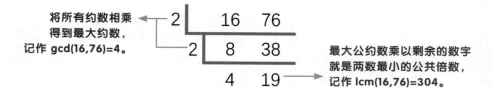

将所有约数相乘得到最大约数，记作 gcd(16,76)=4。

最大公约数乘以剩余的数字就是两数最小的公共倍数，记作 lcm(16,76)=304。

可以看出 gcd(A,B)×lcm(A,B)=A×B。上述方法称为因式分解法：从 2 开始，依次寻找公共约数。但若待求解的数字特别大怎么办？我们使用著名的欧几里得算法，即辗转相除法：两个正整数 A，B 的最大公约数等于其中较小值与两数相除的余数的最大公约数。

若 A>B，则 gcd(A,0)=A,gcd(A,B)=gcd(B,A mod B)。

GCD & LCM.sb2

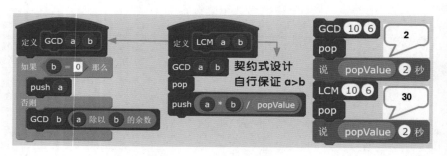

还有其他求解最大公约数的算法，如更相减损法和 Stein 算法，本书不再详述。如果 gcd(A,B)=1，则称两个数互质。例如 gcd(6,35)=1，则 6 和 35 互质。注意 6 和 35 都是合数，但它们都相对另一个数字为质数，即互为质数，故称为"互质"。

21

著名的定理

本书仅为大家介绍初等数论中几个著名的定理，一起探究数字的神奇规律吧！

- 威尔逊定理：当且仅当 p 为质数时，有 $(p-1)! \equiv -1 \pmod p$。

威尔逊定理 .sb2

注意三点：第一，左式结果为正余数，右式 $-1 \div p$ 的余数结果也应当是正数，由之前表格分析可知该余数必为正数，两边同正，等式构建无误；第二，该定理为充要条件，可判定 p 是否为素数；第三，阶乘不便于计算，因此实践意义不大。

- 费马小定理：如果 p 是质数且 a、p 互质，则 $a^{p-1} \equiv 1 \pmod p$。

费马小定理 .sb2（节选）

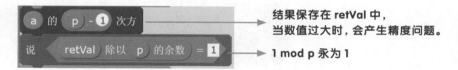

结果保存在 retVal 中，
当数值过大时，会产生精度问题。

1 mod p 永为 1

- 欧拉函数 φ(n)：对正整数 n，欧拉函数是小于 n 的数中与 n 互质的数的数量。

例如 φ(10)=4，因为 1~9 中与 10 互质的数共有 4 个：1、3、7、9。显然 φ(质数)= 该质数 −1。特别地，φ(1)=1。欧拉函数有多种求解方法，第一种是遍历计数。

欧拉函数 .sb2

定义 遍历计数求 φ(n)

如果 n = 1 那么
　将 retVal 设定为 1
　停止 当前脚本

将 sum 设定为 0
将 k 设定为 1

重复执行 n - 1 次
　GCD n k
　pop
　如果 popValue = 1 那么
　　将 sum 增加 1
　将 k 增加 1
将 retVal 设定为 sum

如果 n、k 互质
则计数。

第二种方法是乘法形式，p 是区间 [2,n] 的素数：

$$\varphi(n) = n \prod_{p|n} \left(1 - \frac{1}{p}\right)$$

符号"Π"是希腊字母圆周率"π"的大写字母，读作"派"，表示累乘（Σ 表示累加，注意区分）。p|n 表示 n÷p 为整数，称 p 是 n 的一个因子或因数。在本公式中，可以将 p 称为素因子、质因数等（既是素数又是因子）。

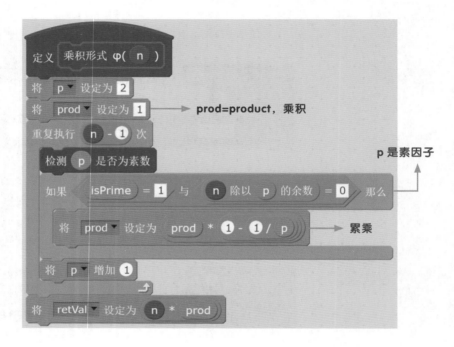

第三种方法是一种称为"傅立叶变换"的形式：

$$\varphi(n) = \sum_{k=1}^{n} \gcd(k, n) \cos\left(2\pi \frac{k}{n}\right)$$

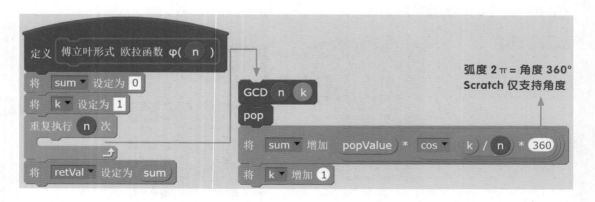

为便于验证，下表列出了欧拉函数前 99 个数值的结果（行是十位，列是个位）：

+	0	1	2	3	4	5	6	7	8	9
x	-	1	1	2	2	4	2	6	4	6
1x	4	10	4	12	6	8	8	16	6	18
2x	8	12	10	22	8	20	12	18	12	28
3x	8	30	16	20	16	24	12	36	18	24
4x	16	40	12	42	20	24	22	46	16	42

+	0	1	2	3	4	5	6	7	8	9
5x	20	32	24	52	18	40	24	36	28	58
6x	16	60	30	36	32	48	20	66	32	44
7x	24	70	24	72	36	40	36	60	24	78
8x	32	54	40	82	24	64	42	56	40	88
9x	24	72	44	60	46	72	32	96	42	60

- 欧拉定理：如果 a、n 是正整数且互质，则 $a^{\varphi(n)} \equiv 1(\bmod\ n)$。

注意到了吗？当 p 为质数时，$\varphi(p)=p-1$，欧拉定理就退化为费马小定理，因此欧拉定理也称为"费马 – 欧拉定理"。

欧拉定理 .sb2（节选）

→ 欧拉函数

→ 当数值过大时，会产生精度问题。

→ 此结果理论上永远为真

- 丢番图方程，研究方程的整数解。

假设你面前有很多行李箱，每个重 18 千克或 84 千克，虽然不知数量，但总重量是 652 千克。这句话正确吗？行李箱的数量是整数，而 18 和 84 的最大公约数 6 并不能整除 652。ax+by=c 存在整数解，当且仅当 gcd(a,b) 可以整除 c。

- 中国剩余定理，即孙子定理，研究同余方程组。

我国数学著作《孙子算经》卷下第二十六题叫做"物不知数"问题，原文为：有物不知其数，三三数之剩二，五五数之剩三，七七数之剩二。问物几何？换言之，一个整数除以三余二，除以五余三，除以七余二，求这个整数。设整数为 x，则有方程组：

$$\begin{cases} x\bmod 3 = 2 \\ x\bmod 5 = 3 \\ x\bmod 7 = 2 \end{cases} \Rightarrow \begin{cases} x \equiv 2(\bmod\ 3) \\ x \equiv 3(\bmod\ 5) \\ x \equiv 2(\bmod\ 7) \end{cases}$$

解同余方程组的过程还是比较繁琐的，这里就抛砖引玉了。你可以尝试用 Scratch "暴力地"遍历数值寻找这个未知数，这个任务就交给你啦！

## 22

[离散数学]
习题和探索

1. 绘制 y=sin(x)+cos(x) 的图像。

2. "田"字能否实现一笔画？为什么？

3. 如何判断变量 x 属于区间 [10,20)？

4. 尝试给出符合逻辑的"构造性二难"和"破坏性二难"命题。

5. 排列和组合的区别是什么？

6. 求解《孙子算经》中的整数解。

第五章
网络与通信

网络已无处不在。你使用手机或计算机浏览网页、玩游戏、看天气预报，通过物联网系统控制家里的电子设备，无论是有线连接还是无线移动的方式，计算机网络活动都依赖于互联的网络结构和正确的数据通信。你能想象没有网络的生活会变成什么样子吗？

网络与通信的世界很精彩，但由于 Scratch 2.0 对网络的支持较弱，故本书忽略了很多技术细节，将重心放在关键性的原理上面。理解它将会提升你对于网络的认知，今后无论学习何种编程语言，原理性的东西总是相通的。

本章节带领大家学习两个案例：获取天气预报数据和经纬度查询程序。此外还将介绍全球用户量最大的与硬件结合的图形化编程软件 mBlock 在局域网中的应用以及 ScratchX 的网络功能。

你将在本章节学习到：

● 第一层，昨夜西风凋碧树，独上高楼，望尽天涯路，即"知"之境界：理解网络基本原则。这正是本章前三个小节要解决的问题：理解网络背后的行为和原理。

● 第二层，衣带渐宽终不悔，为伊消得人憔悴，即"行"之境界：深入研究、动手实践。这正是本章其余小节要解决的问题：搭建服务器并完成 Scratch 网络程序。

● 第三层：众里寻他千百度，蓦然回首，那人却在灯火阑珊处，即"得"之境界：在网络世界中思考。随着全球互联程度的加深，人们对网络的依赖只会越来越强，理解并运用网络非常重要，这一层次的学习任务就交给你吧。

最后说明两点：第一，本章节的内容较为独立可单独学习；第二，如果素材文件中的程序存在错误，则在"科技传播坊"的官网下载最新的素材文件。

网络结构模型

　　网络对我们的生活产生了巨大的影响，它融入生活的点点滴滴，以至于我们很容易忽略网络的存在和原理。下面我们由浅入深地看看网络结构是如何发展起来的。技术不会凭空而来，一定是因为人们有了新的需求。例如，两台计算机想交换数据（如发送文件），那么相应的技术就是使用网线将两者连接起来，配合相应软件。

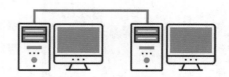

　　既然两台计算机要通信，那么它们如何称呼对方呢？就像现实世界中，大家都有自己的名字，这样你才知道要和谁进行交流。在网络通信过程中，计算机的名字称为"MAC 地址"，（理论上）它是全球唯一的编号（类似于身份证号的概念）。无论是计算机的网卡、手机的 WiFi 还是蓝牙，只要与网络通信有关的设备都有一个（理论上）全球独一无二的 MAC 地址。计算机相互交流时，会在网络上发送自己和对方的 MAC 地址以及相应的通信消息。

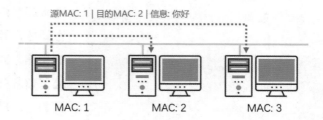

　　最右侧的计算机发现目的 MAC 并非自己，因此忽略该消息。而中间的计算机发现目的 MAC 和自身 MAC 相同，因此读取信息，并用源 MAC 作为目的 MAC 再次发送数据。

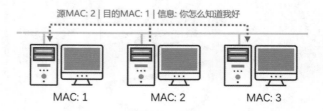

最右侧的计算机会再次检查目的 MAC，发现仍然与自己的 MAC 不相等而忽略该数据。最左侧的计算机接收到数据后发现目的 MAC 是自身 MAC，故读取信息。因此为了防止恶意用户（如右侧计算机）监听网络上来来回回的数据，通常要对数据进行加密处理。

这里存在一个问题：如何知道其他计算机的 MAC 地址？其实在通信之前，计算机会发送一条询问 MAC 地址的信息，所有接收到该消息的计算机都会回复自己的 MAC 地址，这样询问的计算机便知道了当前连接在网线上的所有计算机的 MAC 地址。整个过程和我们的日常生活非常近似：假设你刚到新的学习工作环境，需要先记住所有人的姓名（类似于询问所有计算机的 MAC），然后对所有人大喊一声"小刘"，此时所有人都听到了（类似于发送"你好"），但只有小刘回头了并说了一声"干嘛"，大家都听到了小刘的回复声，却都忽略了你们的沟通内容，继续忙自己的事情（类似于发送"你怎么知道我好"）。

假想你现在管理了一层楼的 3 个机房，每个机房都有 8 台计算机。

这么做看似合理，但也存在一个很严重的问题：如果最两端的电脑无法相互通信，那么整条线缆至少有一处问题。可以想象排查过程非常繁琐，而且很多单位的计算机数量远超过上图数量，看来这么做不是长久之计。如何解决这个问题呢？网络和真实世界一样，只有分层才便于管理。回忆你的学习工作环境，总有一个上级（如班长或经理）与我们对接所有事情，而他们的上级不会事事都直接和你沟通。这种情形通常可以用树状图来表示。

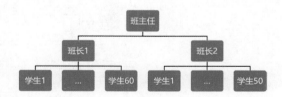

每个班级都是一个局部的范围，而局部的总和构成了整个学校主体。我们将上图的思想运用到网络布线问题中。

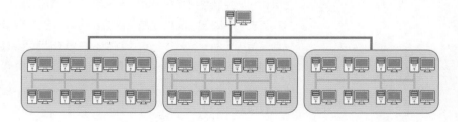

我们称某个局部范围构成的网络为"局域网"。例如，一所学校、一栋建筑物、一个机房、某个单位等。注意局部是相对的，并没有绝对的局域网。我们可以把一栋建筑物内的网络称为局域网，也可以把建筑物中的某个机房称为局域网，或者在某个局域网中建立新的下层局域网。所以局域网的范围通常取决于你的应用环境。

假设上图中每个机房是一个局域网，那么便存在一个问题：局域网是怎么和上层计算机连接的呢？我们从局域网内的计算机连接方式说起。上图局域网的连接方法称为总线型。

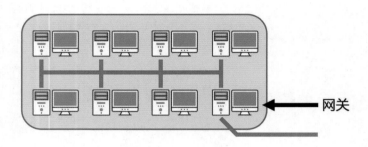

此类图称为"网络拓扑图"。所有的计算机共用同一根网线，这意味着当一台计算机发送消息时，其他所有的计算机均不能发送消息，直到某台计算机（使用一种称为 CSMA/CD 的技术）侦测到网线中没有正在传输的数据。在整个网络中，有一台计算机负责对外通信，因其特殊的地位，我们将其称为"网关"，即局域网的关口。虽然总线型布线简单，但正如刚才分析的那样，它较难维护，而且数据在网线流动，存在安全性问题。

目前，星状是局域网最常见的拓扑结构。

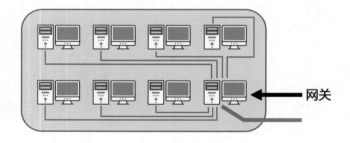

所有计算机独立地连接到网关，这意味着数据全部由网关转发，其软件算法可以精准地控制数据从一个端口传送到另一个端口，避免了总线网络的安全缺陷，提高了安全性，便于集中控制和维护。任何一台计算机连接不到网关，都能很容易地定位出是哪一根网线出现了问题。普通的计算机并没有那么多网线插口，因此在星型网络中，实现网关的物理设备通常是"交换机"。交换机作为局域网的中心节点，数据通信的压力非常大，如果出现故障则整个局域网瘫痪。所以上图可以转换为：

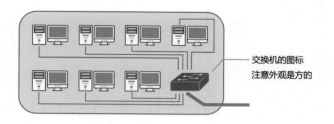

再回到最初的 3 个机房问题，树状和星状结合的网络拓扑图如下所示。

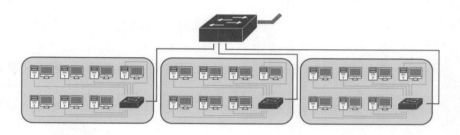

可以看出，每个机房采用星状结构，整体是上下级的树状结构。注意一个小细节，当机房的计算机数量多于一台交换机的网线接口时，通常会堆叠多台交换机，在概念上我们依然可以把它看成一台交换机。如何使用树状和星状的拓扑结构管理较大的网络布线问题呢？

例如，下图的学校有 2 栋教学楼，3 栋宿舍楼，1 栋行政楼，那么其网络结构可能为：

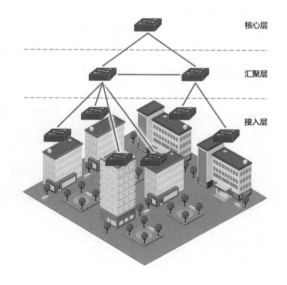

整体上并没有特别复杂之处，保持了树状结构。习惯上将网络分为三个层：接入层是直接和用户接触的一层，所有的设备都是通过接入层进入网络的；汇聚层汇总接入层的数据，你会看到上图中汇聚层的两台交换机之间还连接着一条线，

作用是均衡流量（想象在上课时间，教学楼的汇聚层交换机压力很大，而宿舍的汇聚层交换机几乎没有流量，非上课时间恰好相反，此时流量大的交换机可以把一部分数据转向流量小的交换机，从而负载均衡，提高处理速度，减少自身压力）；核心层的作用除了连接汇聚层交换机外，还需要连接对外的网络，这样所有计算机都可以上网啦！但是对外的网络是什么？如何连接呢？

　　网络发展之初，连接方式并无整体层面的规划。假设单位 A 为了资源共享构建了内部网络，而单位 B 希望使用单位 A 的资源，B 就要和 A 商谈能否接入其网络。这就意味着当接入 A 的单位增多时，其内部交换机的性能要非常强劲，而更换和管理高性能设备的成本理应由接入者承担。商机由此出现：如果单位 A 能够提供极强的接入能力使得众多单位接入其中，而接入单位（政府、学校、银行等）只需交纳一定费用便可得到共享的资源，这是一个双赢的结局。这类公司称为网络服务提供商（ISP）。

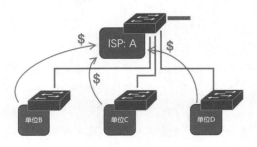

　　既然单位购买了 ISP 的接入服务（例如你的家庭向电信或其他 ISP 付费后便可接通网络），那么 ISP 怎么知道你交费与否呢？原来 ISP 使用一种称为 PPPoE 的技术，它可以完成身份认证、用户管理、数据加密、费用检查、权限检查等功能。而实现 PPPoE 技术的硬件设备通常是路由器并非交换机，因此一个单位的数据出口要使用路由器。

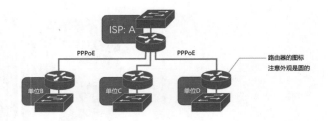

　　其实除了 PPPoE 技术外，还有一个使用路由器的原因：选择最短路径。
ISP 作为下层网络的中心点，其内部的路由器连接方式较为复杂。例如：

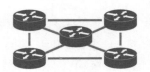

这么做一来可以负载均衡，二来可避免某台路由器故障导致全网瘫痪。你有没有发现上图和我们曾经讲解的图论很相似？其实路由器内部会使用图论算法计算出距离目的地的最短路径（并非物理上的最短距离，而是数据流量压力最小的一条路径）。这正是"路由器"一词的含义：让数据在错综复杂的路径中来去自由的机器。

随着单位 A 发展壮大，为便于分层管理（回忆班主任、班长、学生的层级图），它在全国范围内建立多个层级的数据中心，将它们按规则连接在一起后就形成了覆盖全国的网络。邻近的城市直接接入最近的网络即可，而针对城市的接入网络就是城域网。单位 A 的网络因为其接入范围非常广，通常被称作广域网。由于该网络的重要性和特殊性，人们更喜欢称其为"骨干网"。

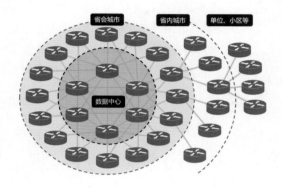

世界上第一个单位 A 是美国国防部，它于 20 世纪 60 年代搭建了 ARPANET 骨干网。ARPANET 是政府资助项目，与商业无关的使用（如科学研究）是被严格禁止的，因此美国国家基金会（NSF）于 20 世纪 80 年代中期搭建了 NSFNET。NSFNET 满足了各大学和政府的研究工作，方便共享科研成功和信息检索。随着 NSFNET 的发展和基础设施升级，NSFNET 替代了 ARPANET，后者与 1989 年退役，前者逐步发展为美国众多骨干网之一。NSFNET 的连接方法是分层连接，这种思想延续至今。

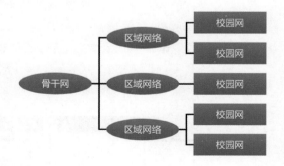

中国第一个单位 A 是中国科学院，它于 1989 年 ~1996 年搭建了连接 23 个城市的骨干网 NCFC。1994 年，NCFC 与美国骨干网 NSFNET 成功互联，从此

中国进入国际互联网的世界。国内较为著名的骨干网包括：中国公用计算机互联网（CHINANET、CN2，即电信）、中国联通计算机互联网（CHINA169，联通）、中国移动互联网（CMNET，移动）中国教育和科研计算机网（CERNET，面向学校）、中国科技网（CSTNET，其前身正是 NCFC）、中国金桥信息网（CHINAGBN，面向政府和企事业单位）、中国长城互联网（CGWNET，面向国防单位）、中国国际经济贸易互联网（CIETNET，面向外贸系统企事业单位）等。

我们的个人计算机连接到单位的局域网，单位连接到 ISP，ISP 连接到骨干网，国内和国外的骨干网相互连接，最终形成了全球互通的互联网，信息的传递和分享越来越方便。把互联网视为人类历史进程中最伟大的发明之一并不为过。

实际上，真实的 MAC 地址非常繁琐，如"58-00-E3-18-D1-55"。人类不喜欢也不善于记忆这类信息，因此发明了另一种表示计算机身份的方法：IP 地址。它用 4 个 0~255 的数值表示地址，如 192.168.1.1。根据离散数学的内容可知，IP 地址共有 $2^{32} \approx 42$ 亿个，这显然无法承载全球所有网络设备，因此人们规定 IP 地址只要在局域网中保持唯一性即可。

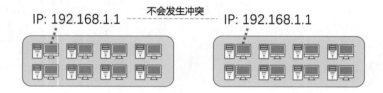

MAC 地址也不便于管理，因为该号码是由硬件生产厂商指定的，而计算机的 IP 地址可以变化，还能实现分层管理。例如第一个机房的 IP 地址为 192.168.1.x，第二个机房的 IP 地址为 192.168.2.x。至于为什么开头是192.168，这已经超过了本书的讨论范围，感兴趣的读者自行查阅资料学习吧。

最后说明一点，现在无线 WiFi 上网已经非常普遍，但并不意味着上文介绍的架构发生了巨大变化。实际上只要把局域网内的网关换成支持 WiFi 的设备即可，这类设备通常称为无线接入点 AP。AP 有两大类，一类称为"胖 AP"，其标志就是存在"WLAN"接口，即无线路由器，它之所以"胖"是因为集成了大量功能，常见于家庭中和办公室内。另一种称为"瘦 AP"，它仅包含无线接入功能，你可以理解为无线交换机，因此它无法独立工作，常见于商场、酒店、超市、办公楼等。瘦 AP 的最大优势在于 WiFi 无缝连接，这就是你在整个商场都能持续连接同一个 WiFi 信号的原因。

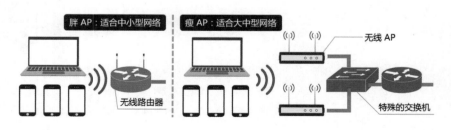

2 网络通信模型

在上一小节中，我们花了很长篇幅得到了一个结论：你在网络上获取的任何数据，本质上都是从全世界的某一台计算机中获得的。例如，你访问了一个包含10 张图片和一段文字的网页，其中 5 张图片可能是从美国的某台计算机上下载而来，另 5 张图片来自巴西的某台计算机，而文字却来自中国的某台计算机。再如，使用某些手机软件前要先进行登录，点击登录按钮的那一刻，手机软件就会通过网络把你填写的账号和密码发送到某台计算机中，当这台计算机验证后就会把验证结果发送到你的手机中，软件据此决定是否登录成功。总结一下，你就会发现存在一个网络通信的模型。

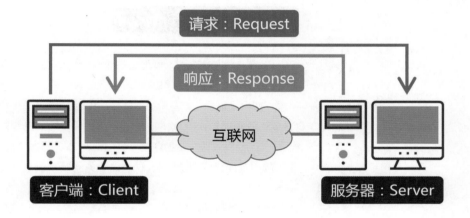

网络活动的发起者称为"客户端"，这个活动可以是浏览网站、搜索信息、观看视频、下载文件、聆听音乐等，该活动发出的数据称为"请求"。请求通过互联网传递到"服务器"，服务器接收到请求的数据后，调用相关资源（本机或其他计算机）进行计算，并将计算结果发送到"请求"中的源地址。客户端接收到服务器返回的数据后，便可以执行相应的操作，这个数据称为"响应"。以上模型即 Client-Server 模型，或称为 CS 模型。

你使用的很多软件都是基于 CS 模型的，例如聊天软件、浏览器、网络游戏客户端等。"等等"，你可能会质疑，"有的软件和网页游戏完全可以在浏览器中运行呀？我从来不需要下载任何软件"。虽然这种模型是基于浏览器的 CS 模型，但是它确实有一定特殊性。

当我们使用网页版软件时，如在线文件格式转换工具，客户端通过浏览器给服务器请求的数据是一个文件；对于服务器来说，接收到请求中包含的文件后，要执行大量高级算法和代码才能转换成功，这要消耗大量服务器资源！但是这么做的好处是，我们只需要浏览器就能完成操作，而不需要在本地安装其他软件。另一方面，维护服务器的单位也会得到你上传的文件，获取相关数据（所以不要尝试在网络上传输机密、重要的文件哦）。这个过程我们称为 BS 模型。

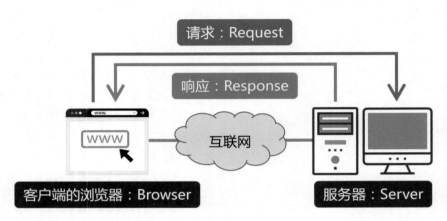

BS 是一种特殊的 CS 模型，并非 CS 的对立面。广义上讲，任何基于浏览器的网站、游戏、软件都是 BS 的。如网页版的电子邮箱、微博博客、公众号管理系统、搜索引擎、在线音乐播放器等。BS 和 CS 各有千秋，BS 软件升级很容易，CS 软件升级繁琐；BS 软件的开发不考虑操作系统的差异（却要考虑浏览器的差异），而 CS 模式通常要考虑跨平台问题；CS 的最大优势是易于和操作系统沟通，便于调用各种系统资源；BS 软件对服务器要求较高，而 CS 对本地计算机要求较高。

随着服务器性能提高，BS 模式的发展愈加深入，某单位可以将计算能力通过网络出租，云计算的概念进入人们的视野，云计算积累了大量数据，大数据时代来临。目前大数据是研究热点，这已超出了本书的讨论范围，感兴趣的读者自行搜索。

单机软件既不属于 CS 也不属于 BS，因为它（C 或 B）和服务器之间不存在网络通信，因此离线版 Scratch 是单机软件。然而事实真的如此吗？这个问题我们稍后解答。

3 通信协议模型

网络通信的本质是客户端发起请求并得到服务器的响应，那么就出现了一个问题：客户端发送请求的内容是什么？服务器回复响应的内容是什么？很简单，只要所有的客户端都按照服务器的要求发送请求数据，服务器按照客户端的要求发送响应数据即可。但如何实现所有的客户端都遵守一台服务器的数据要求，让所有客户端都能识别服务器的响应数据呢？答案正是我们之前讲解过的"契约式设计"：所有进入网络的计算机都要遵守相同的通信规则和数据标准，这套标准便是"TCP/IP 协议"。该协议内容非常复杂，这里我们仅简单了解协议的基本内容，下图便是所有计算机都要遵守的 TCP/IP 协议结构。

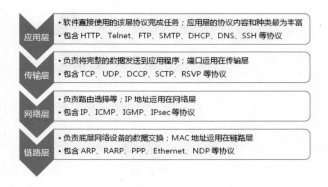

你不必因协议过多而头晕，只要明白基本的原则：网络活动的起点是客户端的软件，它会把待传输的数据按照应用层的某个协议的要求整理成数据包，然后将此数据包整合到某个传输层的协议，形成新的数据包，接着继续将此数据包按照某个网络层的协议要求整理成新的数据包，最后按照链路层某个协议的要求再次汇集成新的数据包。至此网络便可以发送该数据包了。下图展示了一个完整数据包的全部内容。

当服务器接收到上图的数据包后，它便会由外到内地逐层剥离，最终拿到应用层数据，也就是客户端发送的请求。人们为什么要分层地设计协议？直接按照某个协议发送一个完整的数据不就解决问题了吗？因为分层设计便于不同设备抽取数据包中的各层信息，当客户端发出请求时，数据的传输过程是：

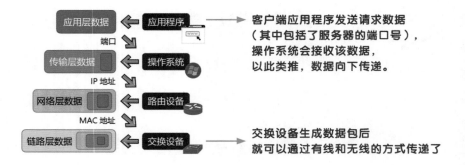

什么是"端口"？因为操作系统要同时运行很多程序，因此操作系统用端口标识数据包属于哪一个应用程序。当服务器得到数据时，数据的传输过程是：

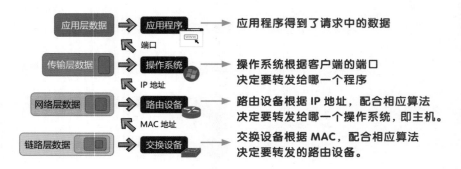

分层设计的好处在数据传输过程中便可体现出来。

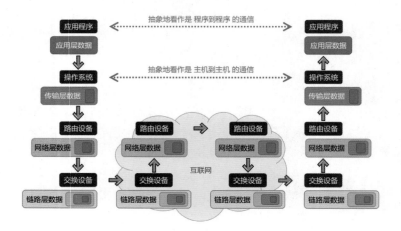

只要网络相关的设备都遵循 TCP/IP 协议，数据就可以在互联网之间顺利地移动。作为计算机的使用者，我们最关心的是距离我们最近的网络应用程序，那么都有哪些常见的客户端软件？它们使用了哪种 TCP/IP 的应用层协议呢？最常见的就是浏览器，它使用了应用层的 HTTP 协议，习惯上使用端口号 80，还有电子邮件 SMTP 协议，域名（俗称"网址"）解析 DNS 协议，文件传输 FTP 协议、动态 IP 分配（WiFi 常用）DHCP 协议等。

在服务器端，操作系统根据客户端请求数据中的端口，将请求的数据发送至特定的正在运行的应用程序中。我们可以安装某些特定的服务器软件，或自行编写服务器程序，在程序中重复地"监听"某些端口（例如666号端口）。只要客户端在发送的数据中指定了该端口（666号端口），服务器就能接收到客户端的请求。此时我们称这类计算机为服务器：安装了处理客户端发送的邮件的程序的计算机称为邮件服务器，安装了处理客户端发送的 HTTP 请求的程序的计算机称为 Web 服务器，还有数据库服务器、视频点播服务器、文件服务器、域名服务器、私人服务器（俗称"私服"）等。实际上怎么取名完全取决于服务器的功能。

现在你明白"服务器"一词的含义了吗？它是一台能够处理客户端请求的计算机，但如果请求的数据量非常大，服务器就需要更强劲的性能，普通计算机难以胜任。

有趣的是，一台计算机既可以作为客户端，又可以作为该客户端的服务器，这种自发自收的情形并不少见。换言之，客户端向本机的服务器发送请求，本机的服务器接收到请求后进行处理并返回数据，之后客户端接收到响应数据。这种方式的通信并不经过交换设备或路由设备，由操作系统"自行消化"。

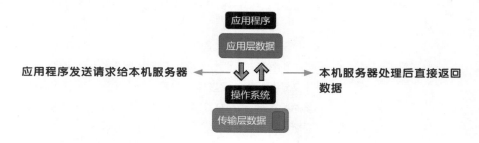

前三个小节从两台计算机的连接讲解到了 TCP/IP 协议，最后总结一下。

- 局域网内部的结构通常为星状结构，某节点出错则下层网络瘫痪。
- 互联网是由相互连接的骨干网组成的，骨干网覆盖全国，ISP 管理各层接入者。
- 常见的无线连接方式不会对网络拓扑结构造成较大的影响。
- CS 是网络通信的基础模型，任何网络设备都要通过互联网发送请求并等待服务器响应。
- BS 是一种特殊的 CS，它将计算量放到了服务器，减小了客户端的压力。
- TCP/IP 协议是 CS 模型的基础，所有网络设备必须遵守 TCP/IP 协议才能互通。
- MAC 地址作用于链路层，它是一台网络设备的地址，全球编号（理论上）唯一不重复。
- IP 地址作用于网络层，它是局域网的网关分配给内部主机的地址，不同局域网可重复。
- 端口号作用于传输层，它是某主机的操作系统辨别数据属于哪个应用程序的依据。

4 Scratch 2.0 扩展原理

离线版 Scratch 2.0 是单机软件，所以不是客户端。这个判断并不正确，因为 Scratch 至少存在 3 处和网络相关的操作。

- 文件菜单下的"分享到网站"。Scratch 程序会把项目名称、用户名、密码、项目本身（请求）一起上传至 Scratch 的官方服务器，服务器会验证用户信息并告知上传失败与否（响应）。此时 Scratch 就是客户端。
- 文件菜单下的"检查更新"。Scratch 会把当前程序的版本号（请求）发送至 Scratch 官方服务器，服务器对比最新的版本号，返回数据（响应）告知客户端是否需要更新。
- 还有一个隐藏很深的功能 —— ScratchHTTP 扩展。Scratch 2.0 不仅可以自定义积木块，还可以创建出访问网络的积木块！下面让我们来看看它的原理。

Scratch 2.0 内部运行着一个或多个"HTTP 扩展程序"，它会按照你的要求向本机的某个端口号发送 HTTP 协议数据。如果你已经明白了前三节的内容，应该清楚我们接下来要做的事情：在本机安装一款服务器软件，监听、接收并处理该端口的请求，HTTP 扩展程序拿到响应数据后告知 Scratch。原理和过程如下图所示。

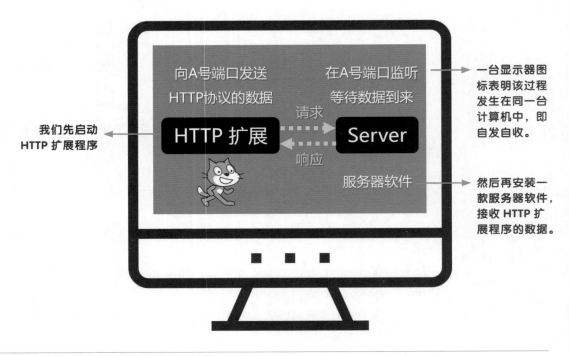

5 | 启动 HTTP 扩展程序

HTTP 扩展程序是一个隐藏在 Scratch 内部的客户端程序，如何启动这个程序呢？按住键盘的 Shift 键，同时鼠标点击文件菜单，选择最后一项"导入实验性 HTTP 扩展功能"。

Weather Web API.s2e

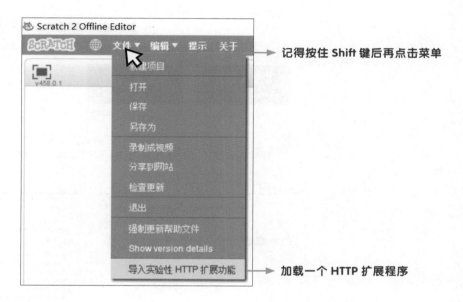

选择本书的素材文件"Weather Web API.s2e"，"更多积木"中出现了新的积木。

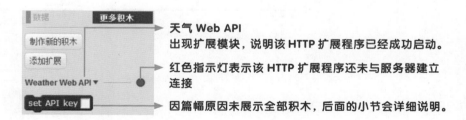

文件后缀"s2e"表示"Scratch 2.0 Extension"，即 Scratch 2.0 扩展程序。该文件描述了扩展模块的名称、使用的端口号、积木块的外观和参数等信息。当 Scratch 成功加载一个 s2e 文件后便会创建一个 HTTP 扩展程序（换言之一个 Scratch 程序可以包含多个 HTTP 扩展程序），它将不断地在本机的某个端口上发送请求，等待着服务器对该端口的响应。是时候把自己的计算机变成服务器了！

6

搭建 Scratch 扩展服务器

因为 HTTP 扩展程序发送的是 HTTP 数据，因此我们需要安装一款 Web 服务器软件。常见的 Web 服务器有 Apache、IIS、Nginx、Tomcat、WebLogic、Node.js 等，我们选用小巧的 Node.js。进入官网（https://nodejs.org/zh-cn/）下载安装包（约 16M）。

安装过程如下（最新版本的安装过程可能存在差异）。

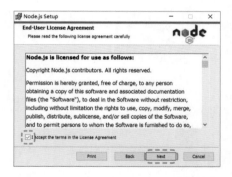
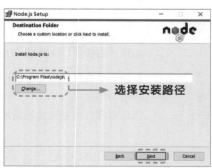
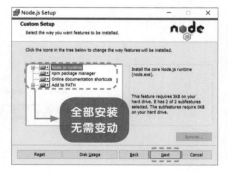

安装过程没有特别要注意的选项，除了安装路径变化外，建议其余全部选择"Next"（下一步）。安装结束后，服务器软件 Node.js 就做好了运行的准备。我们首先检查服务器软件是否被正确地安装。

同时按下键盘的 Win 键和 R 键，弹出"运行"对话框，输入"cmd"并按下回车。

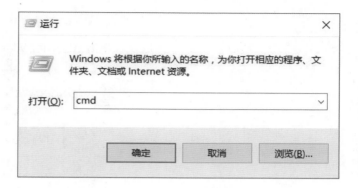

在黑色对话框（命令提示符）中输入"node –v"（注意中间有个空格）并按下回车。

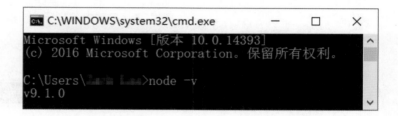

如果你看到类似于上图所示的"v9.1.0"的版本号信息，说明安装正确。如果显示"node 不是内部或外部命令，也不是可运行的程序或批处理文件"，则说明命令错误或安装失败，你需要检查刚才输入的命令或重新安装 Node.js 程序。

接下来就要使用 Node.js 在服务器上运行监听程序了。双击执行"Run Weather Web API Server.bat"文件（保证文件"Weather Web API Server.js"、文件夹"just–get–json"、文件"Run Weather Web API Server.bat"在同层的文件夹中）即可打开服务器程序。如果一切正常，你会看到两处变化。

- 命令提示符输出"localhost:58390Weather Web API 监听中 …"
- 扩展模块的指示灯变为绿色，说明 HTTP 扩展程序（客户端）与本机的服务器连接成功。

但是在使用这些扩展积木之前，有必要说明"Run Weather Web API Server.bat"到底做了什么。这两个文件和一个文件夹是相互依赖的，它们的关系如下所示。

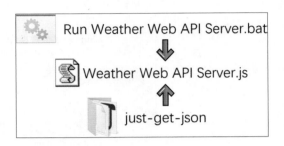

Run Weather Web API Server.bat 直接调用了文件 Weather Web API Server.js，后者又使用了 just-get-json 文件夹内的数据。所以 Weather Web API Server.js 是关键的服务器程序。HTTP 扩展程序发送的请求会被 Weather Web API Server.js 监听到，后者再连接网络寻找天气数据，之后将天气数据返回给前者，整个过程如下图所示。

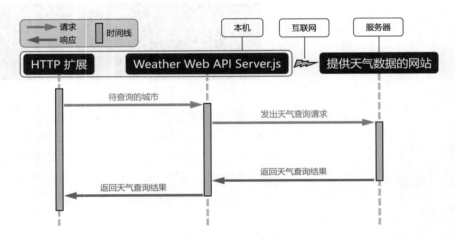

这种图称为"时序图"，它直观地表达了数据随时间顺序的传递情况：Scratch 的 HTTP 扩展程序首先向本机的服务器发送待查询天气的城市名称，本机服务器获得该信息后，再次向网络上的服务器发送请求；当本机服务器获得详细的天气数据信息之后，它会将数据返还给 HTTP 扩展程序，这样 Scratch 就得到了最终的结果。

在这个模型中，本机的服务器再次作为其他网络上服务器的客户端，这说明一个服务器程序也可以是客户端。如果你已经成功启动 HTTP 扩展程序并运行了"Run Weather Web API Server.bat"，那么就来创作一款实时天气查询程序吧！

7

实时天气查询程序

加载 HTTP 扩展时，"更多模块"下出现了许多新的积木块，一起看看使用方法吧！

绿色指示灯表明 HTTP 扩展已经生效，可以使用。

设置 API 密钥

本天气扩展积木块通过网站"心知天气"（www.seniverse.com）获取数据，而 API 密钥类似于用户名，设置了正确的 API 密钥才能使用其他积木块。如何获取该数据呢？进入"心知天气"的网站，使用邮箱、手机号和域名（可随意填写如"123.com"）进行注册，激活邮件后进入"天气数据 API"页面（www.seniverse.com/doc），便可看到 API 密钥。

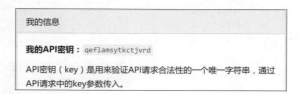

上图是笔者的 API 密钥，如果你不想注册新账号，可以在程序中直接使用该 API 密钥。强烈推荐读者自行注册，因为目前"心知天气"的免费帐号有 400 次 / 小时的访问限制。

设置完 API 密钥后，就需设置待查询的城市（目前已支持国内 2567 个城市）。

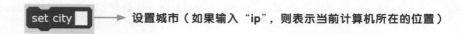

设置城市（如果输入"ip"，则表示当前计算机所在的位置）

你可以输入国内任何城市的中文或拼音（拼音缩写可能会出错）。

前两组都是可行的，最后一组错误，因为"福建"是省，无法查询到任何天气信息。

设置好 API 密钥和城市后，就可以查询天气数据了！

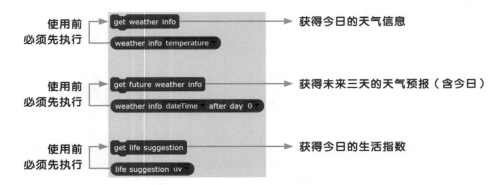

使用前必须先执行 → get weather info → 获得今日的天气信息
weather info temperature

使用前必须先执行 → get future weather info → 获得未来三天的天气预报（含今日）
weather info dateTime after day 0

使用前必须先执行 → get life suggestion → 获得今日的生活指数
life suggestion uv

　　六块积木共三组类别天气数据的使用规则是：先执行上面的积木获取数据（本机服务器作为客户端向"心知天气"的服务器发送一次请求），再执行下面的积木从数据中提取信息。

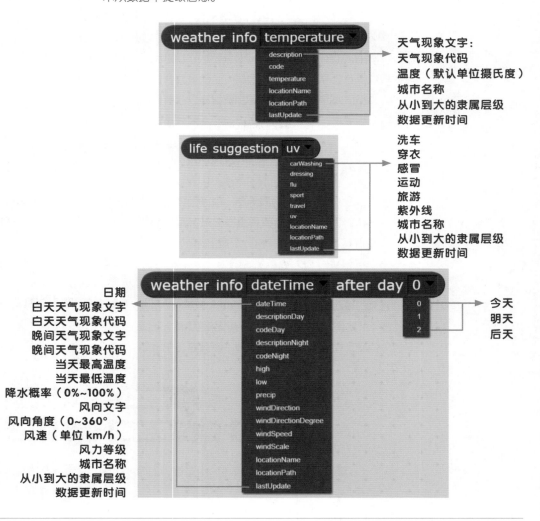

weather info temperature
description — 天气现象文字：
code — 天气现象代码
temperature — 温度（默认单位摄氏度）
locationName — 城市名称
locationPath — 从小到大的隶属层级
lastUpdate — 数据更新时间

life suggestion uv
carWashing — 洗车
dressing — 穿衣
flu — 感冒
sport — 运动
travel — 旅游
uv — 紫外线
locationName — 城市名称
locationPath — 从小到大的隶属层级
lastUpdate — 数据更新时间

weather info dateTime after day 0

日期 — dateTime
白天天气现象文字 — descriptionDay
白天天气现象代码 — codeDay
晚间天气现象文字 — descriptionNight
晚间天气现象代码 — codeNight
当天最高温度 — high
当天最低温度 — low
降水概率（0%~100%） — precip
风向文字 — windDirection
风向角度（0~360°） — windDirectionDegree
风速（单位 km/h） — windSpeed
风力等级 — windScale
城市名称 — locationName
从小到大的隶属层级 — locationPath
数据更新时间 — lastUpdate

0 — 今天
1 — 明天
2 — 后天

注意数值"天气现象代码"（code、codeDay、codeNight）由"心知天气"服务器定义，范围是 0~38 和 99，每个数值还对应了一个图像，参见下面的角色造型。

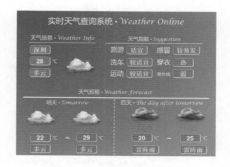

整个程序分别查询今日天气、天气预报和天气指数。设置统一程序整体流程的角色。

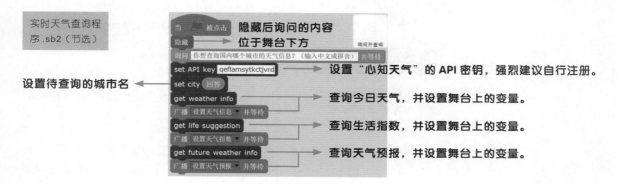

每个广播只需要设置相应变量的值，以第一个广播为例。

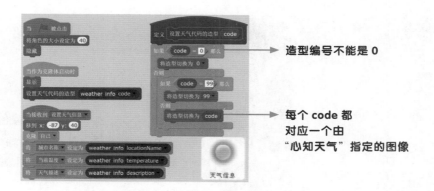

如果天气信息显示异常，则说明每小时免费额度已经用完，等待一段时间再测试吧！

## 8

地理查询程序

除了从网络上获取天气数据外，我们还可以获取地图数据。例如通过地名得到经纬度，或通过经纬度得到地名。和天气程序的整体思路一致，这次我们访问的是"百度地图"服务器。首先加载 HTTP 扩展 s2e 文件"Geocoding API. s2e"。

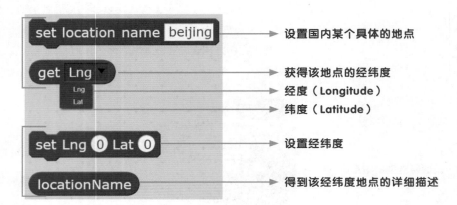

Geocoding API.s2e

访问"百度地图"服务器同样也需要设置 API 密钥，但因请求限额较大（30万次 / 日），笔者已将个人的 API 密钥编写到了服务器程序中，所以你无需再申请账号进行配置。然后运行服务器程序"Run Geocoding API Server.bat"，此时 HTTP 扩展的指示灯由红变绿。

下面我们创作一款简单的地理查询程序，它可以显示你的详细位置。

9

mBlock 的局域网功能

mBlock（下载地址 http://mblock.cc/）是由全球领先的 STEAM 教育解决方案提供商 makeblock 基于 Scratch 2.0 二次开发的软件，全球累计用户已达 300 万，是用户量最大的与硬件结合的图形化编程软件。mBlock 内置了局域网数据传输功能，下面为读者介绍一款简单的局域网聊天程序！

以笔者的测试环境为例，两台笔记本电脑通过 WiFi 连接在同一个局域网中，IP 地址分别为 192.168.1.102 和 192.168.1.105。两台笔记本都使用 mBlock 打开"mBlock 局域网聊天 .sb2"（注意不是用 Scratch 打开该文件），然后选中扩展菜单的"Communication"，接着在任意一台笔记本上选择连接菜单中的网络，选择另一台笔记本的 IP。

现在两台笔记本就能聊天啦！脚本也非常简洁（你还可以尝试创作局域网游戏）。

mBlock 局域网聊天 .sb2

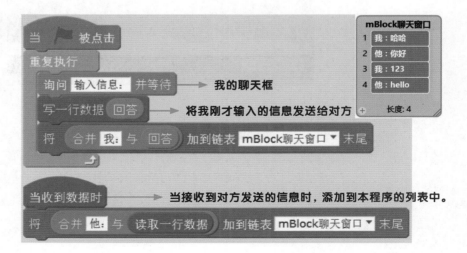

10

ScratchX 的扩展程序

ScratchX（http://scratchx.org）是来源但独立于 Scratch 的扩展程序实验平台，字母 "X" 表示扩展（Extension）。ScratchX 项目的后缀是 ".sbx"，与 Scratch 的 ".sb2" 不兼容，换言之 sbx 文件只能运行在 ScratchX 中。它只有网络版，没有离线版和社区，且 Scratch 团队不管理 ScratchX 的扩展程序。即使有众多的限制和不足，ScratchX 平台上依然有不少实用有趣的扩展程序，让我们一起来了解下吧！

- ISS Tracker。该扩展可以获取绕地球轨道运行的国际空间站的实时数据，包括空间站的精度、纬度、距地球的高度（km）和运行速度（km/h）。下图中可以看到舞台四个边角的数据，以及空间站角色用画笔留下的一段移动轨迹。如果长时间打开程序，你就会看到国际空间站环绕地球飞行的"壮举"啦！

ScratchX 项目网址 .txt

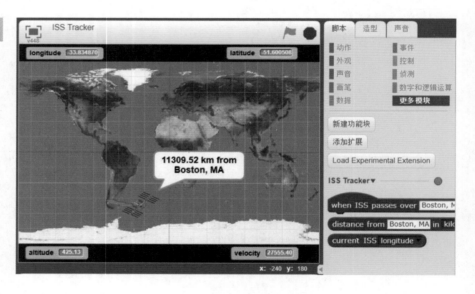

- Sound Synthesizer。声音合成器可以控制声音的频率和波形，添加各种音效如回声等，你可以用它创作电子音乐或搞怪的音效。在下面的案例中，随意在舞台上拖动鼠标，就能听到奇怪的电子音效，配合上角色的表情非常高效！注意在非 IE 浏览器下运行。

ScratchX 项目
网址 .txt

● Text to Speech。可直接将文本转换为声音。注意在谷歌浏览器 Chrome
下运行。

ScratchX 项目
网址 .txt

经测试该积木块可以阅读英文和中文。素材文件中为你准备了一份方言阅读
材料，尝试将其复制到 speak 积木中，听一听效果如何。

ScratchX 中还有很多和硬件相关的扩展积木，例如与 Arduino、EV3、
Leapmotion、littleBits、micro:bit 结合的积木，感兴趣就自行探索吧！

据 Scratch 官方团队报道，随着 Scratch 3.0 对实验扩展系统的逐步支持，
部分 ScratchX 扩展积木将出现在 Scratch 3.0 中，届时 ScratchX 将被慢慢淡化
和替代。

第六章
编程语言

编程语言子领域所包含的内容非常多，如面向对象编程、函数式编程、事件驱动和响应式编程、类型系统、编译原理、语义学等，但因为 Scratch 自身的限制，本书仅关注前三个小部分，其余部分过于深入不再讲解。

本章节要讲解面向对象的概念、特征、事件驱动编程。其实你在之前的 Scratch 编程实践中已经多次接触，因此本章节更像是对之前所学内容的深度抽象总结。

你将在本章节学习到：
- 面向对象编程的基本概念和优势。
- 面向对象编程的三个基本特征：封装、继承、多态。
- 层次化设计程序，即使 Scratch 的角色列表无层次，你也要做到心中有层次。
- 新手必犯错误之指数级克隆陷阱。
- 源于生活的事件驱动编程概念及其三个要素：事件、属性、方法。

[面向对象编程]
基本概念

编程语言最初形式为机器语言。程序员在卡片上打孔，将卡片塞入计算机后，计算机读取卡片上的孔位从而判定程序员的意图和目的。这种方式效率低下易出错，于是人们发明了汇编语言，它使用符号代替了机器语言，使得程序更加可读，易于编写。但随着程序复杂化，汇编语言也变得臃肿难于控制，且汇编语言的跨平台性较差，不同 CPU 都有自己独特的汇编语言符号，于是人们发明了结构化的编程语言（如 C 语言），它成功地抽象出三大程序结构（顺序结构、分支结构、循环结构）。但随着人们需求的深入，程序要处理的任务越来越多样化（如游戏、信息系统、电子表格等），需求的变更（如人们向程序中添加新功能）也更加频繁，软件的维护成本（如时间成本）越来越高，结构化编程语言已力不从心，于是人们发明了面向对象的编程语言（如 Smalltalk、C++）。面向对象编程（Object Oriented Programming，OOP）的核心思想是用对象和消息对真实的世界进行建模，使得程序便于人类阅读和理解，它可以很好地应对需求变化，降低维护成本。

什么是对象？对象的英文是 Object 即"物体"。它是一个抽象的物体，可以表示任何具体实物，例如桌子上的苹果是对象，你看的这本书是对象，人是对象，汽车是对象，甚至游戏流程也是一种抽象的肉眼不可见的对象。如何划分对象取决于程序本身的功能。例如在艺术绘图程序中画笔就是对象，但在游戏中画笔对象或许就不是必要的了，而友军、敌军等对象则是必需的。有时设立额外的对象能极大简化程序逻辑，第一个程序便会说明这一点。划定对象边界是之前讨论的程序基本设计原则之"抽象"的一种具体实现方法。

什么是消息？消息的英文是 Message 即"信息"。独立存在的对象很难完成复杂的任务，我们需要将它们连接起来，这便是消息的功能。假设要实现老师布置作业、学生完成作业的程序，那么首先可以抽象出老师和学生这两个对象，接着老师对象发送消息，告知学生对象你需要做作业了，这样角色之间便产生了交流互动。另一方面，学生对象也可以发送消息告知老师对象我的作业已经完成。发送消息意味着老师仅指示学生需要完成作业的行为，但并不知道学生是如何完成作业的，这与之前讨论的程序基本设计原则之"行为和实现分离"有异曲同工之妙。

参考附录 A 的 vol.51

说了这么多，OOP 和 Scratch 有什么关系呢？Scratch 就是一种面向对象的编程语言：角色即对象，广播即消息。面向对象编程的思维优势在于它和真实世界很近似：每个对象（角色）都有自己的状态（私有变量）和行为（"当接收到 .. 消息时"积木和堆叠积木），对象间通过消息（广播）进行沟通交流。这就是为什么小孩子也能接受 Scratch 的原因，因为 OOP 将真实世界模拟得惟妙惟肖。下面通过案例看看 Scratch 中如何运用 OOP 的思维方式进行编程。

鼠标点击舞台的任意位置，角色就向该位置飞奔而去，这是我们在游戏中最常见的交互方式，如何用 Scratch 实现该功能呢？对于初学者而言，最直观的方法就是在该角色中计算鼠标点击坐标和角色坐标之间的角度并得到 Scratch 的方向值，再令角色朝该方向移动。

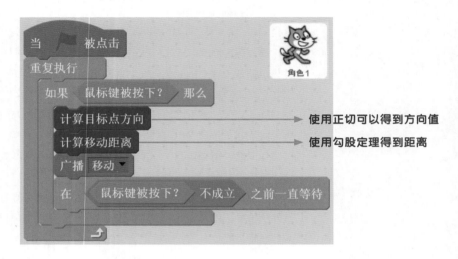

使用正切可以得到方向值

使用勾股定理得到距离

　　虽然这么做可行，但过程很复杂。如果我们把目标点看作一个对象，问题就简单了。

鼠标点哪
去哪 .sb2

参考附录 A
的 vol.17

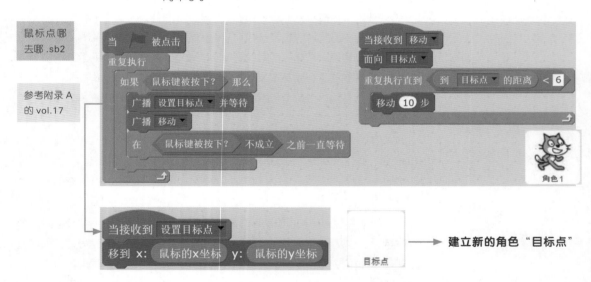

建立新的角色"目标点"

　　当把目标点看成一个对象（角色）时，程序不仅变得简单，而且易于理解，脚本读起来朗朗上口。这么做的另一个好处是，你可以设置目标点的点击特效，而在之前的脚本中实现这一点很困难。在设计程序时，你要思考能否通过建立新角色并将其他脚本分离到其中，从而简化程序，或者提高脚本的可读性。

2

[面向对象编程]
三个特征

任何一种 OOP 的编程语言都具有三个基本特征：封装、继承、多态。既然
Scratch 是 OOP 的，那么显然 Scratch 也不例外。或许你已经在 Scratch 中使用
到了这些特征，下面我们仔细看看以上特征是如何在 Scratch 中体现出来的。

OOP 特征之一：封装。对象作为 OOP 的基本组成元素，应当被看成一个独
立的个体，因此它就具备基本的状态和行为。状态是指对象的基本属性和特性，
它可以随环境改变；行为分为主动行为和被动行为。以一只猫咪对象为例：

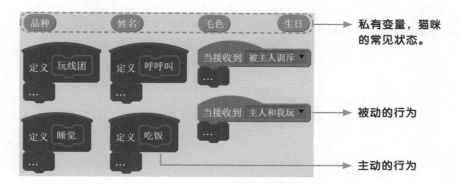

状态和行为的整合就是封装。在 Scratch 中这一点是显而易见的，因为每个
角色都封装了自己的状态和行为，并通过行为改变自身状态。封装使得我们在编
程时，将注意力集中在对象的状态和行为以及对象之间的交互上，因此它是模拟
真实世界的关键所在。

OOP 特征之二：继承。在法律中，继承权是指继承人依照法律规定承受被
继承人遗产的权利。这一制度源远流长，可以追溯到奴隶制社会的身份继承世袭
制和财产继承。OOP 的继承是指一个对象可以衍生出子对象，该子对象传承了
父对象的状态和行为。在 Scratch 中，继承就是克隆。这就是为什么克隆前我们
要将主体的私有变量设置好，因为克隆后克隆体会继承本体的私有变量，它的初
始值正是克隆前本体私有变量的数值。相信你对于这一点已经不再陌生，最典型
的应用就是用于标识角色身份的 id 号。

此外，克隆体还会继承本体大量已存在的私有变量，如 x/y 坐标、方向、翻
转模式、各种特效值、当前造型编号、大小、音量值、画笔状态等，这就是为什
么克隆体最初和本体的位置重叠、颜色相同、造型相同、大小相同、特效值相同
的原因。

OOP 特征之三：多态。多态是指众多子对象虽然继承自同一个父对象，但

却能在同一个操作中表现出不同的行为，即子对象存在多种不同的行为和状态。在 Scratch 中，克隆体不仅会继承私有变量，还会继承本体的全部行为，包括自定义积木块（主动的行为）和当接收到积木（被动的行为）。虽然本体和各个克隆体都拥有相同的自定义积木块，但是它们之间没有干扰；但"当接收到"积木的行为就很有趣了，因为所有克隆体都有该积木，所以发送该消息后，各个克隆体（包括本体）都能接收到该消息！针对不同的克隆体设置不同的行为，从而表现出不同的动作，这就是 Scratch 中的多态。多态最常见的应用便是设置用于区分克隆体和本体的"–isClone?"私有变量。

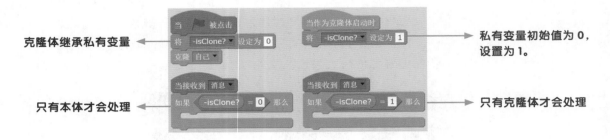

再看一个特效程序，90 个黑色小点围成一个圆圈，颜色渐弱地按逆时针方向旋转。

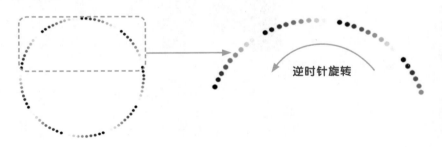

你有什么思路吗？首先我们使用克隆生成一圈黑色的小点。

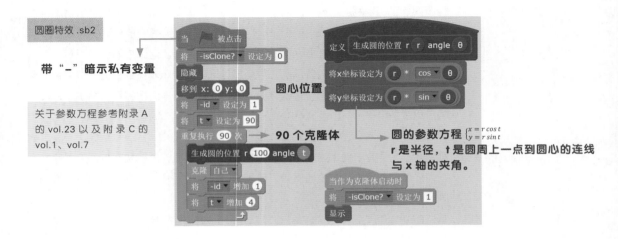

接下来我们运用多态的思想来解决这个问题。多态告诉我们，每个克隆体可以产生不同的行为，因此我们让每 10 个点为一组，每个点的虚像（或透明）特效从 0 逐渐增加。

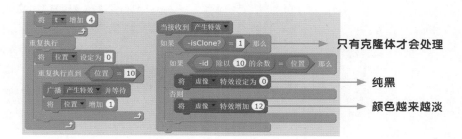

变量"位置"从 0 到 9 不断循环，每次都会广播给所有克隆体。克隆体的 id 从 1 到 90，故每次广播都只会有 9 个克隆体选择设置为纯黑色，其余 90−9=81 个克隆体选择增加虚像特效 12。这就是多态：众多子对象在同一个消息的命令下产生了不同的行为。

再看一个案例。在生态公园中存在 20 只最多 10 种动物，每隔 4 秒，所有相同的动物就会喊出声音，如此反复下去。

如果只允许你用一个角色进行克隆，如何实现呢？通过上一个案例可发现，克隆体多态行为的关键是广播和私有变量：克隆体在接收到消息后使用私有变量作出判断，从而执行不同脚本，表现出不同行为。造型编号正是动物们的私有变量。

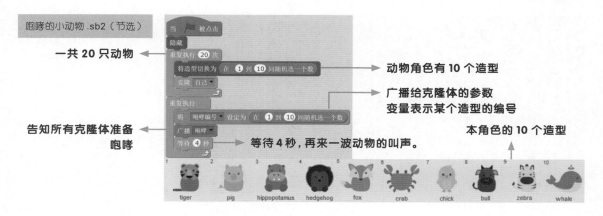

每过 4 秒钟，所有动物克隆体都会接收到一条消息，但最终只有自身造型编号与变量咆哮编号相等的克隆体做出回应，回应的行为就是发出自己的叫声！

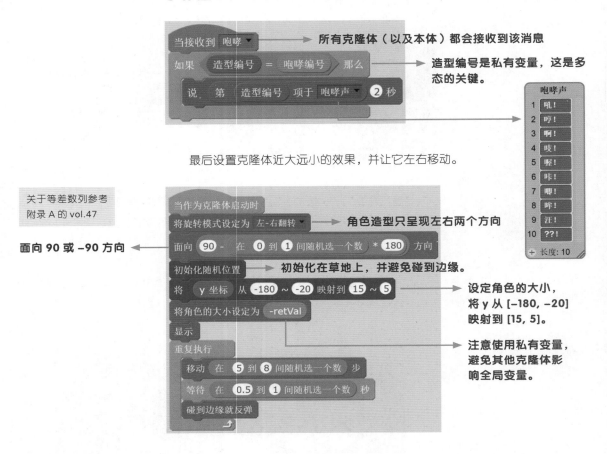

当接收到 咆哮 ▾ → 所有克隆体（以及本体）都会接收到该消息

如果 造型编号 = 咆哮编号 那么 → 造型编号是私有变量，这是多态的关键。

说 第 造型编号 项于 咆哮声 ▾ 2 秒

咆哮声
1	吼！
2	哼！
3	啊！
4	吱！
5	喔！
6	咔！
7	嗷！
8	哞！
9	汪！
10	??！
+ 长度：10

最后设置克隆体近大远小的效果，并让它左右移动。

关于等差数列参考
附录 A 的 vol.47

面向 90 或 –90 方向 ◀

当作为克隆体启动时

将旋转模式设定为 左-右翻转 ▾ → 角色造型只呈现左右两个方向

面向 90 - 在 0 到 1 间随机选一个数 * 180 方向

初始化随机位置 → 初始化在草地上，并避免碰到边缘。

将 y 坐标 从 -180 ~ -20 映射到 15 ~ 5 → 设定角色的大小，将 y 从 [-180, -20] 映射到 [15, 5]。

将角色的大小设定为 -retVal → 注意使用私有变量，避免其他克隆体影响全局变量。

显示

重复执行

移动 在 5 到 8 间随机选一个数 步

等待 在 0.5 到 1 间随机选一个数 秒

碰到边缘就反弹

最后看一个多态的案例：记忆力大考验。从 J 到 K 四种花色共 12 张扑克，每张扑克准备 2 张共 24 张扑克，面朝下扣在舞台上。随意翻开两张面朝下的扑克，如果花色相同，则保留在舞台上，否则两张牌重新面朝下扣在舞台上，直到所有扑克翻开则游戏胜利。

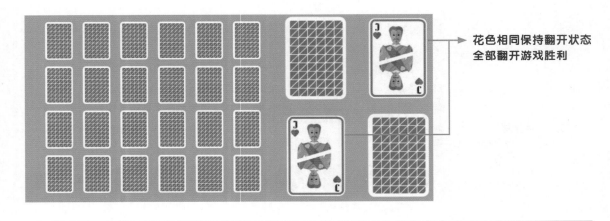

花色相同保持翻开状态
全部翻开游戏胜利

在 OOP 的编程语言中，要多用对象的概念思考问题。例如，扑克角色作为对象，要有哪些状态？要有哪些主动行为和被动行为？关于"行为"的深刻内涵我们在后面小节说明，这里先关注一张扑克牌应该包含的状态。

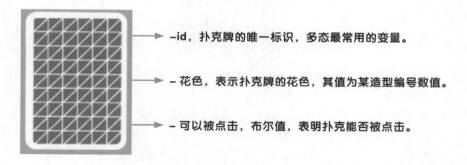

– id，扑克牌的唯一标识，多态最常用的变量。

– 花色，表示扑克牌的花色，其值为某造型编号数值。

– 可以被点击，布尔值，表明扑克能否被点击。

如何生成成双的扑克牌呢？观察扑克牌的造型。

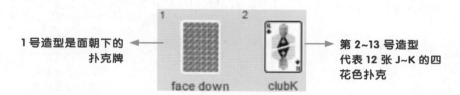

1 号造型是面朝下的扑克牌

第 2~13 号造型代表 12 张 J~K 的四花色扑克

我们在列表生成 2、2、3、3、…、12、12、13、13 共 24 个数据。

记忆力大考验 .sb2

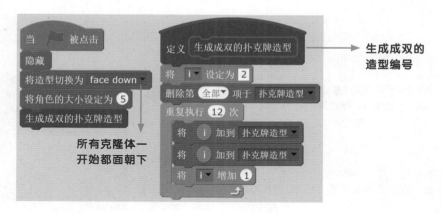

生成成双的造型编号

所有克隆体一开始都面朝下

接着生成克隆体。克隆体只要依次从列表中取出造型编号即可。

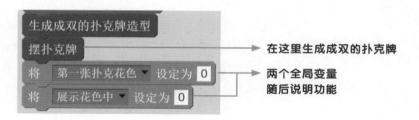

在这里生成成双的扑克牌

两个全局变量随后说明功能

该过程的任务是将 24 张扑克牌摆放到特定的位置。

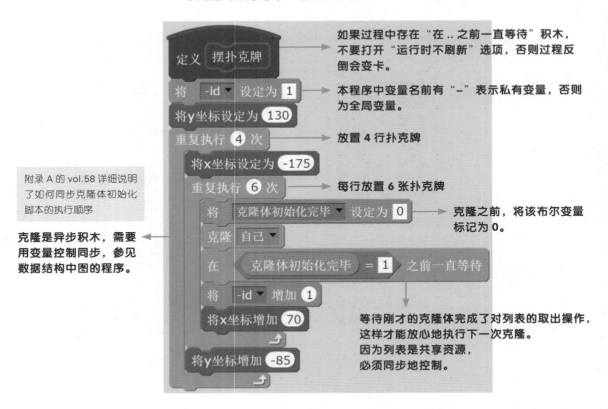

附录 A 的 vol.58 详细说明了如何同步克隆体初始化脚本的执行顺序

克隆是异步积木，需要用变量控制同步，参见数据结构中图的程序。

如果过程中存在"在 .. 之前一直等待"积木，不要打开"运行时不刷新"选项，否则过程反倒会变卡。

本程序中变量名前有 "-" 表示私有变量，否则为全局变量。

放置 4 行扑克牌

每行放置 6 张扑克牌

克隆之前，将该布尔变量标记为 0。

等待刚才的克隆体完成了对列表的取出操作，这样才能放心地执行下一次克隆。
因为列表是共享资源，必须同步地控制。

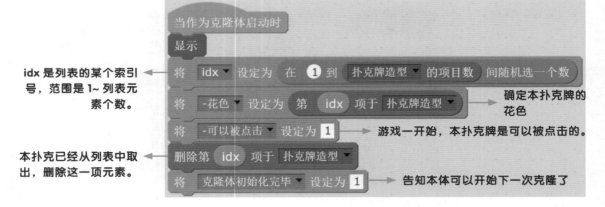

idx 是列表的某个索引号，范围是 1~ 列表元素个数。

本扑克已经从列表中取出，删除这一项元素。

确定本扑克牌的花色

游戏一开始，本扑克牌是可以被点击的。

告知本体可以开始下一次克隆了

之前已经讲解过异步和同步的概念。再次说明，异步意味着 Scratch 不会等待该积木执行结束，而是直接执行下一块积木。如果不同步，请考虑一种极端情况：某克隆体设置 idx，恰在此时下一个克隆体打断了该脚本并设置了 idx，这样上一个克隆体就丢失了自己设置的 idx 值。虽然出现此 BUG 的概率极低，但理论上仍有可能出现，因此必须同步。

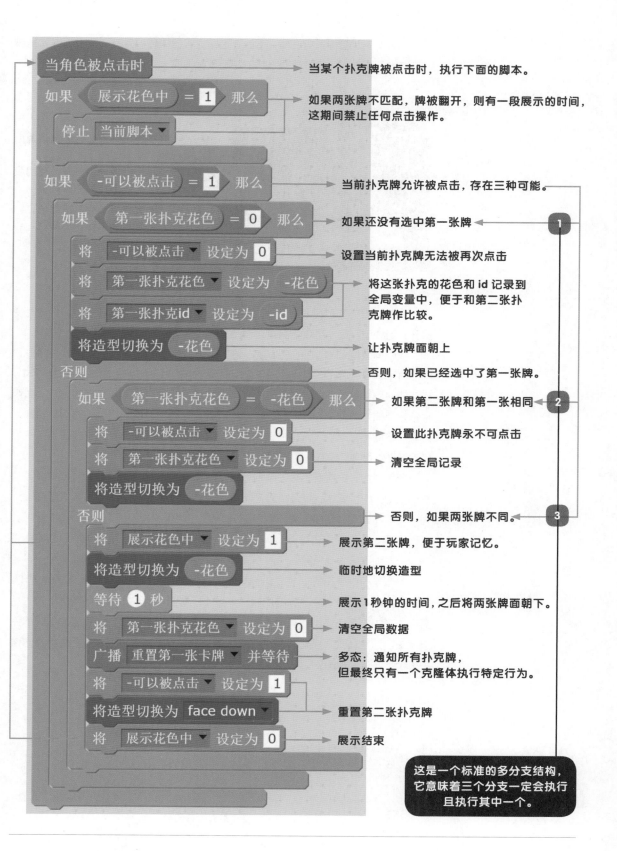

当角色被点击时 —————————————→ 当某个扑克牌被点击时，执行下面的脚本。

如果 〈 展示花色中 = **1** 〉那么 —————→ 如果两张牌不匹配，牌被翻开，则有一段展示的时间，
　　停止 当前脚本▾　　　　　　　　　　　　　这期间禁止任何点击操作。

如果 〈 -可以被点击 = **1** 〉那么 —————→ 当前扑克牌允许被点击，存在三种可能。 **1**

　　如果 〈 第一张扑克花色 = **0** 〉那么 ——→ 如果还没有选中第一张牌 ◀—————— **1**

　　　将 -可以被点击▾ 设定为 **0** ————→ 设置当前扑克牌无法被再次点击

　　　将 第一张扑克花色▾ 设定为 -花色 ——→ 将这张扑克的花色和 id 记录到
　　　将 第一张扑克id▾ 设定为 -id 　　　　全局变量中，便于和第二张扑
　　　　　　　　　　　　　　　　　　　　　克牌作比较。

　　　将造型切换为 -花色 ——————————→ 让扑克牌面朝上

　否则 ——————————————————————→ 否则，如果已经选中了第一张牌。

　　如果 〈 第一张扑克花色 = -花色 〉那么 —→ 如果第二张牌和第一张相同 ◀———— **2**

　　　将 -可以被点击▾ 设定为 **0** ————→ 设置此扑克牌永不可点击

　　　将 第一张扑克花色▾ 设定为 **0** ——→ 清空全局记录

　　　将造型切换为 -花色 ——————————→

　否则 ——————————————————————→ 否则，如果两张牌不同。 ◀———— **3**

　　将 展示花色中▾ 设定为 **1** ————→ 展示第二张牌，便于玩家记忆。

　　将造型切换为 -花色 ——————————→ 临时地切换造型

　　等待 **1** 秒 —————————————→ 展示1秒钟的时间，之后将两张牌面朝下。

　　将 第一张扑克花色▾ 设定为 **0** ——→ 清空全局数据

　　广播 重置第一张卡牌▾ 并等待 ————→ 多态：通知所有扑克牌，
　　　　　　　　　　　　　　　　　　　　　但最终只有一个克隆体执行特定行为。

　　将 -可以被点击▾ 设定为 **1** ————→

　　将造型切换为 face down▾ ——————→ 重置第二张扑克牌

　　将 展示花色中▾ 设定为 **0** ————→ 展示结束

> 这是一个标准的多分支结构，
> 它意味着三个分支一定会执行
> 且执行其中一个。

仔细思考上图脚本的流程，不要错过锻炼自己的好机会哦！逻辑思维就是在一次次的历练中提升的。当两张牌的花色不相同时，执行了一次克隆体的广播，即多态行为。

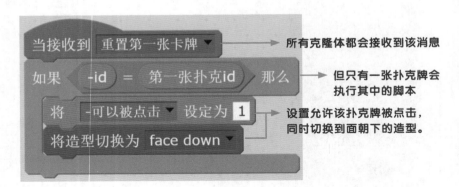

本游戏的交互还有很多优化，如游戏的封面、音效、背景音乐；功能也有待提升，如胜负判定、可点击次数、倒计时等，这些就由你来完成吧！

我们再次回顾 OOP 的三个基本特征。封装是对客观世界的描绘，它将对象视为特定状态和行为的整体，对象之间使用消息进行沟通。在 Scratch 的世界中，封装的对应物就是角色，角色之间使用消息进行沟通交流。在真实生活中，我们也总是习惯性地把事物看成整体，从而降低认知压力，例如把学校看作教书育人的场所，而不会深入了解也没有精力了解其教学方法等细节。这也体现了封装带来的好处，即我们之前讨论的"信息隐藏"。

继承是指对象根据层级关系划分出子对象，子对象继承父对象的状态和行为。在 Scratch 的世界中，继承的对应物就是克隆，克隆体可以继承本体的所有状态和行为。在真实生活中，继承现象随处可见，例如你继承了家庭和国家的意志。这也体现了继承带来的好处，即状态和行为的复用，你能想象 24 个相同的扑克牌角色要创建多少变量吗？

多态是子对象在同一个命令下表现出不同行为的特性。在 Scratch 的世界中，多态的对应物是针对克隆体的广播，克隆体根据自身的状态执行不同的行为。在真实生活中，多态就类似于上级发送统一的命令，下级接收到后有各自不同的完成方法。这也体现了多态带来的好处，即消息复用，你能想象 24 个角色要创建多少个不同的消息吗？

[面向对象编程]
层次化设计

通过刚才的讨论，我们知道 OOP 的优点是复用（包括对象和消息的复用），而且程序更加凝练，方便修改，如下图所示。

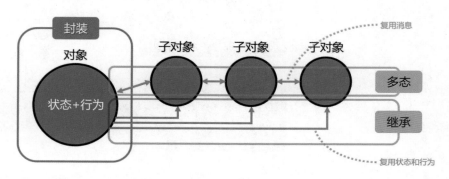

附录 A 的 vol.66 展示了模块的层次性，以及模块之间的依赖关系。好的层次设计使得游戏易于扩展修改，耐心认真地学习这一期视频吧，相信你能领悟到其中的奥秘，设计出更漂亮的程序。

但是上图没有揭示一个重要概念：对象之间的层次关系。Scratch 并没有层级化的设定和功能，所有角色都是同一层，没有包含上下级关系，也就是之前讲解过的"模块"概念。

这 4 个角色有明显的层次关系

上图描述的游戏场景是，佩戴蝴蝶结的猫咪踩着篮球吃苹果。虽然 Scratch 中它们属于同一层，但你要非常清醒地意识到事实并非如此，真相是：蝴蝶结位于猫咪脖子处，猫咪位于篮球之上，篮球可以吃到苹果。因此在你的心中，它们的关系应该是这样的：

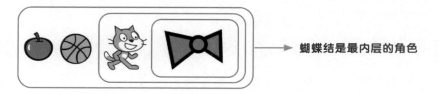

蝴蝶结是最内层的角色

层级关系决定了它们的依赖关系，关于"依赖"的概念已经说明，不再赘述。内层依赖于外层会让你的思路更加清晰，层与层之间使用消息进行通信。

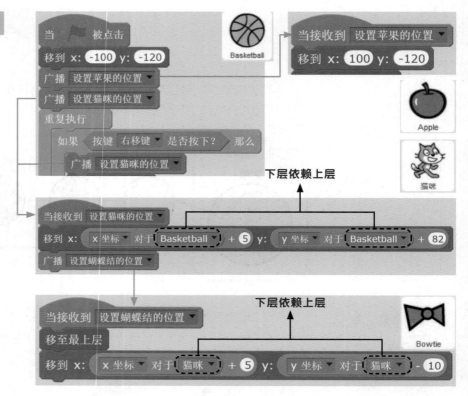

小猫踩球 .sb2（节选）

仔细观察就会发现，消息由外向内发送（篮球 –> 猫咪 –> 蝴蝶结）而且下层角色只依赖于上层角色的状态（蝴蝶结仅依赖猫咪，猫咪仅依赖篮球），角色间的依赖关系非常明显。在创作较大的程序时通常会添加不少角色，我们需要主动思考角色间的层级关系，设计并划分它们的功能，使程序清晰合理。实践中最常用的软件架构模式称为"MVC"模式，它将程序抽象地划分为三部分：模型 Model、视图 View、控制器 Controller。模型负责保存操作数据，视图用于显示程序结果，控制器是前两者的中介，负责整个程序的逻辑（专业上称为业务逻辑），三者均可独立变化。不过 Scratch 作为入门级编程语言，并没有过于复杂棘手的需求，因此不必遵守 MVC 模型（也无法遵守，比如"移动 10 步"积木，既修改了模型数据，又执行了移动业务逻辑，同时改变了视图），但它仍能给我们一些启发。例如，当程序使用画笔绘制动态图形时，最佳设计是在一个角色中完成所有的绘图工作（视图），你会在本书之后看到类似的程序。数据和视图分离是 Scratch 最常见的套路。

关于数据和视图分离的程序，还可以参考附录 C 的 vol.1、vol.3、vol.6、vol.10、vol.13、vol.16、vol.25

4 [面向对象编程]
指数级克隆

附录 A 中与克隆相关的视频包括 vol.4、vol.6、vol.8、vol.13、vol.14、vol.18、vol.21、vol.35、vol.50、vol.58、vol.62、vol.63、vol.65

细胞分裂时的数量变化为 1 个、2 个、4 个、8 个、16 个、32 个……Scratch 能不能按照指数级进行克隆呢？最快捷的方法是：

在非绿旗积木下进行克隆时要格外注意！

多次按下空格，舞台上就会出现大量的猫咪。

共 302 只猫咪，1 个本体，301 个克隆体，目前 Scratch 最多支持 301 个克隆体。

为什么会产生指数级增长的现象呢？因为每个克隆体都继承了"当按下空格键"这段脚本，所以每个克隆体都会对按下空格键产生反应，总数量以两倍的速度激增。但指数级克隆通常不是我们想要的效果，你可能只是想按一下空格克隆一次！最佳实践是用绿旗区分出本体和克隆体。

本体 **克隆体**

等待松开空格键，否则克隆速度飞快。

克隆体虽然继承了绿旗脚本，但是它却永远无法执行这一段脚本！因此我们可以把绿旗看作是本体的脚本（其实只要包含克隆积木的本体脚本仅被触发一次，那么克隆体就永远无法执行它，也就不存在指数级增长的问题了）。指数级克隆几乎是所有初学者都会掉进的坑，要学会在脚本中区分出本体和克隆体，让本体负责克隆，克隆体负责执行具体的功能。

5 事件驱动编程

在 OOP 发展过程中，事件驱动编程的思想逐渐流行起来。这种思想早已在软件世界扎根，可以说你使用过的几乎所有软件都采用了事件驱动编程的思想。不要被这个技术名词吓倒，要知道编程语言从机器码到 OOP 的进化过程，就是编程语言和真实世界越来越接近的过程！因此事件驱动编程和我们的真实世界也是极为近似的，只不过换上了高大上的技术名词马甲，相信你也能够理解。下面我们就看看它与真实世界有哪些近似之处，首先从"事件"的概念入手。

早上醒来要洗漱、做饭、吃饭，突然你看到窗外大雨倾盆！你照常乘坐公交，可是雨天人多车慢，无意间看了下时间，才发现迟到已成定局！中午吃饭，到了饭馆发现没有带现金！还好我有移动支付，拿出手机发现恰好没电了！夕阳西下准备回家，走在路上一不小心又把脚崴了！真是悲惨的一天，但是这对我们理解什么是"事件"大有好处。在上面案例中，下雨、时间到达临界值、吃饭没带现金、手机没电、脚崴了都是事件。是的，人们经常被各种事件打断，我们的生活也是不断处理常规事件和突发事件的过程，就好像生物对外界刺激产生反应一样。

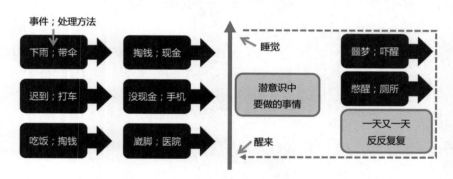

当醒来睁开眼的那一刻，你的生活便在潜意识的支配下有条不紊地进行，直到各种各样的事件打断你的潜意识主线。回忆自己的生活，是不是充满了各种待处理的事件呢？

计算机的事件也是相同的概念，如单击双击鼠标左键、按下松开按键、插入拔出 USB 设备、接通断开电源等，这些属于偏硬件的事件，还有一些纯软件的事件，比如用户登录了操作系统、窗口最大最小化、成功下载了服务器上的文件等。

如果说上图中处理事件的主体是人，那么处理计算机事件的主体就是操作系统，而操作系统的"潜意识"我们称为"事件队列"。之前说过"队列"是先进先出的数据结构，所以当操作系统发现有新的事件时，就塞入事件队列并按照先后顺序处理。

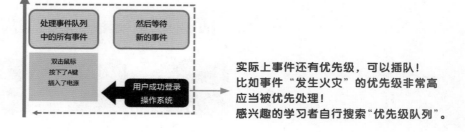

实际上事件还有优先级，可以插队！
比如事件"发生火灾"的优先级非常高
应当被优先处理！
感兴趣的学习者自行搜索"优先级队列"。

操作系统得到了这些事件之后要如何处理呢？它会将各种事件告知相应的应用程序，例如当你点击了程序右上角的关闭窗口按钮后，操作系统会立刻（从硬件驱动程序中）得知你在屏幕的某个位置左键点击了一下鼠标。接着操作系统告知应用程序鼠标点击了这个按钮，而具体如何处理由程序员自行决定。

"这一切和 Scratch 又有什么关系呢？"你咆哮着，为你逝去的脑细胞打抱不平。让我们仔细思考一下，如果上图中的应用程序是 Scratch，结合事件类积木，如"当绿旗被点击""当接收到""当按键被按下"，你有什么新的发现？

假设我们在 Scratch 中按下了按键 A，操作系统会老老实实地告诉 Scratch 这个应用程序：你按下了 A 键，请自行处理这个事件。Scratch 程序的做法是提供一块称作"当按键被按下"的积木块，一旦 Scratch 程序得知此事件后，就直接执行该积木块下方的内容。

从事件的角度说，我们编写的 Scratch 程序只能通过事件类积木触发执行，而我们编程的任务就是在触发积木下完成所有脚本。这不正是事件驱动编程的含义吗？ Scratch 的事件驱动了你的所有要求，就像生活中的各种事件驱动着你的行为一样。这就是为什么小孩子能快速接受 Scratch 的另一个原因：事件驱动就是我们日常生活的真实写照啊！我们生活在各种"当 .. 时"的事件中。至此我们可以认为，Scratch 是标准的事件驱动编程语言。

相信你已经理解了"事件"一词的深刻内涵。Scratch 为我们提供了 9 种事件。

这些事件可以划分为两类，第一类事件积木可独立触发。

独立触发意味着它们不会受到"停止"积木的影响。换言之，即使执行了"停止全部"，这些积木依旧在事件发生时被正确触发。

注意"当计时器大于""当响度大于""当视频移动大于"（虽然使用频率很低）超过指定的临界值时，它也只会被触发执行一次，而不是一直持续地被触发执行。

第二类事件需要其他积木才能触发。

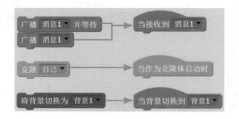

实践中使用最广泛的就是"当接收到"了，它可以模拟出各种自定义事件，例如本书之前讲解的鼠标双击事件。当"克隆体启动时"和"当背景切换到"都一目了然，不再说明。

有趣的是，事件驱动编程的术语和 OOP 是可以等价互换的。

面向对象编程	状态	主动行为	被动行为
事件驱动编程	属性	方法	事件

现在你明白 Scratch 的十大积木类别中"事件"类别的含义了吗？

有的同学在实践中发现，停止全部积木并不能阻止"当按键被按下"被触发，这是因为后者属于第一类事件积木。除"当绿旗被点击"外，所有第一类事件积木都可以转换为第二类事件积木。例如，若希望在停止全部后阻止"当角色被点击时"，则可以这么写：

第七章
算法

算法是解决问题的基本步骤，它是计算机科学的基础和其他众多子领域的前导内容，其重要性不言而喻。

你已经在第 3 章节学习了算法入门材料，包括算法的概念、问题规模、常见策略等。本章节要更加深入地全面阐述常见算法，并从右侧三个角度进行学习。

这三个角度也可以理解为三个相互交集的集合：某算法应用了某种算法策略，同时也解决了特定领域的问题，可能还使用了某种数据结构。

对于初学者来说，算法是计算机科学各子领域中最让人头疼的部分。原因在于算法较为抽象，不易理解。可是只有掌握算法，你才能在遇到难题时明确使用何种算法加以解决，它是你是否真正进入软件世界的分水岭。

如果仔细观察，便会发现本子领域的全

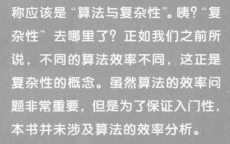

你将在本章节学习到：

● **算法策略**：解决问题的策略，即思想角度，是本章节的重点。包括穷举、迭代、递归、回溯、动态规划、分治、贪心、启发式、概率。

● **特定任务**：解决特定领域的问题，即功能角度，本章节讲解排序和搜索问题。

● **数据结构**：数据结构中涉及的算法，本章节仅讲解栈的相关算法。

称应该是"算法与复杂性"。咦？"复杂性"去哪里了？正如我们之前所说，不同的算法效率不同，这正是复杂性的概念。虽然算法的效率问题非常重要，但是为了保证入门性，本书并未涉及算法的效率分析。

昨夜江边春水生，蒙冲巨舰一毛轻。向来枉费推移力，此日中流自在行。读书求学不宜懒，天地日月比人忙。读书之苦境，通书之乐境，期待你悟道时内心的顿然畅快。

1 穷举

我们之前讲解过"遍历法"，它也称为枚举法，暴力求解，但最专业的称呼是"穷举法"。该策略的思想是检查所有可能发生的情况，直至验证全部可能性，如果发现了满足问题的一个情况，则作为问题的一个答案，否则问题无解。例如，行李箱的密码锁有 4 位数，那么可能性就是 0000~9999 共一万个数字，而且可以预见该问题的答案必然存在且仅存在一种可能。你破解它的方法就是穷举所有可能性，直到密码锁被打开。

计算机为穷举策略提供了火力支持，手工穷举不仅费时费力，而且容易出错。例如，1873 年英国业余数学家威廉香克斯（William Shanks）手算圆周率到第 707 位（实践中并没有意义），结果 1944 年被证明只有前 527 位是正确的，第 528 位错误，以至于剩余结果全部是错误的。而到了 1949 年，电子计算机埃尼阿克仅使用 70 个小时就计算到了 2037 位（截稿时的最新记录是 Peter Trueb 于 2016 年 11 月 11 日创造的 22459157718361 位，耗时 105 天）。由此可见计算机是保证穷举策略正确性的最佳工具，缺点是面对较大的问题时，穷举速度过慢甚至慢到不可能在有限的时间内解出，但是针对问题规模不大的难题，穷举法是非常合适的。下面我们通过几个案例，感受穷举策略。

假设等式"好啊好 + 真是好 = 真是好啊"中的每个汉字代表一个数字，求解各个数字。每个汉字仅表示一个数字，其范围是 0~9，因此我们只要穷举每个汉字的所有情况。根据离散数学的排列组合知识可知，四个汉字共有 $10^4=10000$ 种可能性。设置四层循环，每层执行 10 次，在所有可能性中寻找满足条件的答案。

在上图中，右侧的脚本逐个嵌入左侧的脚本，顺序并不重要。

解密汉字等式 .sb2（节选）

你得到答案了吗？10000 种可能性，计算机在 1 秒钟内就得到了答案，很神奇吧？

再看逻辑推理案例。某地刑侦大队对涉及 6 个嫌疑人的一桩案件进行分析，结果如下。

① A、B 至少有 1 人作案。

② A、D 不可能是同案犯。

③ A、E、F 这 3 个人中至少有 2 人参与作案。

④ B、C 或同时作案，或都与本案无关。

⑤ 如果 D 没有参与作案，则 E 也不可能参与作案。

⑥ C、D 中有且仅有 1 人作案。

尝试找出作案人员。A~F 或者参与或者没参与，因此共 $2^6=64$ 种可能性。下面要做的就是穷举所有可能性，找到同时满足以上 6 个条件的情形。

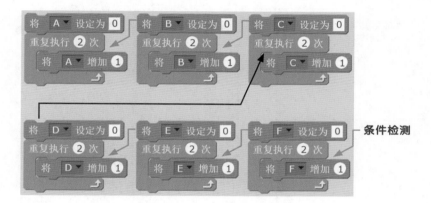

每个循环负责改变嫌疑人的两种状态：0 是未参与，1 是参与。和汉字等式程序的做法相同，将 6 个循环逐层嵌套起来，在最内层检测以上六个变量是否满足条件。

寻找嫌疑人 .sb2（节选）

详细说明前两个条件。条件 1 是 A、B 至少 1 人作案，那么 4 种情况的求和结果为：

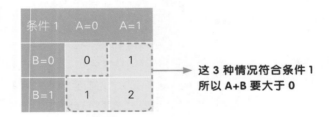

这 3 种情况符合条件 1
所以 A+B 要大于 0

条件 2 是 A、D 不可能是同案犯，它包含三种情况：A=1 且 D=0，A=0 且 D=1，A=0 且 D=0，唯独不包含 A=1 且 D=1。因此编写条件 2 最简单的方式就是判断 A=1 且 D=1 的反面是否成立，或者是 A+D=2 不成立。

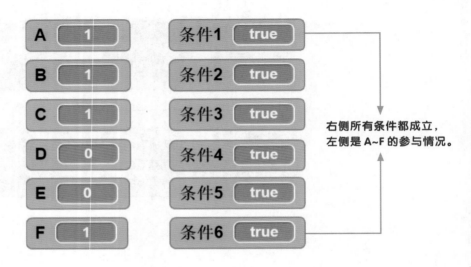

右侧所有条件都成立，
左侧是 A~F 的参与情况。

穷举策略是算法中最容易理解的方法，实践中也很常用，一定要掌握哦！

2 迭代

迭代策略是从已知条件出发，根据某种递推关系，求出中间结果和最终结果。从定义可知，迭代和之前讲解的递推是等价的（如斐波那契数列的递推公式）。其整体流程如下。

右侧是 Scratch 的等价方式。下面我们使用迭代策略解决两个数学问题，第一个是求解圆周率。圆周率的求解方法非常多，这里使用如下递推公式。

$$\pi = 3 + \frac{4}{2 \times 3 \times 4} - \frac{4}{4 \times 5 \times 6} + \frac{4}{6 \times 7 \times 8} - \frac{4}{8 \times 9 \times 10} + \frac{4}{10 \times 11 \times 12} - \cdots$$

仔细观察递推公式可以发现分母和正负号的变化，Scratch 也很好实现。

求解圆周率 .sb2

当 ▶ 被点击
将 pie ▼ 设定为 3   ——▶ 设置迭代的初始变量
将 sign ▼ 设定为 1
将 factor ▼ 设定为 2
将 accuracy ▼ 设定为 pie

重复执行直到 accuracy < 0.000000000000001   ——▶ 新值和旧值相减得到精度
  将 accuracy ▼ 设定为 pie   ——▶ 根据迭代规则求解

  将 pie ▼ 增加 sign * 4 / factor * factor + 1 * factor + 2

  将 sign ▼ 设定为 -1 * sign   ——▶ 更新迭代变量
  将 factor ▼ 增加 2
  将 accuracy ▼ 设定为 绝对值 ▼ pie - accuracy

说 连接 pie 和 □   ——▶ "说"积木默认保留两位小数，所以将 pie 连接"空格"后，"说"积木会认为它无法转换为数值，也就不再四舍五入了。

清空后按一下空格键！

因为浮点数精度问题，当变量"accuracy"过小时，圆周率无法再精确计算，经测试当 accuracy 小于 0.000000000000001 时可以得到最多圆周率小数点后 13 位：

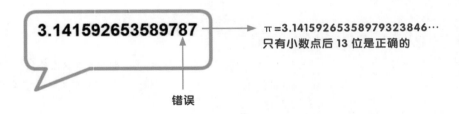

再看一个案例，求解 $f(x)=\ln(x)+2x-6=0$ 的近似解。整体思路是设置两个端点 a、b，使得 $f(a)<0$、$f(b)>0$，点 c 是 a、b 的中心点，如果 $f(c)>0$，则令 b=c，如果 $f(c)<0$，则令 a=c。该过程的思想就是让 x 轴上的寻找范围每次减少一半。

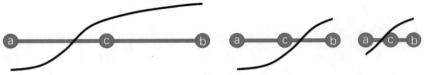

方程近似解 .sb2

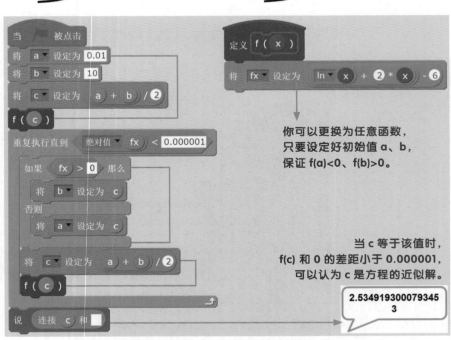

迭代策略也是最基本的算法之一，几乎所有类型的程序都会使用循环迭代的思想。

3 递归

递归策略的基本思想是把规模较大的问题转化为规模较小的相似的子问题来解决，特别适用于循环层数不确定的情形，可以看成是一种非常特殊的迭代形式。从技术角度说，递归就是函数自己调用自己的行为，其流程如下。

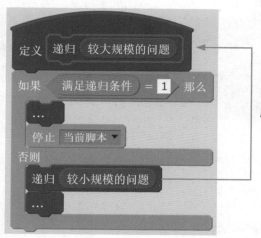

用更小的问题规模重新调用自己

在离散数学中我们说明了 P(n,r) 表示排列的数量，而当 n=r 时，称 P(n,n) 为全排列，全排列的数量为：

$$P(n,n) = n \times (n-1) \times ... \times (n-n+1) = \frac{n!}{(n-n)!} = n!$$

那么能否得到全排列的所有排列情况呢？下面我们使用递归解决这个问题。先从小问题入手：3 和 4 的全排列 34 和 43，它们可以被看作以 3 开头的剩余数字（4）的全排列和以 4 开头的剩余数字（3）的全排列。2、3、4 的全排列由三部分组成：以 2 开头的剩余数字（3、4）的全排列，以 3 开头的剩余数字（2、4）的全排列，和以 4 开头的剩余数字（2、3）的全排列。等一下，第一部分不就是刚才的小问题吗？看来我们已经找到了递归的规则。

全排列(2 3 4) ┬ 2+全排列(3 4) ┬ 3+全排列(4) → 2 3 4
                │   └ 4+全排列(3) → 2 4 3
                │   ·············
                │   递归终止条件
                ├ 3+全排列(2 4)
                └ 4+全排列(2 3)

由上图可知，全排列递归函数要产生大量的列表，但是 Scratch 并不支持该操作，所以我们采用一种巧妙的方式。例如在计算 3+ 全排列 (2 4) 时，先将原始列表的 2 和 3 调换位置（２３４变为３２４），然后进行递归，最后还原调换，保持原始列表不变；在计算 4+ 全排列 (2 3) 时，先将原始列表的 2 和 4 调换位置（２３４变为４３２），然后进行递归，最后还原调换，保持原始列表不变。

递归全排列 .sb2（节选）

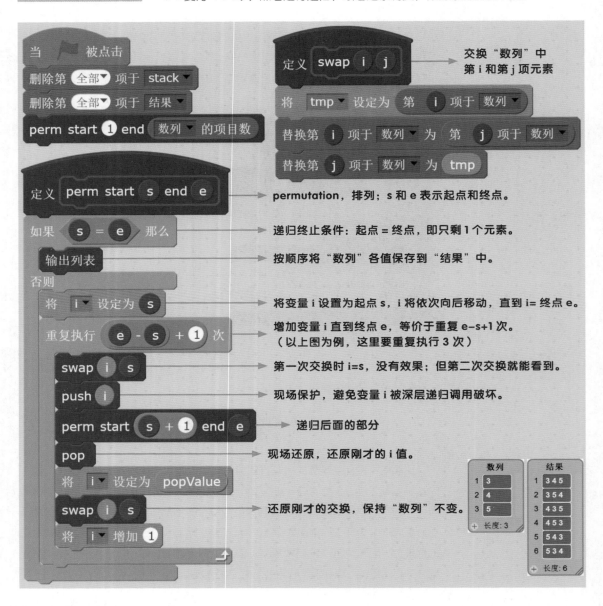

因为阶乘的增长速度极快，所以当"数列"元素较多时，"结果"的数量也非常惊人。递归策略可以很好地描述复杂程序的逻辑，要掌握 push 和 pop 的操作方法。

4 回溯

　　回溯策略是一种试探和试错的思想，走不通就退一步再走：如果发现当前结果不符合要求，那么就回溯、回退到上一步重新选择，直到问题解决或回溯到原点。回溯的思想在生活中很常见，如玩游戏时建立存档，在陌生的环境中反复地寻找目的地，数独游戏，带悔棋功能的棋类游戏等。下面我们通过经典的 N 皇后问题来学习回溯策略。

　　N 皇后问题是将 N 个国际象棋的皇后棋子放置在 N×N 的棋盘上，使得棋盘中的每行、每列、每条斜线上仅存在一个皇后。我们先来看最简单的四皇后问题。为便于讨论，我们定义棋盘坐标（m,n）表示第 m 行第 n 列的位置，左上角是（1,1），右下角是（4,4）。

　　首先在（1,1）放置一颗皇后，然后在下一行逐列地探索，寻找符合规则的位置。

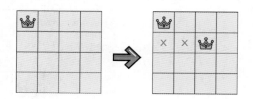

　　位置（2,3）是个不错的选择！让我们进行下一行的选择吧。

　　下一行居然没有可以放置的位置！看来刚才的选择是错误的，回溯尝试下一个位置。

我们继续转移到第三行，看看有无合适的选择。

位置（3,2）满足条件，继续向下探索。

居然没有一个位置满足条件！那就回溯到上一层。

　　第三行无解，回溯到第二行；但是第二行已经到达最后的位置，因此依旧无解，回溯到第一行；这次我们选择第一行的下一个位置（1,2）。请你尝试逐行逐列地测试，看看能否得到下图的四皇后状态。

　　可以看出回溯策略不断深入探索，遇到错误就回退到最近的正确状态并再次探索。

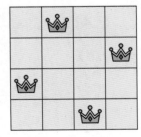

聪明的你或许已经想到了："根本不用这么麻烦，四皇后问题完全能够应用穷举策略嘛！"我们使用 4 层循环，每层循环负责一行的 4 个列的位置变化，在最内层循环中判断 4 个棋子是否满足条件即可。而且根据离散数学可知，共有 $4^4=256$ 种可能性，这种问题规模对计算机来说真是易如反掌，不费吹灰之力。这 256 种可能性如下图所示。

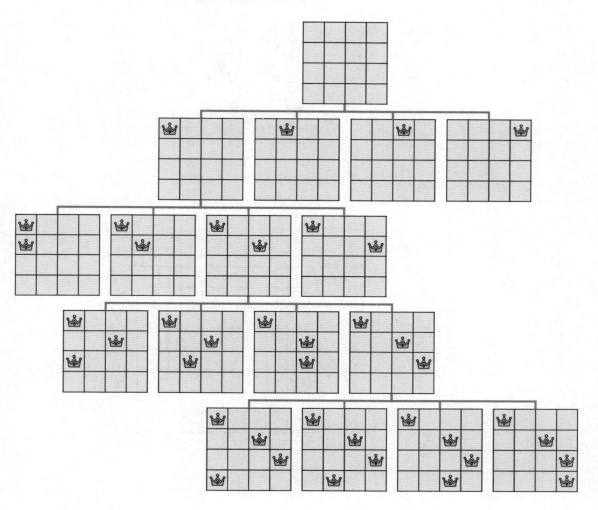

我们将上图称作"解空间树"。"解空间"是指某问题涉及到的所有可能成立的解，"树"是指这些解通常可以按照树形结构组织起来。穷举策略就是遍历解空间树，搜索满足条件的解，而且解空间树越小越高效（如小于五百万个解）。反之，当解空间树变得庞大，穷举策略就力不从心了。当 N 皇后的问题规模增大时（如 N=8、9、10），解空间树的体积也在激增（$8^8=16777216$，$9^9=387420489$，$10^{10}=10000000000$），穷举几乎是不可能完成的任务。但是回溯策略并没有遍历解空间树，而是提前避开了某些分支。

例如，回溯策略不会考虑不可能成立的分支。

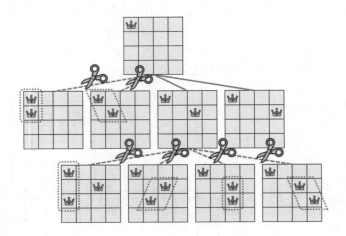

这种行为称为"剪枝"，即提前剪去不可能成立的枝条，从而减少判断次数，提高程序效率。下面我们求解经典的八皇后问题，首先绘制 8×8 的棋盘，细节如下。

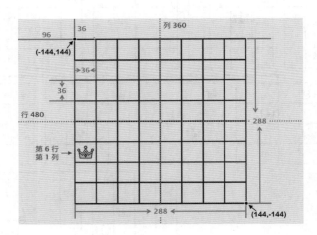

先绘制 8 条横线，再绘制 8 条纵线，形成 8×8 网格。

八皇后.sb2

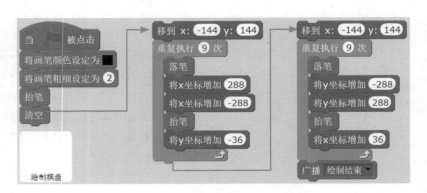

接下来思考和算法相配合的数据结构。因为每行每列只存在一个皇后，故没有必要采用二维列表保存地图，使用普通的一维列表便可保存整个网格。新建全局列表"皇后所在列"，其索引表示皇后所在行数，索引的值表示皇后所在的列数。良好的数据结构能简化算法，如果你尝试用二维列表，就会发现检测皇后位置的合理性时会比较繁琐。

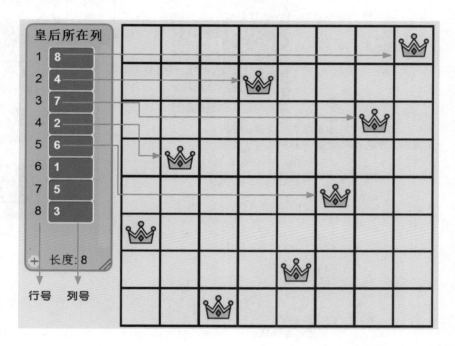

设计好了数据结构，就来实现算法吧！程序遍历第一行的 8 个位置，针对每个位置求解第 2 行到第 8 行满足条件的情况。

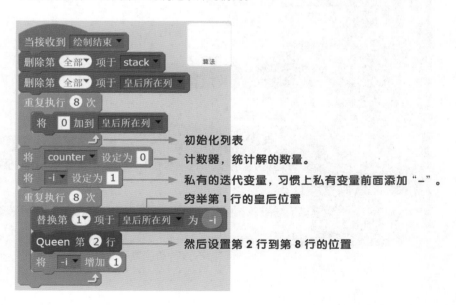

Queen 的任务是递归调用，并在调用过程前剪枝。

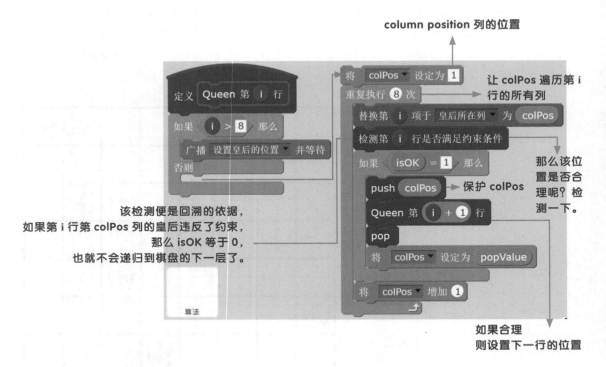

如何通过列表"皇后所在列"检测第 1 行到第 i 行没有发生冲突呢？

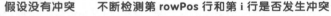

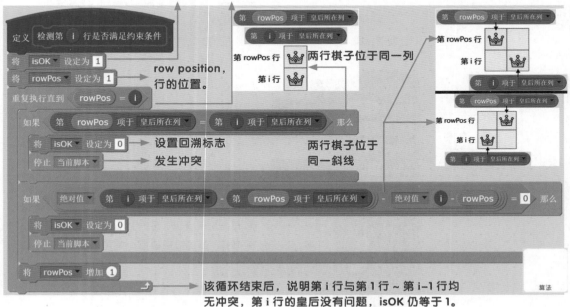

当 Queen 的参数 i 大于 8 时（即 i 等于 9），说明 8 行皇后已经设置完毕且无冲突，准备将它们输出到屏幕上吧！

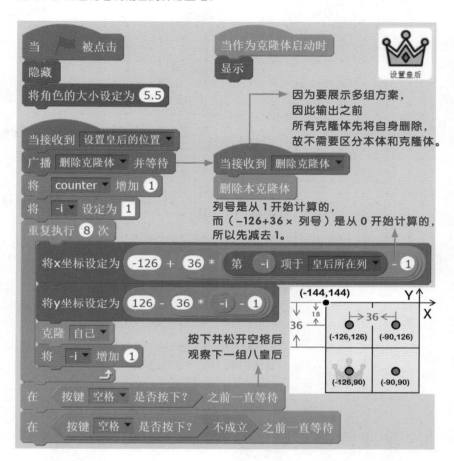

你还可以尝试九皇后和十皇后，看看回溯法能不能在巨大的解空间树中得到答案。

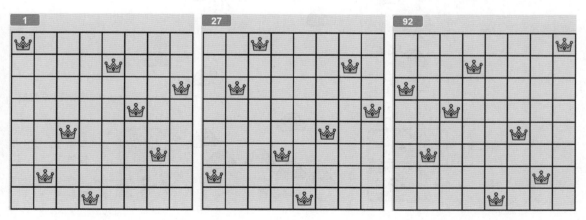

5 动态规划

在面对生活中的难题时，我们的思维习惯是把大问题拆分，分解为小问题。

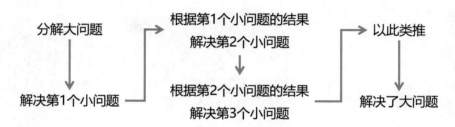

如果大问题和小问题拥有相同的处理模式，只是每个小问题的状态各有不同；如果每个小问题的状态仅依赖于上一个小问题的结果，而且当前小问题的状态不会影响之前已发生的决策（专业称为"无后效性"）；如果大问题在最优解的情况下，所有小问题的解也是最优的，那么这个问题就可以用动态规划的策略解决。

什么是小问题的状态？状态的定义取决于子问题本身。例如，甲乙两人面前有 N 颗石子，每人轮流从中取出 1 颗或 2 颗，谁不能取出就判定为输，换言之谁拿走最后一颗石子谁赢。读者可以和朋友一起玩这个游戏（因为脚本没有难点，请自行运行并学习）。

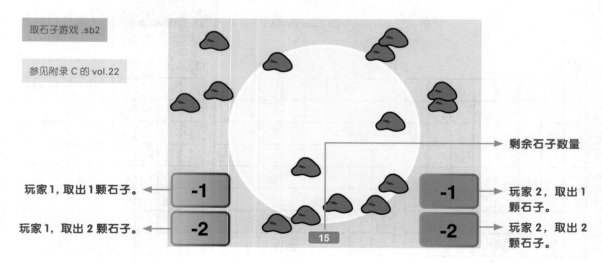

取石子游戏 .sb2

参见附录 C 的 vol.22

玩家1，取出1颗石子。 -1

玩家1，取出2颗石子。 -2

剩余石子数量

15

-1 玩家2，取出1颗石子。

-2 玩家2，取出2颗石子。

取石子游戏的大问题是成功取走最后一颗石子，小问题就是当前剩余石子数。每个小问题都是类似的，而且当前小问题的决策不能影响到之前的决策（不允许悔棋）。有趣的是，取石子游戏的胜负（最优解）可以在游戏一开始确定，且所有小问题都有最优解，因此它可以使用动态规划找到最优解。下面让我们通过几个案例，学习动态规划的思想。

第一个案例是凑硬币问题。如果我们有若干枚面值为 1 元、3 元、5 元的硬币，那么凑到 11 元最少需要几枚硬币？面对这个大问题，我们可以尝试思考如何用最少的硬币凑出 i 元（i<11）。假设 i=0 元，我们最少需要 0 个硬币； i=1 则最少需要 1 个硬币； i=2 则最少需要 2 个硬币。为了便于编程，我们将这种关系形式化为 d(i)=j，表示凑 i 元最少需要 j 枚硬币。显然 d(0)=0，那么 d(1) 呢？按照分解小问题的思路，我们尝试用更少的硬币凑出 1 元，所以 d(1)=d(1-1)+1=d(0)+1=0+1=1，这个等式要如何解释？

$$\boxed{\text{大问题}}\ d(1) = d(1-1)\ \boxed{\text{小问题}}\ +1$$

凑 **1** 元硬币最少需要枚数 = 凑 **1-1**(一枚一元的硬币) 元硬币最少需要枚数 + 一枚硬币

因此 d(2)=d(2-1)+1=d(1)+1=2，但是 d(3) 怎么计算？直观上，3 元有两种凑法：3 个 1 元（d(3-1)+1=2+1=3），1 个 3 元（d(3-3)+1=1）。既然求解的是最少枚数，故取其小，使用记号 min 表示：d(3)=min{d(3-1)+1,d(3-3)+1}。

再来试试 11 元的公式吧，你可以在第一个子问题上减去 1 元、3 元或 5 元，因此存在三种方法且要取最小值：d(11)=min{d(11-1)+1,d(11-3)+1,d(11-5)+1}。

$$\boxed{\text{大问题}}\quad \boxed{\text{小问题}}\ d(11) = \min \begin{cases} d(11-1)+1 \\ d(11-3)+1 \\ d(11-5)+1 \end{cases}$$

凑 **11** 元硬币最少需要枚数 = 三者取其小 { 凑 **11-1\3\5**(一枚一元、三元、五元的硬币) 元硬币最少需要枚数 + 一枚硬币 }

每个问题都要分解硬币数，因此 d(i) 就是凑硬币问题的"状态"。动态规划通常还需要对上述公式进行抽象总结，得到更加一般化的公式：

$d(i)=\min\{d(i-v_j)+1\}$，其中 v_j 表示第 j 个硬币的面值，$i-v_j \geq 0$。

v_j 就是本问题的 1、3、5 元，减去金额时要保证足够减（$i-v_j \geq 0$），例如 d(3)=d(3-1)+1 但不能是 d(3-5)-1。我们称上式为动态规划问题的"状态转移方程"。

一起来看看如何实现凑硬币问题的转移方程吧！

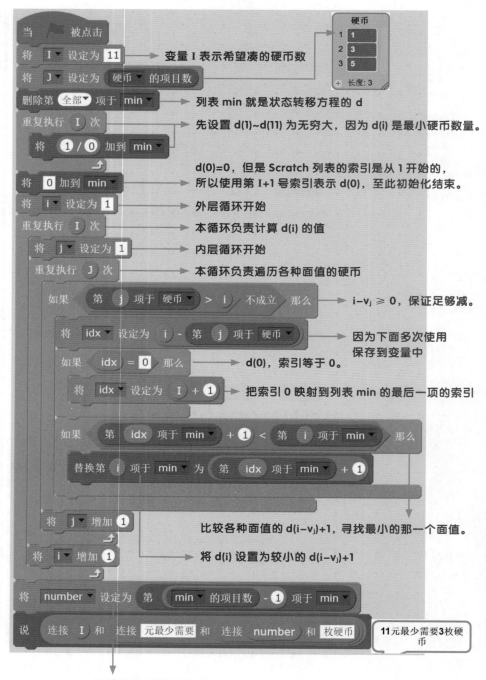

其实凑硬币也可以穷举，但是解空间树较大，不如动态规划轻巧。第二个案例是寻找最大子列表和的数学游戏。假设某列表的 5 个元素为 {-5,2,-1,5,2}，那么其最大的连续元素之和是多少呢？例如 −5+2=−3，−5+2−1=−4，−5+2−1+5=1，−5+2−1+5+2=3，2−1=1……最直接的策略就是穷举。

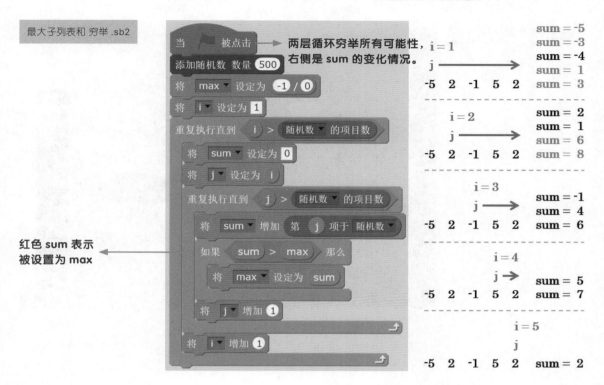

最大子列表和 穷举 .sb2

两层循环穷举所有可能性，右侧是 sum 的变化情况。

红色 sum 表示被设置为 max

虽然能解决问题，但穷举策略实属下策！为什么？因为穷举意味着遍历解空间树，整个过程没有任何精妙之处，是时候来一点动态规划的魔法了！

根据第一个案例可知，动态规划策略的关键是能够写出将大问题转换为小问题的状态转移方程，那么求解 n 个数字 a_1、a_2、a_3…a_n 最大子列表之和的大问题和子问题是什么呢？让我们分析一下最大和的子列表 a_i…a_j 和 a_1 的关系。

假设列表存在 5 个元素 a、b、c、d、e，那么第一个元素 a 和最大子列表有什么关系呢？可能存在三种关系：第一，最大和的子列表是 a 自身；第二，子列表可能以 a 开头（如 a、b、c）；第三，可能并不包含 a（如 c、d、e）。下面我们用抽象公式表示。

列表 a_1、a_2、a_3…a_n 的最大和的子列表 a_i…a_j 和 a_1 存在三种关系：第一，$1=i=j$，最大和的子列表是 a_1 自身；第二，$1=i<j$，最大和的子列表从 a_1 开始；第三，$0<i$，最大和的子列表不包含 a_1。

定义 All_1 是 a_1、a_2、a_3…a_n 的子列表最大和，$Start_1$ 是 a_1、a_2、a_3…a_n 中包含 a_1 的子列表最大和（All_1 可能包含 a_1 也可能不包含，而 $Start_1$ 一定包含 a_1）。All_1 和 $Start_1$ 的数字 1 都是变量，例如 All_2 和 $Start_2$ 表示以 a_2 为起点。现在可以把上述三种关系写成 $All_1=\max \{ a_1, a_1+Start_2, All_2 \}$。这就是最大子列表和问题的状态转移方程，大问题是 All_i，对应的小问题就是 $Start_{i+1}$ 和 All_{i+1}， max 和 min 相反，是求解最大值的记号。我们从列表的末尾开始求解 All_n 和 $Start_n$，直到状态转移到最终答案 All_1。

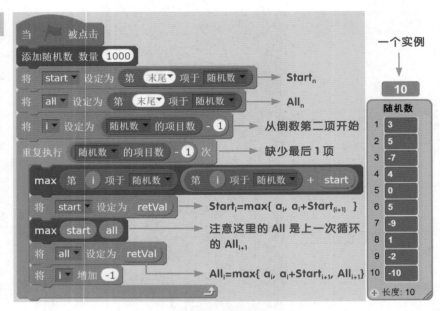

第三个案例是求解最大非降序子列表（Longest Increasing Subsequence，LIS）的长度。假设列表的 10 个元素为 {2,1,5,3,6,4,8,9,7}，那么存在以下多种可能（可以间断不连续）。

$$\{2,1,5,3,6,4,8,9,7\} \quad \{2,1,5,3,6,4,8,9,7\}$$
$$\{2,1,5,3,6,4,8,9,7\} \quad \{2,1,5,3,6,4,8,9,7\} \quad \cdots$$

注意，非降序是指列表中的元素持平或增加，例如 {2,2,3} 的最大非降序子列表的长度等于 3，因为前两个 2 是持平的，同样属于非降序。

那么在众多选择中，最大的长度是多少呢？动态规划的关键是定义状态，也是最巧妙的地方。LIS 问题的状态是以第 i 个数结尾的 LIS 长度，将其定义为 $d(i)$。

- 前 1 个数的 LIS 长度 $d(1)=1$（子列表 2）。
- 前 2 个数的 LIS 长度 $d(2)=1$（子列表 1，1 之前没有比它还小的数值）。
- 前 3 个数的 LIS 长度 $d(3)=2$（子列表 2 5，5 大于之前的 2，所以 $d(3)=d(1)+1$；子列表 1 5，5 大于之前的 1，所以 $d(3)=d(2)+1$。等式后加 1 就是第三个数字本身，与之前的凑硬币问题是相同的道理）。
- 前 4 个数的 LIS 长度 $d(4)=2$（子列表 2 3，$d(4)=d(1)+1$；子列表 1 3，$d(4)=d(2)+1$；不考虑 $d(3)$ 因为 3 小于之前的 5）。
- 前 5 个数的 LIS 长度 $d(5)=3$（子列表 1 3 6、2 3 6，$d(4)+1$；子列表 1 5 6、

2 5 6，d(3)+1。为什么不尝试 d(2) 和 d(1) 呢？因为 d(2)+1 和 d(1)+1 都
小于最大值 3）。

- 前 6 个数的 LIS 长度 d(6)=3（寻找 d(1)+1~d(5)+1 的最大值，同时保证
  列表第 6 项大于等于该最大值对应的列表数值。如列表 1 3 4，d(4)+1，
  数字 4 大于等于第 4 项的数字 3）。
- 前 7 个数的 LIS 长度 d(7)=4（列表 2 5 6 8，d(7)=d(5)+1，数字 8 大于等
  于 6）。

建议你在草稿纸上写下整个过程，让自己的思路更加清晰。

列表 a_1、a_2、a_3…a_n 的状态 d(i) 表示以 a_n 结尾的 LIS 长度，状态转移方程为：

$$d(i)=max\{1,d(j)+1\}，其中 j<i，a_j \leq a_i$$

之所以要把 1 和 d(j)+1 一起比较，是为了防止遇到某个特别小的 a_i，导致
d(j)+1 不存在。如 1 2 3 0 5，这时 d(4) 的 d(j)+1 是不存在的，因为 0 比之前所
有的数字都要小，数字 j=1、2、3 均不满足条件 $a_j \leq a_4$。下面用 Scratch 实现
该状态转移方程。

最大非降序子列
表的长度 .sb2

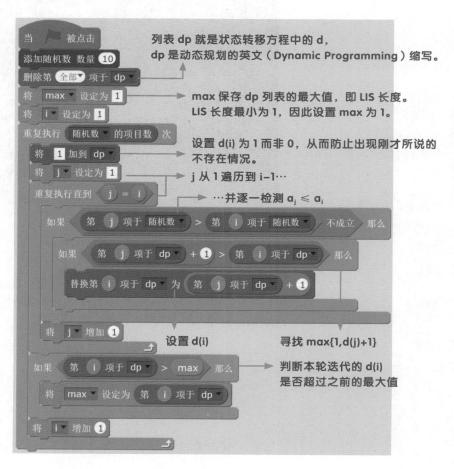

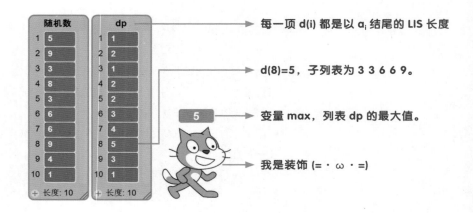

每一项 d(i) 都是以 a_i 结尾的 LIS 长度

d(8)=5，子列表为 3 3 6 6 9。

变量 max，列表 dp 的最大值。

我是装饰 (= · ω · =)

第四个案例是收集硬币游戏。舞台上摆着 7 行 11 列共 77 枚硬币，每枚硬币的面值从 1 到 9 不等。本游戏的规则是：玩家从左上角出发，之后向下或向右移动收集硬币，目标是移动到右下角时获得游戏指定的最大硬币数量。

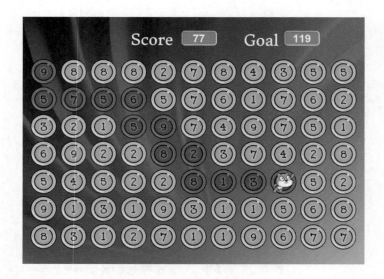

Score 是当前分数，即猫咪收集的硬币总数，Goal 是游戏理论上可以达到的最高分，你的任务是让 Score 等于 Goal。

整个游戏最大的难点就是计算理论最高分数。为了简化问题，我们观察一个 3 行 4 列的数字方阵，看看如何求解出从左上角到右下角的最大和。假设该数字方阵为：

1	3	3	9
7	5	2	7
5	6	2	1

该问题可以使用动态规划策略加以解决，那么状态是什么呢？仔细观察就会

发现，到达某个格子的方式有两种：第一，从左侧而来（除了第一列）；第二，从上方而来（除了第一行）。因此若要获取到达某个格子的最大和，就必须求解到达该格子的左侧格子和上方格子的最大和，子问题已映入眼帘。定义 $a_{i,j}$ 是方阵中第 i 行第 j 列的数值，状态 $S_{i,j}$ 表示当移动到第 i 行第 j 列时的最大和，那么该问题的解正是 $S_{3,4}$。$S_{i,j}$ 也是 3 行 4 列的数字方阵，我们按照从上到下、从左到右的顺序，参照如上规则计算 $S_{i,j}$，先从 $S_{1,1}$ 开始。

$S_{1,1}= a_{1,1}=1$	$S_{1,2}$
$S_{2,1}$	$S_{2,2}$
$S_{3,1}$	$S_{3,2}$

移动到第一个格子时，最大和只能是 1。下一个格子的数值只能从上方而来，再下一个格子也是同理，因此可以得到 $S_{2,1}$ 和 $S_{3,1}$ 的值：

$S_{1,1}=1$	$S_{1,2}$
$S_{2,1} =a_{2,1}+S_{1,1}=8$	$S_{2,2}$
$S_{3,1}=a_{3,1}+S_{2,1}=13$	$S_{3,2}$

第一列计算完毕，准备计算第二列。$S_{1,2}$ 的值只能从左侧而来，因此：

$S_{1,1}=1$	$S_{1,2}=a_{1,2}+ S_{1,1}=4$
$S_{2,1}=8$	$S_{2,2}$
$S_{3,1}=13$	$S_{3,2}$

接下来计算 $S_{2,2}$ 的值。$S_{2,2}$ 的值来源于左侧 $S_{2,1}$ 或上方 $S_{1,2}$，而且它们都已经是最优状态了，因此两者取其大。$S_{3,2}$ 的计算也是同理。

$S_{1,1}=1$	$S_{1,2}=4$
$S_{2,1}=8$	$S_{2,2}=a_{2,2}+\max\{S_{1,2},S_{2,1}\}=5+8=13$
$S_{3,1}=13$	$S_{3,2}=a_{3,2}+\max\{S_{2,2},S_{3,1}\}=6+13=19$

按照如上规则计算其余状态值，便可以得到 $S_{i,j}$ 数字方阵。

$S_{1,1}=1$	$S_{1,2}=4$	$S_{1,3}=7$	$S_{1,4}=16$
$S_{2,1}=8$	$S_{2,2}=13$	$S_{2,3}=15$	$S_{2,4}=23$
$S_{3,1}=13$	$S_{3,2}=19$	$S_{3,3}=21$	$S_{3,4}=24$

从 $a_{1,1}$ 出发，向右或向下移动直到 $a_{3,4}$ 的最大和为 $S_{3,4}=24$。如何寻找该路径

呢?只要从 $S_{3,4}$ 出发,寻找左侧或上方的最大值,然后再次寻找这个最大值格子的左侧或上方即可。

$S_{1,1}=1$	$S_{1,2}=4$	$S_{1,3}=7$	$S_{1,4}=16$
$S_{2,1}=8$	$S_{2,2}=13$	$S_{2,3}=15$	$S_{2,4}=23$
$S_{3,1}=13$	$S_{3,2}=19$	$S_{3,3}=21$	$S_{3,4}=24$

状态转移方程也非常容易写出了。

$$S_{i,j} = \begin{cases} a_{i,j} & i=1, j=1 \\ a_{i,j} + S_{i-1,j} & i>1, j=1 \\ a_{i,j} + S_{i,j-1} & i=1, j>1 \\ a_{i,j} + \max\{S_{i-1,j}, S_{i,j-1}\} & i>1, j>1 \end{cases}$$

下面看一看 Scratch 中如何实现该状态转移方程,因篇幅原因仅展示核心脚本。列表 dp 是状态转移方程中的 S 且是二维列表,详细参见"基本数据结构"。

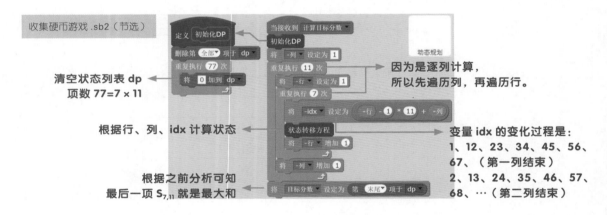

为了便于阅读和理解程序,这里使用自定义积木块"状态转移方程"提供额外的语义。

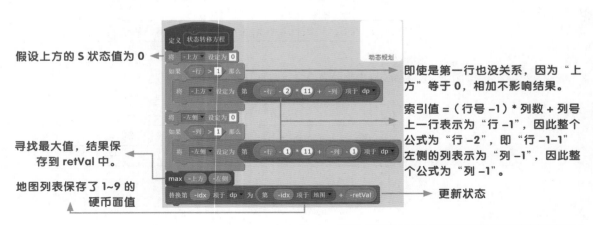

设置完目标分数后，猫咪就可以开始寻宝之旅了。当它移动到右下角的硬币时游戏结束，程序判断当前收集的硬币数是否等于目标分数。如果相等则说明玩家已经收集到了最多的硬币，否则说明玩家还未收集到最多的硬币。为了更好的游戏交互体验，我们再将最大和的路径绘制出来，让玩家对比两条路径的差异。注意，最大和的路径可能不止一条（考虑一种极端情况，77枚硬币的面额都完全相同），这里仅绘制一条。

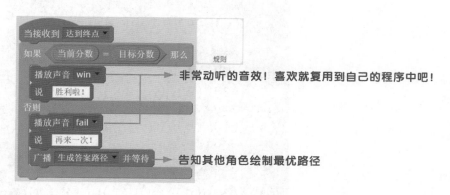

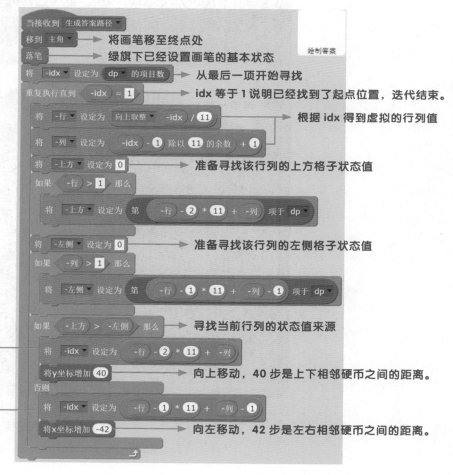

本游戏还是有一定难度的，非常考验玩家的直觉，因为正确的路径只能在计算出 $S_{7,11}$ 并反推到 $S_{1,1}$ 后得到。你还可以尝试添加倒计时、游戏界面等功能和交互元素。

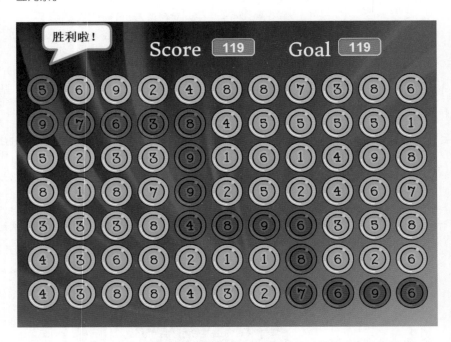

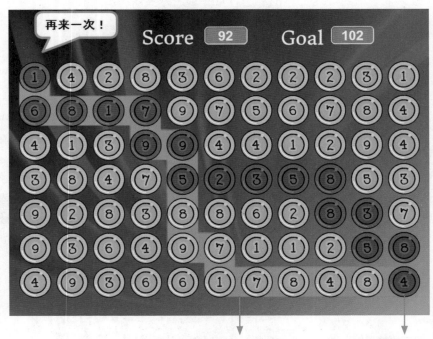

计算机指出的正确路径　　　　玩家的错误路径

第五个案例是动态规划的经典问题：01 背包。假设存在 5 个物品，它们的重量 w_i 分别是 2、2、6、5、4，它们的价值 v_i 分别是 6、3、5、4、6，将物品放入承重能力为 10 的背包中，那么背包内物品的最大价值总和是多少？之所以称该问题为"01"，是因为每类物品只有 1 个，0 表示不选 1 表示选。当然还有物品无限多的情形，称为完全背包问题；如果物品的数量有限制，而非 1 个或无限个，则称为多重背包问题。本书仅讨论最简单的 01 背包问题。这个问题的状态要如何定义呢？仔细揣摩下面这句话。

假设问题的最终答案（最大价值）包含了最后 1 个物品（即第 5 个物品），那么子问题便是前 4 个物品放入承重为 6 的背包（背包承重 10 减去已经放入的第 5 个物品的重量 4）的最大价值；但倘若问题的最终答案并不包含第 5 个物品，那么子问题便是前 4 个物品放入承重为 10 的背包的最大价值。下面我们通过一张表格的数据，看一看上述过程。

重量	价值	0	1	2	3	4	5	6	7	8	9	10
–	–	$f_{0,0}=0$	0	0	0	0	0	0	0	0	0	0
2	6	$f_{1,0}=0$	0	6	6	6	6	6	6	6	6	6
2	3	$f_{2,0}=0$	0	6	6	9	9	9	9	9	9	9
6	5	$f_{3,0}=0$	0	6	6	9	9	9	9	11	11	14
5	4	$f_{4,0}=0$	0	6	6	9	9	9	10	11	13	14
4	6	$f_{5,0}=0$	0	6	6	9	9	12	12	15	15	15

红色表头是二维列表，其中每个数字都是问题状态 $f_{i,j}$，它表示前 i 个物品放入承重为 j 的背包的最大价值。例如 $f_{2,6}=9$ 表示前 2 个物品放入承重为 6 的背包的最大价值等于 9。注意该表格的计算顺序是从左往右、由上至下，这也是后续脚本中的迭代顺序。我们看看这些数值如何计算。

第一行值 $f_{0,0}$ 到 $f_{0,10}$ 都等于 0，虽然前 0 个物品是没有意义的，但为了方便计算依然定义为 0。第三行的 $f_{2,2}=6$ 表示将前 2 个物品放入承重为 2 的背包的最大价值为 6。按照刚才的分析可知，状态 $f_{2,2}$ 的值有两种可能：第一，如果包含第 2 个物品，则最大价值等于将前 1 个物品放入承重为 0 的背包（背包总承重 2 减去第 2 个物品的重量）的最大价值（$f_{1,0}=0$）再加上第 2 个物品的价值 3；第二，如果不包含第 2 个物品，那么最大价值等于将前 1 个物品放入承重为 2 的背包的最大价值（$f_{1,2}=6$）。两者取其大，所以 $f_{2,2}=6$。

再如，$f_{5,7}$ 的两种可能是，将前 4 个物品放入承重为 3 的背包（背包总承重 7 减去第 5 个物品的重量 4）的最大价值（$f_{4,3}=6$）加上第 5 个物品的价值 6，或将前 4 个物品放入承重为 7 的背包的最大价值（$f_{4,7}=10$），因此 $f_{5,7}=12$。你看到状态转移方程了吗？

$$f_{i,j} = \max\{f_{i-1,j-w_i} + v_i, f_{i-1,j}\}，其中 j \geq w_i。$$

下面我们在 Scratch 中实现该状态转移方程。

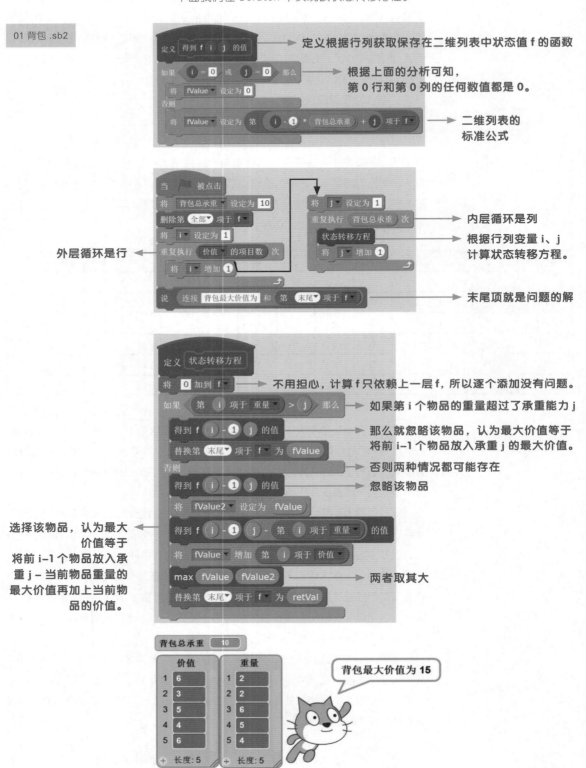

01 背包 .sb2

定义 得到 f i j 的值 → 定义根据行列获取保存在二维列表中状态值 f 的函数

如果 i = 0 或 j = 0 那么 → 根据上面的分析可知，
将 fValue 设定为 0 第 0 行和第 0 列的任何数值都是 0。
否则
将 fValue 设定为 第 (i - 1) * 背包总承重 + j 项于 f → 二维列表的
标准公式

当 ▆ 被点击
将 背包总承重 设定为 10
删除第 全部 项于 f
将 i 设定为 1 将 j 设定为 1
外层循环是行 → 重复执行 价值 的项目数 次 重复执行 背包总承重 次 → 内层循环是列
将 i 增加 1 状态转移方程 → 根据行列变量 i、j
将 j 增加 1 计算状态转移方程。

说 连接 背包最大价值为 和 第 末尾 项于 f → 末尾项就是问题的解

定义 状态转移方程
将 0 加到 f → 不用担心，计算 f 只依赖上一层 f，所以逐个添加没有问题。

如果 第 i 项于 重量 > j 那么 → 如果第 i 个物品的重量超过了承重能力 j
得到 f (i - 1) j 的值 → 那么就忽略该物品，认为最大价值等于
替换第 末尾 项于 f 为 fValue 将前 i-1 个物品放入承重 j 的最大价值。
否则 → 否则两种情况都可能存在
得到 f (i - 1) j 的值 → 忽略该物品
将 fValue2 设定为 fValue
选择该物品，认为最大 ← 得到 f (i - 1) (j - 第 i 项于 重量) 的值
价值等于
将前 i-1 个物品放入承 将 fValue 增加 第 i 项于 价值
重 j – 当前物品重量的 max fValue fValue2 → 两者取其大
最大价值再加上当前物 替换第 末尾 项于 f 为 retVal
品的价值。

背包总承重 10

	价值		重量
1	6	1	2
2	3	2	2
3	5	3	6
4	4	4	5
5	6	5	4
+	长度: 5	+	长度: 5

背包最大价值为 15

既然知道了最大价值，那么到底选择或放弃哪些物品呢？与上一个案例的思路一样，我们需要从 f 列表的最后一项逐步反推。以 f 的最后两行为例：

重量	价值	0	1	2	3	4	5	6	7	8	9	10
...	...	...	...	...	...	...	...	...	...	...	...	...
5	4	0	0	6	6	9	9	9	10	11	13	14
4	6	0	0	6	6	9	9	12	12	15	15	15

最终答案 15 大于上方的状态值 14，说明最大值选择了 $f_{i-1,j-w_i}$（即 $f_{4,6}$）这一部分，因此认为选择了第 i 个物品。我们将光标定位到 $f_{4,6}$ 并继续比对上一行：

重量	价值	0	1	2	3	4	5	6	7	8	9	10
...	...	...	...	...	...	...	...	...	...	...	...	...
6	5	0	0	6	6	9	9	9	9	11	11	14
5	4	0	0	6	6	9	9	9	10	11	13	14

状态值 9 与上方的 9 相同，说明最大值选择了 $f_{i-1,j}$（即 $f_{3,6}$）这一部分，因此认为并未选择第 i 个物品。将光标定位到 $f_{3,6}$ 并继续比对上一行，直到 i<1 为止。

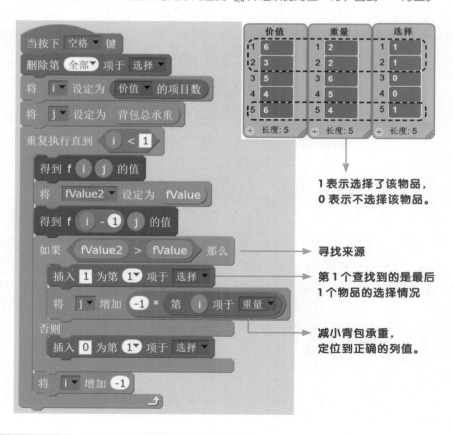

1 表示选择了该物品，
0 表示不选择该物品。

寻找来源

第 1 个查找到的是最后 1 个物品的选择情况

减小背包承重，
定位到正确的列值。

你可以自行设置价值、重量和背包承重，让朋友们猜测背包的最大价值，然后按下绿旗验证答案，按下空格键验证是否选择了正确的物品（正确答案可能不止一组）。

本书还为你准备了 4 组测试数据。

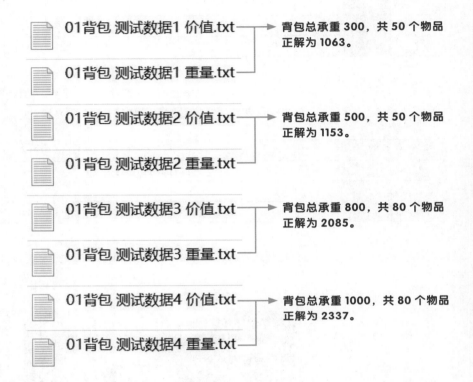

01背包 测试数据1 价值.txt → 背包总承重 300，共 50 个物品
正解为 1063。

01背包 测试数据1 重量.txt

01背包 测试数据2 价值.txt → 背包总承重 500，共 50 个物品
正解为 1153。

01背包 测试数据2 重量.txt

01背包 测试数据3 价值.txt → 背包总承重 800，共 80 个物品
正解为 2085。

01背包 测试数据3 重量.txt

01背包 测试数据4 价值.txt → 背包总承重 1000，共 80 个物品
正解为 2337。

01背包 测试数据4 重量.txt

分别向列表导入每组测试数据的重量和价值，并修改"背包总承重"变量，然后打开加速模式点击绿旗，程序就会计算出最终答案。

如果使用穷举法遍历 50 个（80 个）物品的 01 选择状态，意味着解空间树有 2^{50}=1125899906842624（2^{80}=1208925819614629174706176）种可能性！普通的计算机已经无法完成这种计算量了。

动态规划思想是将大问题分解为层层依赖的小问题的策略，寻找问题的状态是其最具艺术性的关键，成功找到状态后便可以写出状态转移方程，最后编程实现。之所以花较大篇幅讲解动态规划，是因为动态规划相比于其他算法有一定难度，而且非常锻炼学习者的逻辑思维，相信你会有所收获。

本章节的所有案例均使用迭代的方式进行计算，其实动态规划还可以采用递归的方式反向计算，感兴趣的读者请自行尝试。

6

分治

本书之前已提到过将大问题分而治之的分治策略，那么它和同样将大问题分解成小问题的动态规划有什么区别呢？动态规划的子问题是相互关联的，因为存在状态转移方程；而分治策略的子问题可以看成是相互独立的。分治通常使用递归的方式，每一次递归都会缩减问题的规模，最后将各个子问题的解汇集起来得到原问题的解。

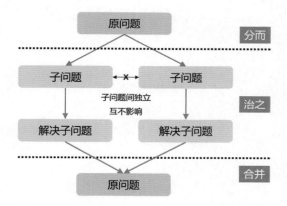

我们之前接触的第一个分治案例是寻找最值，下面再讲解一个案例"大数乘法"。所谓大数乘法是指计算两个非常大的正整数的乘积。咦？ Scratch 不是支持乘法吗？当乘法的结果特别大时，绝大部分编程语言（包括 Scratch）都力不从心（除了编程语言 Haskell）。

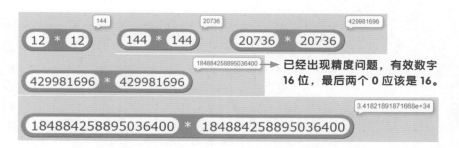

"3.41…e+34"是科学记数法，表示前面的数字乘以 10 的正 34 次方，可是其余的数字怎么办？这样就会导致精度的丢失，有没有办法把所有数值都计算出来呢？

下面为大家介绍一种称为"Karatsuba"的算法，它的核心思想把两个较大数的乘法分解为三个较小数的乘积之和。假设要计算两个较大的正整数 x 和 y 的乘积，那么选择一个底数 B 和指数 m，将 x 和 y 改写成如下形式：

$$x = x_1 B^m + x_0, \quad x_0 < B^m$$
$$y = y_1 B^m + y_0, \quad y_0 < B^m$$

因此得到

$$xy = (x_1 B^m + x_0)(y_1 B^m + y_0) = z_2 B^{2m} + z_1 B^m + z_0$$
$$z_2 = x_1 y_1$$
$$z_0 = x_0 y_0$$
$$z_1 = x_1 y_0 + x_0 y_1 = (x_1 + x_0)(y_1 + y_0) - z_2 - z_0$$

其中 z_2、z_0、z_1 都是较小数的乘积，之后用相同的方法递归地计算 z_2、z_0、z_1。

举例来说，假设 $x = 12345$，$y = 6789$，$B = 10$，$m = 3$，则 x 和 y 可以被分解为：

$$12345 = 12 \times 10^3 + 345$$
$$6789 = 6 \times 10^3 + 789$$

其他参数等于

$$z_2 = 12 \times 6 = 72$$
$$z_0 = 345 \times 789 = 272205$$
$$z_1 = (12 + 345) \times (6 + 789) - 72 - 272205 = 11538$$

最终结果为

$$xy = 72 \times 10^6 + 11538 \times 10^3 + 272205 = 83810205$$

可以发现 z_2、z_0、z_1 中乘法的两个乘数比 x 或 y 都要小，大问题被划分为三个小问题（分而）；再将每个小问题中涉及的乘法再次当作一个大整数乘法问题，递归地解决小问题（治之）；最后将以上参数整合为最终结果（合并）。

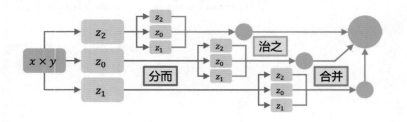

做好准备，用 Scratch 实现（看似简单的）Karatsuba 算法吧！在这之前，我们先了解一些工具函数的定义和使用方法，它们将会被 Karatsuba 函数调用。

　　分治涉及递归，故保存（或者说保护）递归调用前数据的栈是必不可少的工具：push、pop、getParam、setParam 以及列表 stack。但是在本案例中，因为数据可能会非常大，为了防止 Scratch 自动转换为科学记数法并保存为字符串，自定义积木块的部分参数不能是数字，必须是字符串，这样 Scratch 就不再尝试转换为数值（函数已多次使用不再赘述）。

大数乘法 .sb2

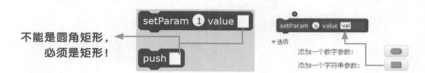

不能是圆角矩形，必须是矩形！

函数 max：用于得到两个数中较大的那个数。

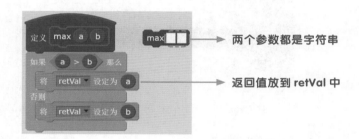

两个参数都是字符串

返回值放到 retVal 中

函数 insert 0 n times after num：在数字 num 的后面添加 n 个 0。

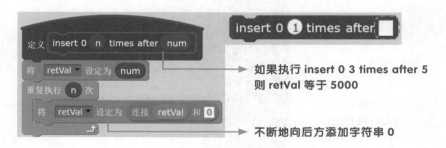

如果执行 insert 0 3 times after 5
则 retVal 等于 5000

不断地向后方添加字符串 0

函数 insert 0 n times before num：在数字 num 的前面添加 n 个 0。

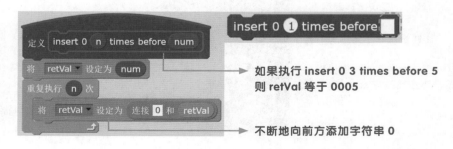

如果执行 insert 0 3 times before 5
则 retVal 等于 0005

不断地向前方添加字符串 0

函数 getLow num m：得到数字 num 的后 n 位。

如果执行 getLow 12345 3
则 retVal 等于 345

函数 getHigh num m：得到数字 num 的前 n 位。

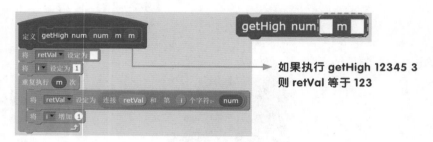

如果执行 getHigh 12345 3
则 retVal 等于 123

函数 addition n1 n2：得到 n1+n2 的值，大数加法，支持任意位数。

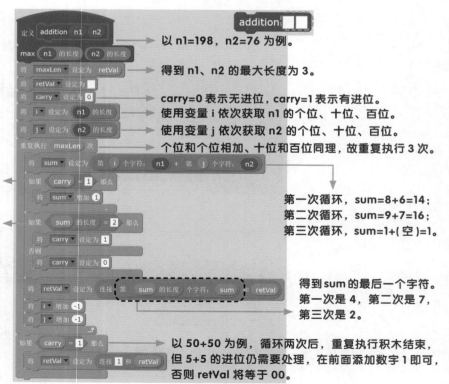

以 n1=198，n2=76 为例。

得到 n1、n2 的最大长度为 3。

carry=0 表示无进位，carry=1 表示有进位。

使用变量 i 依次获取 n1 的个位、十位、百位。

使用变量 j 依次获取 n2 的个位、十位、百位。

个位和个位相加、十位和百位同理，故重复执行 3 次。

处理上一次循环的进位，
第二、三次循环存在进位，
sum 要再增加 1。

如果 sum 是两位数，说
明存在进位，
第一、二次循环都存在
进位。
因此设置布尔变量 carry
为 1，
下一次循环时再做处理，
第三次循环 sum=2，无
进位。

第一次循环，sum=8+6=14；
第二次循环，sum=9+7=16；
第三次循环，sum=1+(空)=1。

得到 sum 的最后一个字符。
第一次是 4，第二次是 7，
第三次是 2。

以 50+50 为例，循环两次后，重复执行积木结束，
但 5+5 的进位仍需要处理，在前面添加数字 1 即可，
否则 retVal 将等于 00。

虽然函数看上去很复杂，但其实它就是模拟了你在草稿纸上计算加法的行为。注意不能使用 Scratch 提供的加法积木块，因为当和较大时，结果将自动转换为科学记数法。

函数 subtraction n1 n2：得到 n1−n2 的值（n1 ≥ n2），大数减法，支持任意位数。

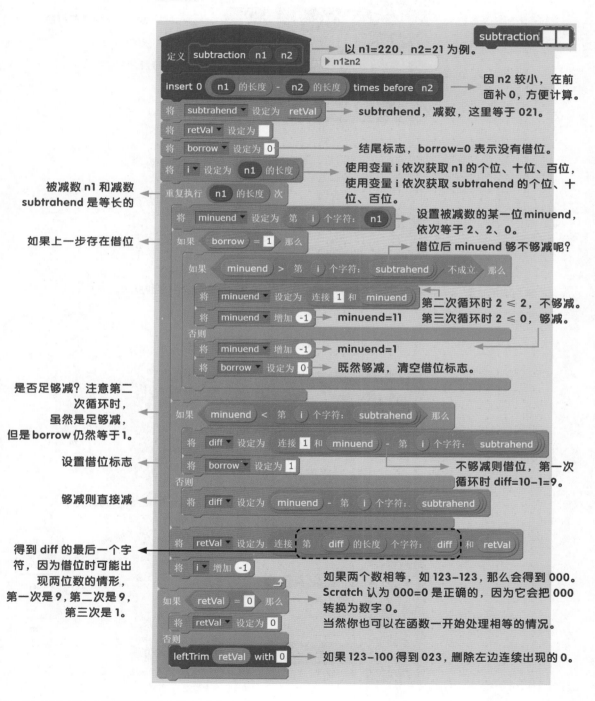

得到 diff 的最后一个字符，因为借位时可能出现两位数的情形，第一次是9，第二次是9，第三次是1。

函数 leftTrim s with n：删除字符串 s 左侧连续出现的字符 n。

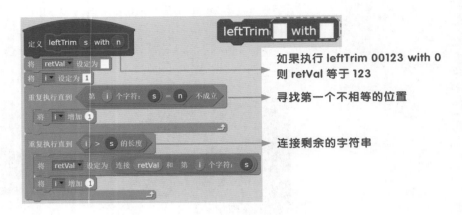

深呼吸！放轻松！欢迎来到分治函数的领域！决战终章开始！

第一阶段：定义递归函数的边界。

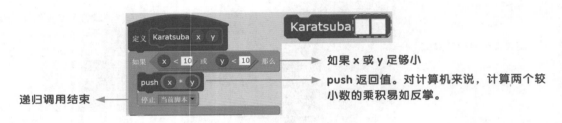

第二阶段：计算 m 值。

第三阶段：根据 m 值，分割 x 和 y 左右部分。

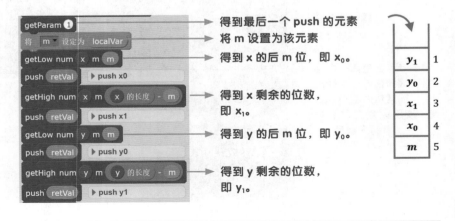

第四阶段：计算 z_2、z_0。

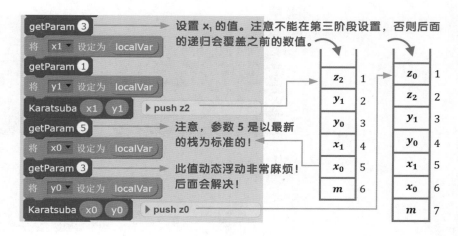

第五阶段：根据 z_2、z_0 计算 z_1。先计算 $z_1^* = (x_1+x_0)(y_1+y_0)$，再计算 $z_1 = z_1^* - z_2 - z_0$。这里的加法和减法必须都支持大数计算，否则可能出现精度问题！

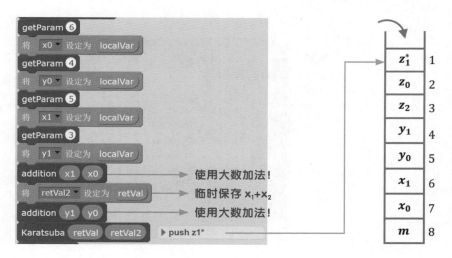

之后再计算 z_1。

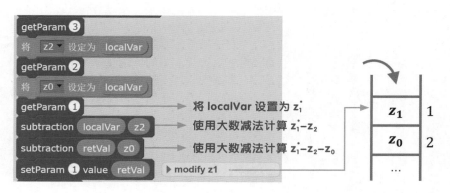

第六阶段：合并分治的结果（z_2、z_0、z_1），得到最终答案。先设置好基本数据。

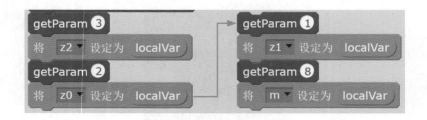

再将函数内使用的局部变量全部清空。

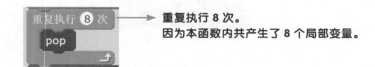

> 重复执行 8 次。
> 因为本函数内共产生了 8 个局部变量。

最后计算合并后的数值。

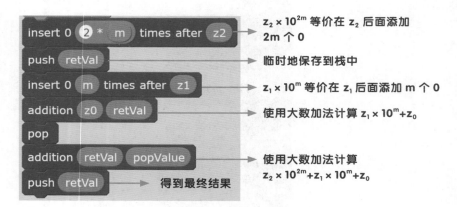

> $z_2 \times 10^{2m}$ 等价在 z_2 后面添加 $2m$ 个 0

> 临时地保存到栈中

> $z_1 \times 10^m$ 等价在 z_1 后面添加 m 个 0

> 使用大数加法计算 $z_1 \times 10^m + z_0$

> 使用大数加法计算 $z_2 \times 10^{2m} + z_1 \times 10^m + z_0$

> 得到最终结果

理论上来讲，该大数乘法函数中所有的绿色积木块都将面临数值过大后精度下降的窘境，但我们几乎不必理会它们，因为想达到它们的极限值有一定困难。例如：

求字符串的长度和除法算式都有可能面临精度问题，但想模拟出该 Bug，参数 x 或 y 的长度必须非常巨大！因为当 retVal 约等于 10^{22} 时除法算式才会出现精度问题。你能想象出参数 x 或 y 的长度等于 10 的 22 次方是件多疯狂的事情吗？

是时候检验一下大数乘法函数的威力了！先尝试本小节开篇的问题吧。

尝试计算 100 的阶乘（自行尝试计算 20^{100}）。

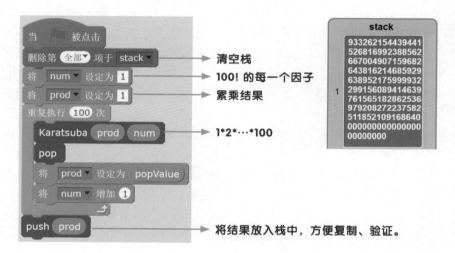

如何验证结果的正确性呢？这里给学习者推荐两款工具。第一个是 Wolfram-Alpha（http://www.wolframalpha.com/），但免费版只提供了图片形式的结果，不便于复制粘贴。第二个是 Calculator.net（http://www.calculator.net/big-number-calculator.html）。

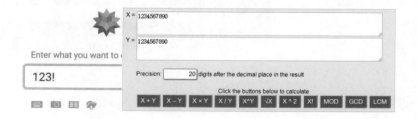

分治策略是一种将大问题分解为相互独立的小问题的思想。有些较难求解的大问题可以被分解为易于求解的小问题，求解之后再按照某种规则将它们合并在一起得到大问题的结果。你还会在后面看到更高效的分治算法案例。

7

贪心

　　贪心（或称贪婪）是指做眼下看起来最好的选择。贪心策略或许是最符合人类直觉的一种思想（注意，这里所说的贪心并非利己主义），例如选择最快的交通工具，从大量繁杂的工作中优先选择最轻松的一件，同类商品中选择最便宜的一样。然而每种选择都至少存在两种结果：交通工具以最快的速度到达目的地，或者坏在了路上；这件工作很快就完成，或者在完成它的过程中遇到了困难，耽误了其他任务；选择了性价比最高的商品，或者买到了仿冒产品。"可是还能怎样？我又不能预知未来！"没错，面对未知的世界，贪心策略不失为一条上策。然而使用计算机求解的问题并非如此：用户给定的输入和用户希望得到的输出都是已知的。那么就有一种可能性：在解决问题的过程中，每一步都选择最优的方式，最终结果仍然是最优的！因此但凡适用于贪心策略的问题，它通常是最好的算法。

　　并非所有的问题都可以使用贪心法加以解决。理论上只有经过严格的数学证明，确保每一个局部的最优可以达到整体最优时方可使用。除数学证明外，实践中我们还可以根据直觉来判断贪心法是否可行。下面的案例并没有数学证明，但直观上每一步最优将导致结果最优。当然也有可能得不到最优结果，这个问题在本小节的结尾处说明。

　　第一个案例，将 n 个正整数排成一行，得到最大整数。例如有 3 个正整数 147、7、52，可以构成的整数有 147752、714752、527147 等，组合方式众多。你可以将 3 个数字进行全排列（详见本章节的"递归"），这种穷举策略一定能找到最优解，但是如果有 50 个整数，花费的时间已无法接受，因为全排列的解空间树底层共有 50!（约等于 3×10^{64}）种可能性。

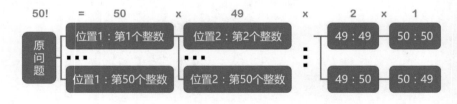

　　直觉上这个问题可以用贪心策略解决。发挥你的想象力，猜猜看有没有简单的规则。例如，把这些数字按照由大到小的顺序排成一行或许就是最大值呢！934、76、12，最大值就是 9347612！有没有反例？将数字 9 改成 1，这种贪心策略就失效了。还有没有其他简单且可行的规则呢？

　　仔细观察 121 和 12 的两种连接方式：12112 和 12121。比较两个数字，如果 12112<12121，那么则认为后面的数 12 更大。因为两种连接方式的位数相同

（都是五位数），比较时才能考虑到更高位的影响。再次以 134、76、12 为例。

- 首先假设 134 是最大值。
- 13476<76134 成立，所以认为最大值不再是 134 而是 76（考虑到了万位）。
- 7612<1276 不成立，最大值依然是 76。
- 至此 76 已和所有数字比较过，可认为 76 是所有组合的最高位的最大数字。
- 比较剩余的数字 134 和 12，假设 134 是最大值。
- 13412<12134 不成立，认为 134 大于 12。还剩下最后一个数字 12，程序结束。

如果有 50 个数字，那么我们将第 1 个数字和剩余 49 个数字比较，可以得到最大的一个；然后对剩余 49 个数字执行相同的操作，直到剩余最后一个数字。这样我们只需要比较 49+48+…+1=1225 次，相比于穷举地比较 50! 次已经是极大的进步了！

虽然没有经过严格的数学证明，但是这种贪心策略好像是成立的。那么就用程序来测试一下吧，毕竟该算法的测试时间可以接受。

排列得到最大整数 .sb2

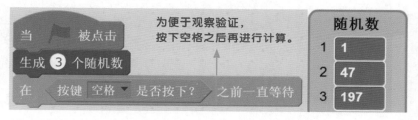

为便于观察验证，按下空格之后再进行计算。

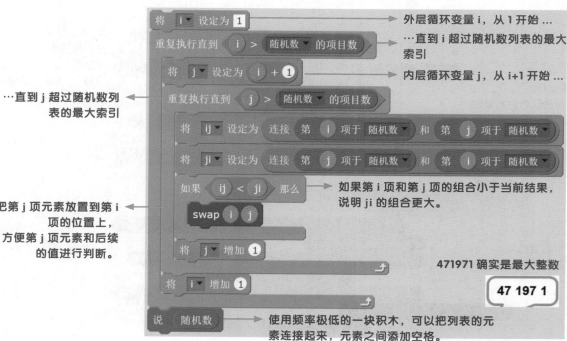

外层循环变量 i，从 1 开始…

…直到 i 超过随机数列表的最大索引

内层循环变量 j，从 i+1 开始…

…直到 j 超过随机数列表的最大索引

把第 j 项元素放置到第 i 项的位置上，方便第 j 项元素和后续的值进行判断。

如果第 i 项和第 j 项的组合小于当前结果，说明 ji 的组合更大。

471971 确实是最大整数

使用频率极低的一块积木，可以把列表的元素连接起来，元素之间添加空格。

swap 是 "交换" 的意思，将两者交换需要使用中间变量。

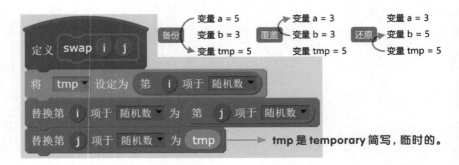

tmp 是 temporary 简写，临时的。

外层循环每完成一次，第 i 个位置就保存了一个最大元素。如果 i=1，n=50，第一次外层循环结束后，列表的第 1 个位置就保存了 50 个元素的最大值，相当于对解空间树的第一层剪枝，剪掉了其余 49 个分支，即确定了第一个位置放置的整数。第二次外层循环 i 从 2 开始，结束后第 2 个位置保存了后 49 个元素的最大值，相当于对解空间树的第二层剪枝，减掉了 48 个分支，即确定了第二个位置放置的整数，以此类推。

经测试未发现特例，说明这种贪心策略是可行的（虽然没有被数学证明）。叫上你的小伙伴，设置较大的 n=20，调整随机数范围 1 位到 4 位数，看看谁先找到最大的整数吧！

第二个案例，假设你面临着 N 项任务，每项任务都有开始时间和结束时间，同一时刻只能做一项任务，问你最多能完成几项任务。

以上图为例，你能够选择的任务顺序有多种可能：QA、JE、IGA、IMA 等等。那么在众多的选择中，哪一个的任务数量最多呢？你能用想象力和直觉发明一种简单的规则，从而快速求解任务的序列和数量吗？

例如，从最左边开始，任务 J 和 K 位于相同的时间线，但是 K 的结束时间更早，优先选择它是个好主意。K 结束后，能直接选择的任务有 D 和 R，D 的结束时间更早，因此选择 D。D 结束后没有可选的任务，最终选择的任务序列就是 KD。我们刚才举例就已经出现 3 个任务的序列了，因此这种贪心策略不成立。还有没有更好的方法呢？

仔细观察就会发现，任务 I 虽然比任务 K 晚开始，但是它却更早地结束了！任务更早结束意味着有更多的机会选择其他任务。由此看来，我们的选择策略似乎可以从最早结束时间入手，而非最早开始时间。

任务 I 是第一个结束的，我们从它入手。第二个结束的是任务 K，但它的开始时间先于 I 的结束时间，无法被选择。第三个结束的是任务 Q，但因为和刚才同样的原因无法被选择。第四个结束的是任务 G 和 J，J 同样无法被选择，但任务 G 的开始时间后于 I 的结束时间，说明 I 结束后，可以选择更快结束的任务 G，因此选择 G。任务 G 之后是 M、D、O 不可选，直到任务 E，因为 E 的开始时间刚好是 G 结束之后。任务 E 之后的所有任务均不存在开始时间后于其结束时间的情形，因此 IGE 是包含任务数量最大的任务序列。可以看出这种贪心策略的思路就是不断寻找最先结束的任务，并检查该任务的开始时间是否合理，一旦合理就毫不犹豫地选择该任务作为最优序列的一部分，这就是所谓局部最优导致整体最优。当然数量为 3 的任务序列不止一个，但无论怎样它们都无法达到 4 个任务。

虽然没有严格的数学证明，但是直觉告诉我们这似乎是一种合理的贪心策略，下面就尝试实现该判断过程，测试是否可行。为使思路更加清晰，下面给出本程序的角色功能设计图。

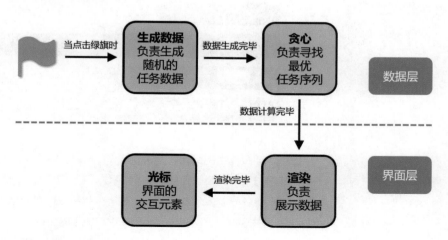

角色功能设计可以在心中完成，也可以在编程之前进行设计，或随着程序编写过程逐渐完善。无论采用何种方式，正如之前所说，你要有意识地将角色划分

到数据层和界面层（即视图）中，避免出现跨层角色；又要负责数据计算，同时还负责界面绘制或交互。

　　首先生成随机数据。为了便于舞台显示，我们将舞台的最小单位定义为 20步，则舞台的宽度为 480/20=24，高度为 360/20=18。如果横轴表示任务，纵轴表示每个任务的起止时间，则需生成 18 个任务，每个任务的最大结束时间小于等于 24。

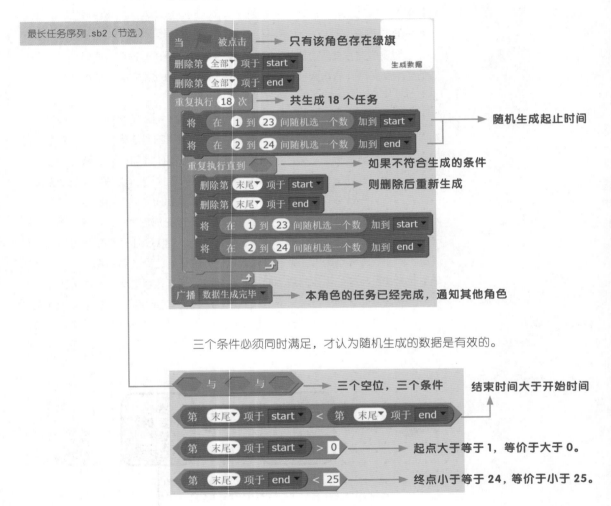

　　三个条件必须同时满足，才认为随机生成的数据是有效的。

　　生成合格的数据后发送消息，"贪心"角色登场。该角色是本程序的关键，它要先按照结束时间从小到大排序，再逐个选择满足条件的任务。

　　先不讨论排序如何实现，先考虑如果我们将 start 和 end 列表进行排序的后果。一旦排序，意味着界面程序绘制出来的任务就是有序的，这将极大降低游戏难度，更不是我们想要的效果。解决方法是创建新的列表，并将原先的数据复制到新列表中进行排序。新的列表名称为"sortedStart"和"sortedEnd"，暗示列表已被排序。

这又引入了新问题：假设 start、end 和已经有序的 sortedStart 和 sorted-End 如下：

start	end	sortedStart	sortedEnd
4	12	3	6
7	13	1	7
1	7	4	12
3	6	7	13

你如何知道排序后的任务对应之前的哪一个任务呢？因为只有知道对应任务编号才能给出最优的任务序列，否则只能给出任务数量。例如，已知 3、6 是优先选择的任务，但是它对应之前的哪一组 start、end 呢？虽然可以看出是第4组，但我们要想办法让计算机也"看到"。解决方法就是排序时加一列索引值"sortedIdx"。

start	end	sortedIdx	sortedStart	sortedEnd
4	12	1	4	12
7	13	2	7	13
1	7	3	1	7
3	6	4	3	6

这列索引值就是 sortedStart 和 sortedEnd 的身份标志，当 sortedEnd 发生变化时，sortedEnd、sortedStart、sortedIdx 要作为整体变化：

start	end	sortedIdx	sortedStart	sortedEnd
4	12	4	3	6
7	13	3	1	7
1	7	1	4	12
3	6	2	7	13

第一个任务就是原先的 4 号任务，第二个任务就是原先的 3 号任务，以此类推。这就是添加 sortedEnd、sortedStart、sortedIdx 的原因，是不是清晰了许多呢？

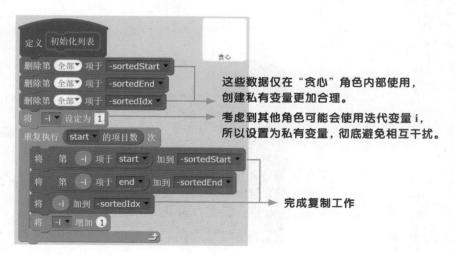

如何对数字排序呢？这里我们采用和上一个案例类似的方式。假设列表中存在 5 个数字 6、3、2、1、4，如何按照从小到大的顺序排列呢？我们将第一个数字和其余数字依次比较，如果发现更小的数字，就让它和第一个数字交换，直至最后一个数字，这一次循环后第一个位置的数字一定是最小的。然后从第二个数字开始依次比较，遇到更小的数则交换，以此类推。整个过程如下所示。

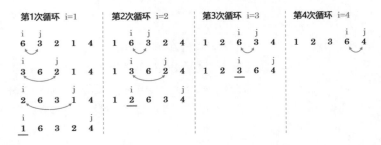

耐心仔细地观察数值变化过程，确保自己理解了排序的思想。下面我们就对备份的 sortedEnd 进行从小到大的排序。

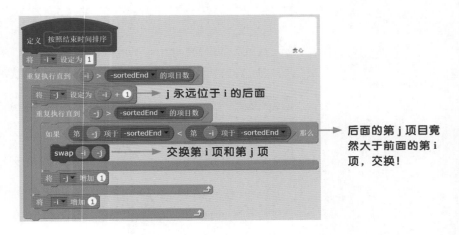

正如之前所说，交换时要将 sortedEnd、sortedStart、sortedIdx 视为整体。

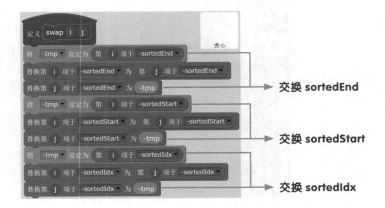

至此，我们终于可以对已排序的列表实现贪心策略了！

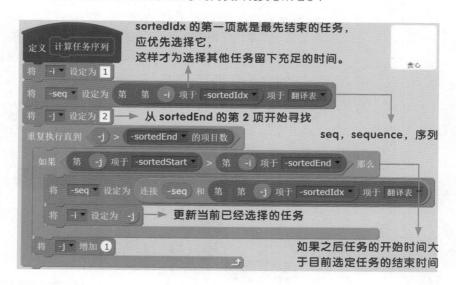

sortedIdx 的第一项就是最先结束的任务，
应优先选择它，
这样才为选择其他任务留下充足的时间。

从 sortedEnd 的第 2 项开始寻找

seq，sequence，序列

更新当前已经选择的任务

如果之后任务的开始时间大
于目前选定任务的结束时间

"翻译表"保存了 A、B、C…R 共 18 个字母，如果索引等于 1，它就可以把 1 映射为字符 A，这么做是为了让序列和舞台显示效果一致。理论上，这一项功能应该由界面层角色完成，不过在实践中可以稍微灵活处理。最后按下空格就可以显示出最优任务序列（可能不止一个，但其长度已是最大值）。

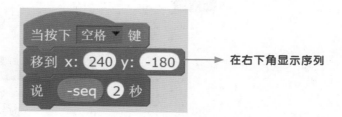

在右下角显示序列

本程序的界面层角色就由聪明的读者去解读吧！你也可以自行尝试设计数据可视化方法。

最后说明一段界面层角色的脚本。

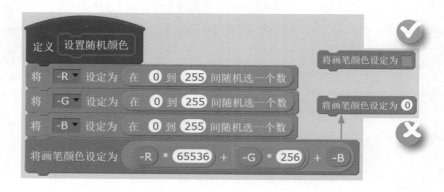

该脚本用于随机地设置画笔颜色。注意使用的是上面的"将画笔颜色设定为"，下面的"将画笔颜色设定为"积木，其范围是 0~199（200 等价于 0），配合画笔色度 0~99，最多只能设置 200*100=20000 种颜色。但使用 RGB 色则可以设置 $256^3 \approx 16000000$ 种颜色，颜色明显更加丰富。至于 RGB、65536、256 涉及到三基色、字节、位运算的概念，这已经超出本书的范围，感兴趣的读者可自行查阅关键字学习。

最后给大家一张附有任务序列的截图，你还能找到更长的任务序列吗？

贪心策略的正确性通常需要经过严格的数学证明，这在一定程度上限制了它的应用，有些问题甚至无法使用贪心策略进行求解。虽然本小节的两个案例没有经过证明，但我们对问题的直觉能为贪心策略提供线索，从而编写程序进行测试，验证想法。

直觉有时不太靠谱。如果问题求解的答案并非最优，但是在某种程度上可以满足人类的需求，也并非完全不能接受，这就是启发式策略的思想。

8 启发式

现实中的难题太多，以至于我们不可能在有限的时间内穷举到最优解。贪心策略以某种简单的规则在巨大的解空间中找到最优解，但并非所有问题都可以贪心地解决。有些难题因不满足贪心策略的前提要求（局部最优可致全局最优且需经过数学证明或直觉后的验证），得到的不是最优解而是勉强能接受的答案（称为"可行解"）或相对较为满意的答案（称为"较优可行解"或"满意解"）。

为了解决不同领域的众多难题，人们设计了尝试快速寻找满意解的启发式算法。它们在生活中很常见，如在地图类软件寻路时，软件的算法无法给出最优解，只能根据当时的路况等信息给出多条参考路线供你选择。启发式算法种类繁多，如粒子群算法、蚁群算法、鱼群算法、蜂群算法、模拟退火算法、遗传算法、禁忌搜索、A 星搜索等等。下面抛砖引玉，为读者介绍粒子群算法。

粒子群算法源于鸟群觅食的行为。假设一群鸟儿正在搜寻某个区域内的一个目标，但它们并不知道目标在哪里，只知道目标距离自己的位置有多远，那么寻找目标的最佳策略就是飞到距离目标最近的鸟儿的周围区域进行查找（我要飞向距目标最近的鸟）。另一方面，鸟儿在移动过程中距离目标的位置也在不断变化，这个因素也需要被考虑到（我刚才距离目标还是很近的）。最后，鸟儿的移动过程会受到随机因素的影响（大风影响了我的飞行路线）。由此可见，鸟儿飞行时有两个关键因素在影响着它的飞行位置：自身对目标物距离的认知，以及整个鸟群社会对目标物距离的认知。整个过程用公式表示为：

$$v_i^{t+1} = wv_i^t + c_1\xi(pbest_i^t - present_i^t) + c_2\eta(gbest - present_i^t)$$

$$present_i^{t+1} = present_i^t + rv_i^{t+1}$$

不要被公式吓倒！我们来一点点分析这个公式。第一个公式计算出第 i 只鸟儿下一次要移动的距离，第二个公式用于更新鸟儿的当前位置。

在第一个公式中，v_i^{t+1} 表示第 i 只鸟下一次（t+1）将要移动的距离，该距离等于三个数值之和。

第一个加数是 wv_i^t。v_i^t 表示第 i 只鸟儿刚才（t）已经移动的距离，w 称为"权重"（它会影响 v_i^t 在三个加数中的重要性，如果为 0 则说明忽略本加数的影响），其大小会直接改变 v_i^{t+1} 的变化幅度，这里设置为 0 到 1 之间的随机数。因此 wv_i^t 表示刚才（t）的移动惯性。

第二个加数是 $c_1\xi(pbest_i^t - present_i^t)$。$c_1$ 是权重，习惯上设置为 2；ξ (/ksi/) 表示随机因素的影响，设置为 0~1 之间的随机数；$pbest_i^t$ 表示第 i 只鸟目前

（t）的历史最优值；$present_i^t$ 表示第 i 只鸟目前（t）的所处的位置。因此 c_1、ξ (pbest$_i^t$−present$_i^t$) 表示鸟儿根据自身的认知能力进行判断。

第三个加数是 $c_2\eta$ (gbest−present$_i^t$)。c_2 是权重，习惯上设置为 2；η (/eit/) 表示随机因素的影响，设置为 0~1 之间的随机数；gbest 表示整个鸟群的最优值。因此 $c_2\eta$ (gbest−present$_i^t$) 表示鸟儿根据整个鸟群的社会知识进行决策判断。

在第二个公式中，present$_i^t$ 表示目前（t）第 i 只鸟儿的位置，加上刚才计算出来的下一次将要移动的位置 rv_i^{t+1}（r 称为约束因子，习惯上设置为 1），结果就是鸟儿下一次出现的位置 present$_i^{t+1}$。当计算出 present$_i^{t+1}$ 之后，它又会变成当前状态（t），从而可以继续迭代地计算下一次的状态（t+1）。当多只鸟儿迭代多次后，就可以得到鸟群的最优值 gbest。

粒子群算法将这些鸟儿抽象地看作为没有质量和体积的"粒子"，每个粒子都通过适应函数计算适应值，从而判断自身的历史最优值和粒子群的最优值。粒子群算法在个体之间协作和群体信息共享中寻找最优解。

下面运用粒子群算法求解函数 $f(x)=1-\cos 3x \times e^{-x}$ 在 $x \in [0,-4]$ 的最大值。导入之前创作的函数绘制角色，将该函数绘制出来。

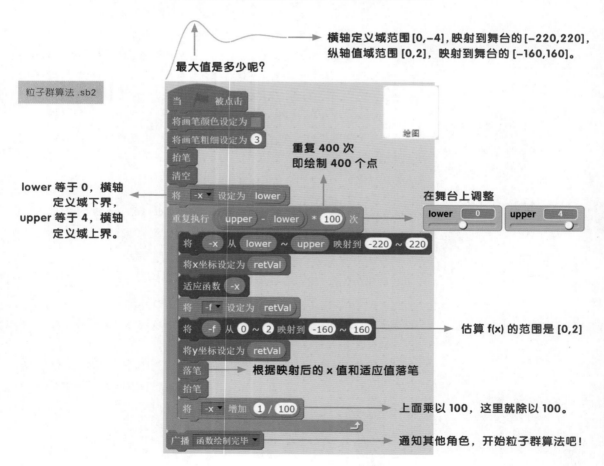

最大值是多少呢？

横轴定义域范围 [0,−4]，映射到舞台的 [−220,220]，纵轴值域范围 [0,2]，映射到舞台的 [−160,160]。

粒子群算法 .sb2

lower 等于 0，横轴定义域下界，upper 等于 4，横轴定义域上界。

重复 400 次即绘制 400 个点

在舞台上调整

估算 f(x) 的范围是 [0,2]

根据映射后的 x 值和适应值落笔

上面乘以 100，这里就除以 100。

通知其他角色，开始粒子群算法吧！

Scratch 的 cos 函数的参数使用角度，而 x 轴是弧度，因此需要转换为角度，$180/\pi \times$ 弧度 = 角度。

粒子群算法分为两个阶段：第一阶段的任务是初始化，第二阶段的任务是迭代。

→ 让 2 个粒子落在 x 轴的随机位置上

→ 迭代更新 2 个粒子的位置 100 次

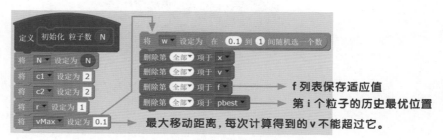

→ f 列表保存适应值

第 i 个粒子的历史最优位置

最大移动距离，每次计算得到的 v 不能超过它。

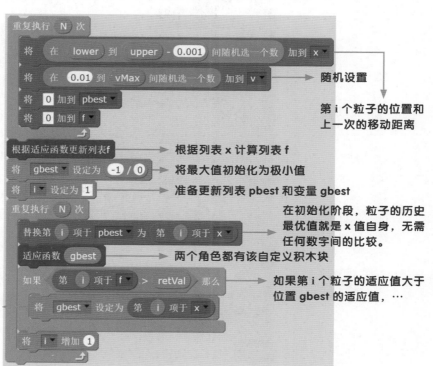

随机设置

第 i 个粒子的位置和上一次的移动距离

根据列表 x 计算列表 f

将最大值初始化为极小值

准备更新列表 pbest 和变量 gbest

在初始化阶段，粒子的历史最优值就是 x 值自身，无需任何数字间的比较。

两个角色都有该自定义积木块

如果第 i 个粒子的适应值大于位置 gbest 的适应值，…

…则更新粒子群的最优位置

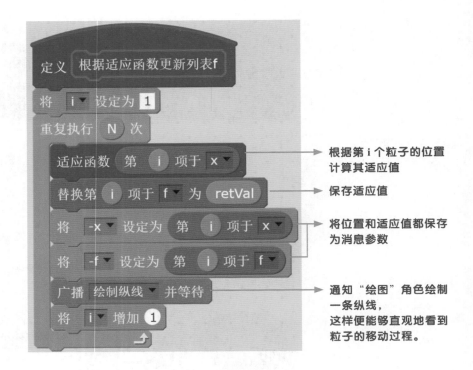

根据第 i 个粒子的位置
计算其适应值

保存适应值

将位置和适应值都保存
为消息参数

通知"绘图"角色绘制
一条纵线,
这样便能够直观地看到
粒子的移动过程。

　　虽然也可以在"粒子群"角色中处理,但是让"绘图"角色实现该功能更合理。

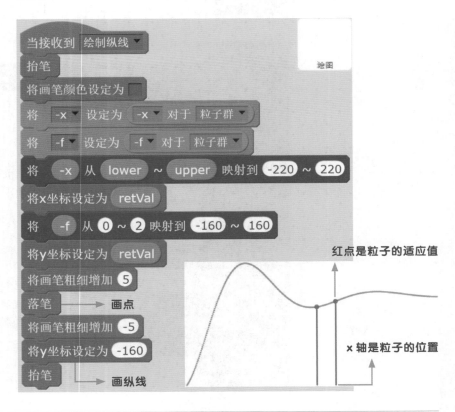

红点是粒子的适应值

x 轴是粒子的位置

终于来到了最重要的迭代过程，让粒子向最大适应值移动吧！

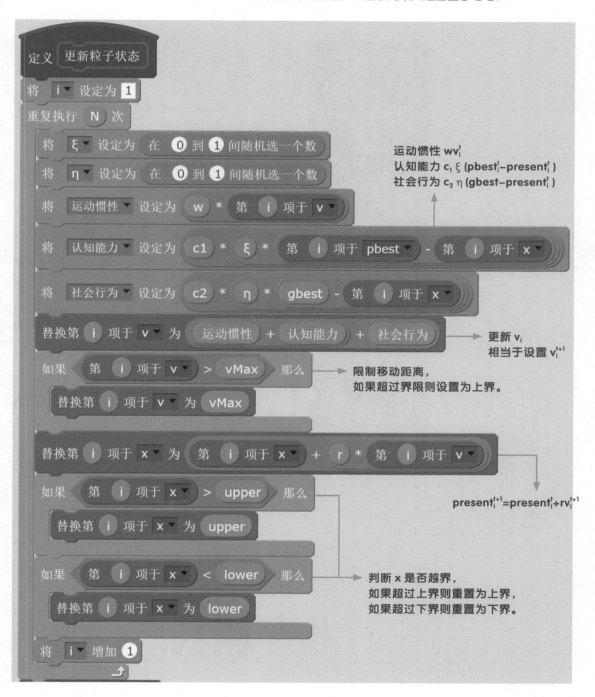

运动惯性 wv_i^t
认知能力 $c_1 \xi (pbest_i^t - present_i^t)$
社会行为 $c_2 \eta (gbest - present_i^t)$

更新 v_i
相当于设置 v_i^{t+1}

限制移动距离，
如果超过界限则设置为上界。

$present_i^{t+1} = present_i^t + rv_i^{t+1}$

判断 x 是否越界，
如果超过上界则重置为上界，
如果超过下界则重置为下界。

注意公式中的 v_i^{t+1} 表示下一时刻的值，因此使用当前的 v_i^t 进行计算并替换 v_i^t
自身。迭代过程中要检查移动距离 v_i^{t+1} 和移动后的距离 $present_i^{t+1}$，如果超过界
限则重置为界限值。

计算结束后要更新每个的粒子的历史最优位置 pbest 和粒子群的整体最优值 gbest，为下轮迭代做好准备。

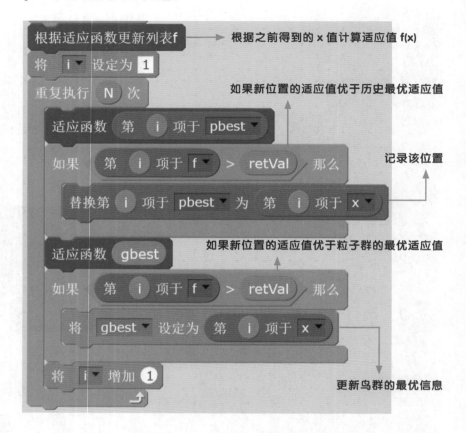

初始化设置 5 个粒子，如下图左侧所示；迭代地更新粒子的状态 20 次，粒子就会朝着适应函数的最高点移动，如下图右侧所示，最终的 gbest 就是最大 x 值。

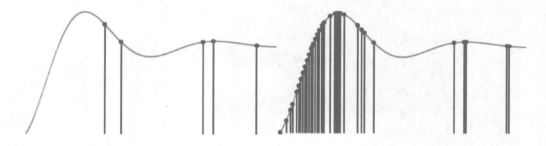

刚才的情形是一维的，即粒子只能在 x 轴横向左右移动，下面我们将粒子设置到二维平面，看看粒子群算法的移动效果！只要把 gbest 扩展为 gbestX 和 gbestY、把 v 扩展为 vx 和 vy、把 pbest 扩展为 pbestX 和 pbestY，再添加 y 列表这个维度。

增加 vMax 的值提高粒子的运动速度；修改粒子的 x 和 y 上下界为舞台的大小；修改适应函数为每个粒子到蓝色目标点的距离。如有兴趣可以尝试对之前的案例进行修改，或者直接打开本书提供的素材文件，观察粒子在二维平面的移动轨迹。

粒子群算法 平面 .sb2

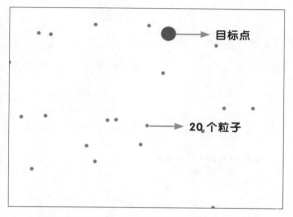

目标点

20 个粒子

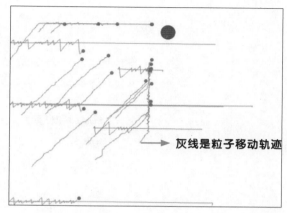

灰线是粒子移动轨迹

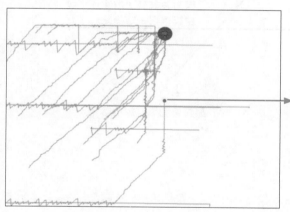

孤独的粒子，迭代了 500 次，终究没能抵达目标点。不过这不影响寻找满意解，因为已经有粒子抵达了目标点。

如果你理解了上述程序，还可尝试添加各种地形和障碍物，同时修改粒子的适应函数。

这就是 Scratch 的优势，其他编程语言想做到这种可视化的效果难度可不小呢！

粒子群算法是一种求解满意解的启发式算法，其思想源于鸟群的运动规律。鸟群在运动过程中会突然改变方向、散开或聚集，这种看似复杂的行为背后却有着一些简单的规则。在粒子群中，所有个体充分协作共享最优信息，这种收益超过了个体之间的竞争。粒子就是通过自己的经验和同伴中最佳的经验来决定下一步的运动。

粒子群算法也有缺点，比如在寻找函数最大值的案例中，如果存在多个极大值，粒子就有可能移动到局部的极大值而不是整体的最大值。

9 概率

之前学习的算法策略都是有固定步骤的，而概率策略反其道行之：每一个步骤都是随机的。这种思想早已存在，1777 年，法国数学家布丰设计了投针实验求解圆周率。

布丰投针试验 .sb2

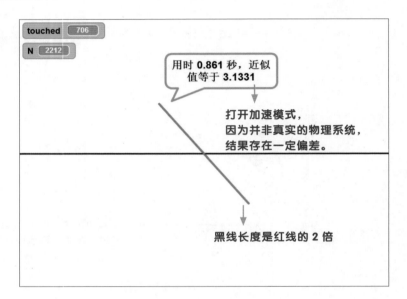

该实验的步骤就是重复地投出红色的针，然后用投出的总次数除以针碰到黑线的次数，其结果近似圆周率。这是经过数学证明的，感兴趣的读者可自行查阅资料。布丰邀请客人们投针，他本人则在一旁记录针是否碰到黑线，经过 1 个小时 2212 次实验，相交次数为 704 次。布丰当场宣布："2212 除以 704 约等于 3.142，这就是圆周率的近似值。"虽然客人们每次投针的结果都是随机的，但是最终的结果是有规律的！这就是随机化策略。

随机化算法通常被称为"蒙特卡洛方法"或"统计模拟方法"，其核心就是随机抽样。计算机的发展极大地提升了蒙特卡洛方法的抽样速度，下面我们再看一个案例，学习这种简单且直观的随机化策略。如何求解不规则图形的面积呢？例如那只橙色猫咪的面积。

我们向舞台随意抛出一个点，如果它碰到了猫咪则计数。当抛出的点足够多，猫咪的近似面积就等于碰到点的次数除以总抛出次数。因为是随机点，每次计算的面积值都稍有差异，可总比找不到面积公式强。而且随着抛出点的总次数增多，结果将越来越可信！下面的核心脚本展示了这一过程。

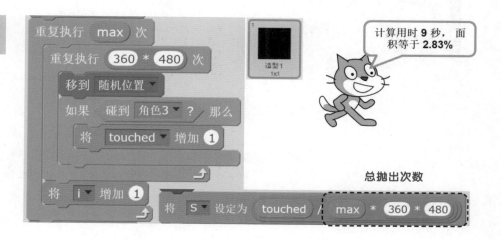

面积为 1 的小黑点随机地移动到舞台的任意位置，碰到角色 3 则 touched 加 1。面积约等于 touched 除以总抛投次数 max*360*480。如果说舞台的面积是 480*360=172800 平方步，那么猫咪的面积约为 172800*2.83%=4890.24 平方步。

最后一个案例模拟自然对数 e 的值。假设一副扑克牌共 54 张，标记为第 1~54 号，进行 p 次洗牌，如果完全洗乱则 q 增加 1（完全洗乱是指不存在第 x 张牌位于第 x 号的情形，x=1..54）。经数学证明可知随着 p 增加，p 除以 q 的值越来越接近 e。

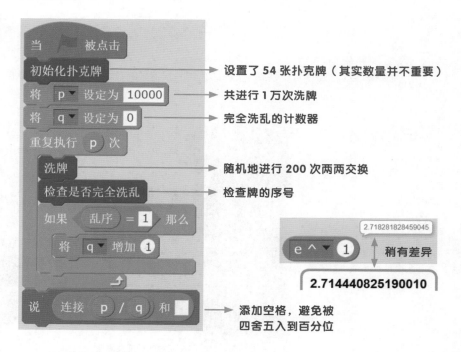

如果未来你想模拟某些情况并做频数统计和概率计算，就要想起蒙特卡洛哦！

排序

排序是程序世界中最常见的任务之一，也是其他众多任务的先决条件。排序的方法众多，评价标准就是排序的速度。在"贪心"小节中我们已经见识到了一种排序方法：将第一个位置的数字和其他数字依次比较，遇到更优的数字则交换，这种排序算法称为"选择排序"。下面为大家介绍两种同样很常用的排序。第一种称为"冒泡排序"，以从小到大的顺序为例。

第1次循环 i=1	第2次循环 i=1	第3次循环 i=1	第4次循环 i=1
i=j j+1	i=j j+1	i=j j+1	i=j j+1
6 3 2 1 4	3 2 1 4 6	2 1 3 4 6	1 2 3 4 6
i j j+1	i j j+1	i j j+1	i j j+1
3 6 2 1 4	2 3 1 4 6	1 2 3 4 6	1 2 3 4 6
i j j+1	i j j+1	i j j+1	
3 2 6 1 4	2 1 3 4 6	1 2 3 4 6	
i j j+1	i j j+1		
3 2 1 6 4	2 1 3 4 6		
3 2 1 4 6			

每一次循环结束后，最大的数字都会被交换到最后一个位置上，这正是冒泡的含义。

冒泡排序 .sb2（节选）

冒泡排序和选择排序的脚本非常近似

外层循环，用于确定循环次数。

内层循环的次数随着变量 i 变化

交换列表第 j 项和其后一项元素的数值

逆序排序时改成小于号即可

第二种称为快速排序，也是大部分编程语言内置的排序算法，实践中运用极为广泛，而且排序速度远快于选择排序和冒泡排序。下面以数列 {5,4,2,8,9,7,3} 顺序排列为例。

快速排序首先挑选数列的第 1 个元素，然后将比它小的数字放到左边，比它大的数字放到右边：{4,2,3,5,8,9,7}。数字 5 把数列分成两部分，然后使用分治策略对左右两部分执行相同的算法，最后即可得到有序的数列。先看如何实现左右划分。

使用变量 key 记录第一个元素的值，再用变量 i 指向列表最左侧，变量 j 指向最右侧。让变量 j 向左移动，直到遇到小于 key 的元素，让变量 i 向右移动，直到遇到大于 key 的元素，只要 i 仍在 j 的前方，交换 i、j 对应元素即可。重复以上过程直到 i 和 j 相遇，此位置的元素必定小于 key，交换最左边位置和第 i 个位置的元素。

快速排序 .sb2（节选）

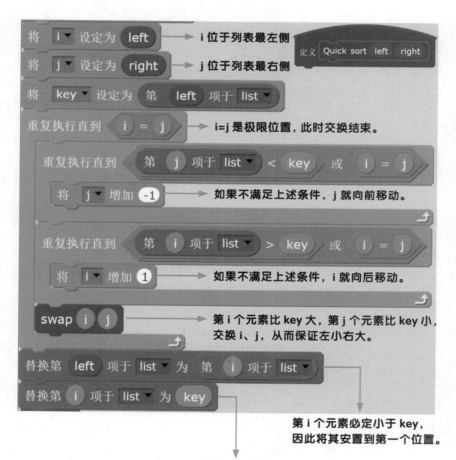

i 位于列表最左侧

定义 Quick sort left right

j 位于列表最右侧

i=j 是极限位置，此时交换结束。

如果不满足上述条件，j 就向前移动。

如果不满足上述条件，i 就向后移动。

第 i 个元素比 key 大，第 j 个元素比 key 小，交换 i、j，从而保证左小右大。

第 i 个元素必定小于 key，因此将其安置到第一个位置。

再将之前保存的第一个元素的值 key 放到第 i 个位置上

划分完毕后，第 i 个元素左侧的数值全部比它小，右侧的数值全部比它大。使用分治策略解决两个小问题吧！

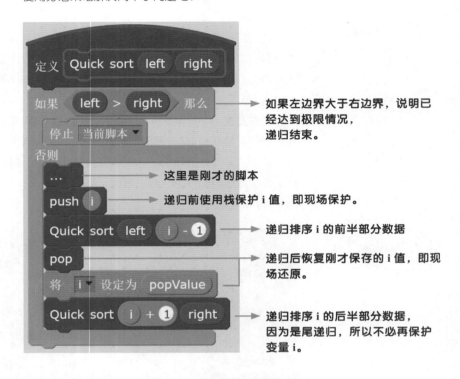

如果左边界大于右边界，说明已经达到极限情况，递归结束。

这里是刚才的脚本

递归前使用栈保护 i 值，即现场保护。

递归排序 i 的前半部分数据

递归后恢复刚才保存的 i 值，即现场还原。

递归排序 i 的后半部分数据，因为是尾递归，所以不必再保护变量 i。

尝试在两个程序间进行对比测试，快速排序的速度非常快。

列表元素数量 \ 算法	冒泡排序	快速排序
1000 个	Bubble sort (1000)Time: 3.134 s	Quick sort (1000)Time: 0.083 s
10000 个	Bubble sort (10000)Time: 329.99 s	Quick sort (10000)Time: 1.132 s

s 即 second，秒。

　　为什么快速排序用时更短呢？因为问题规模每次都在降低，元素的交换也是跳跃式交换。相比冒泡排序，它需要一遍遍地从头开始遍历列表，效率较低。
　　虽然快速排序运算飞快，但其脚本长，编写略显繁琐。如果待排序元素的数量少于 500~1000 且程序对速度的要求不高，选择排序和冒泡排序不失为良策！
　　还有多种排序算法，如希尔排序、堆排序、桶排序、归并排序……。它们各有优势和劣势，因为篇幅原因不再深入讲解，感兴趣的读者请自行搜索关键词。

11

搜索

搜索是编程世界中另一个常见任务之一。当你登陆网站输入用户名和密码后，服务器会在某个列表中搜索是否存在该数据；当你搜索计算机中的文件时，操作系统也会在某个列表中进行查找，判断是否存在此文件。实践中，搜索是绝大部分程序都要涉及的功能，Scratch 也不例外。例如，列表中保存了全班的语文成绩信息，你要找出 100 分的数据并修改为 99 分；或者列表引用了克隆体的某个属性，现在要求搜索出所有属性值为 0 的克隆体。

假设现在要搜索一百万个元素列表中指定数字的位置。最简单的思想就是迭代式线性搜索：从第一项开始比较判断，直到最后一项。

线性和二分查找 .sb2（节选）

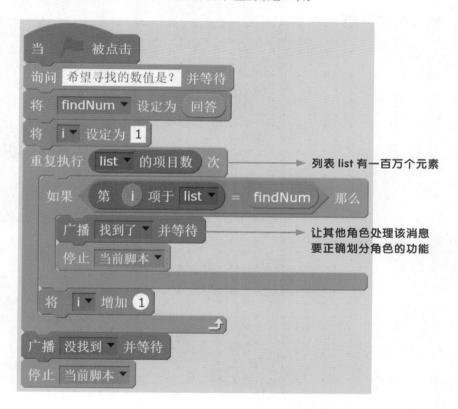

脚本整体上非常简单，不再详细说明。最坏的情况是，你输入的数字并不存在于列表之中，那么程序必须比较一百万次才可以知道结果。隐藏列表后遍历列表时间约为 2.6 秒。对于需要较快反应速度的程序来说，如此长的搜索时间是无法被接受的。

有没有更快的方法呢？假设列表中的元素不会发生改变，那么首先将其按照从小到大的顺序排列，然后设置三个位置（"⌊ ⌋"表示向下取整）：

$$start=1 \quad mid=\lfloor(start+mid)/2\rfloor \quad end=9$$

$$1 \quad 2 \quad 3 \quad 4 \quad 7 \quad 8 \quad 9 \quad 12 \quad 13$$

接着比较中间数字 4 和待搜索数字的大小关系。如果待搜索数字大于中间数字 4，说明该数字一定位于后半段（mid+1 到 end）；如果小于中间数字，则说明待搜索数字一定位于前半段（start 到 mid-1）；否则 mid 必然就是待搜索数字的位置。确定范围后，继续使用相同的算法。显然，每次迭代后问题规模都减少一半，分治策略的效率非常高，一百万个数字最多只需要判断约 $\lfloor \log_2 1000000 \rfloor$ =19 次！这种搜索方法称为二分查找或折半查找。

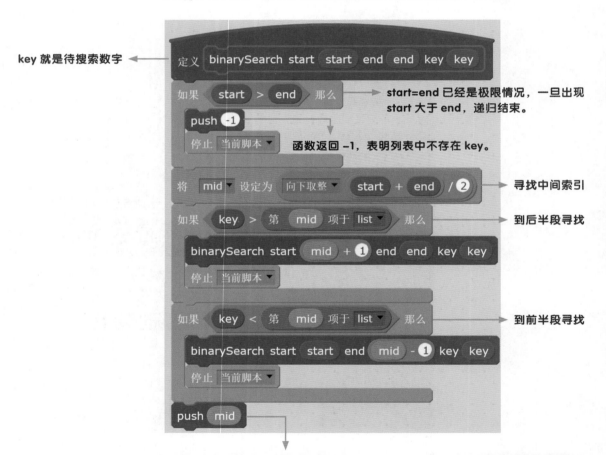

key 就是待搜索数字

start=end 已经是极限情况，一旦出现 start 大于 end，递归结束。

函数返回 -1，表明列表中不存在 key。

寻找中间索引

到后半段寻找

到前半段寻找

既不属于后半段，也不属于前半段，且 start ≤ end，mid 就是苦苦寻找的索引。

12 | 栈

执行非尾部递归时，栈几乎是必不可少的工具。在本章节的"大数乘法"案例中，脚本建立了多个局部变量，但是随着局部变量的数量增加，为获取或设置某个局部变量，函数 getParam 和 setParam 的位置参数不断变化，这不仅不直观而且容易产生程序 bug！因此本书为读者准备了一款真正意义上的局部变量工具箱，首先介绍该工具箱的基本使用方法。

局部变量工具箱 .sb2

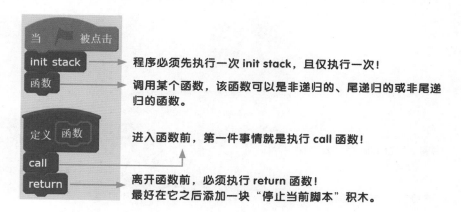

程序必须先执行一次 init stack，且仅执行一次！

调用某个函数，该函数可以是非递归的、尾递归或非尾递归的函数。

进入函数前，第一件事情就是执行 call 函数！

离开函数前，必须执行 return 函数！
最好在它之后添加一块"停止当前脚本"积木。

函数如何返回自身的计算结果呢？

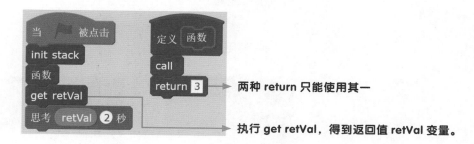

两种 return 只能使用其一

执行 get retVal，得到返回值 retVal 变量。

作为一款高级工具箱，局部变量当然要实现变量名功能，这样才更人性化。

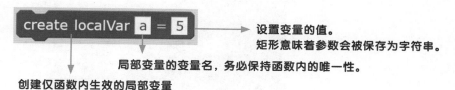

设置变量的值。
矩形意味着参数会被保存为字符串。

局部变量的变量名，务必保持函数内的唯一性。

创建仅函数内生效的局部变量

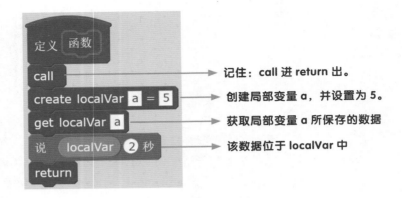

你还能修改局部变量的值。

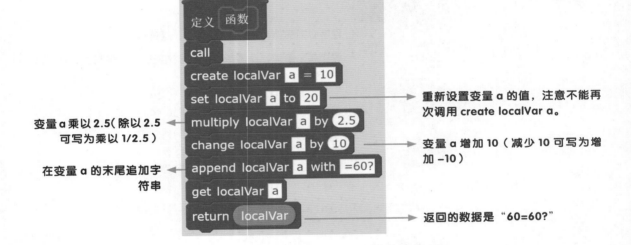

递归调用也毫无压力。

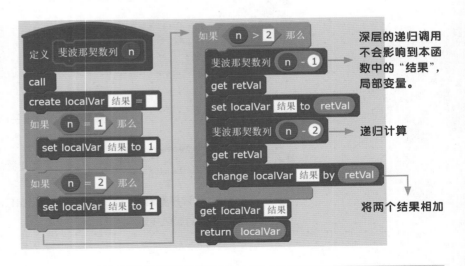

目前本书仅使用栈完成了非尾递归调用，那么它能否完成其他任务呢？本书为读者展示一个高级案例：个位非负整数的字符串表达式求值。如果玩家通过询问积木输入了"3*(2+1)"，程序如何求解该字符串表达式的值？

本问题的关键是运算符的优先级。假设存在两个连续运算符 op1 和 op2，它们只可能存在三种合理的关系：第一，op1>op2，如 *>+；第二 op1<op2，如 +</；第三，op1=op2，如 (=)。假设存在如下运算符：加、减、乘、除、左括号、右括号，则优先级表如下所示。

op1\op2	+	−	*	/	(	)	#
+	>	>	<	<	<	>	>
−	>	>	<	<	<	>	>
*	>	>	>	>	<	>	>
/	>	>	>	>	<	>	>
(	<	<	<	<	<	=	x
)	>	>	>	>	x	>	>
#	<	<	<	<	<	x	=

表中的"x"表示不合法的存在方式，如 op1="）"、op2="（"时，"）（"是不合理的。为程序编写方便，特别设定了运算符"#"：op1="#"表示字符串表达式的第一个字符，op2="#"表示字符串的最后一个字符。当出现"##"时，程序即可结束。

栈的优势在于记忆能力，因为它可以记录先前未处理的信息，故我们需要两个栈，一个保存操作数，一个保存运算符。程序首先在运算符栈中添加"#"，记录表达式的起点，然后逐字符地读取表达式字符串，如果遇到操作数就入栈到操作数栈，如果遇到运算符，则根据最近的两个运算符的优先级关系决定操作方法。

栈能够记忆之前的操作信息

用于保存操作数
用于保存运算符

第一个元素是栈底元素，表示最早的操作信息

最后一个元素是栈顶元素，表示最新的操作信息

下面给出一些工具函数，便于编写程序。

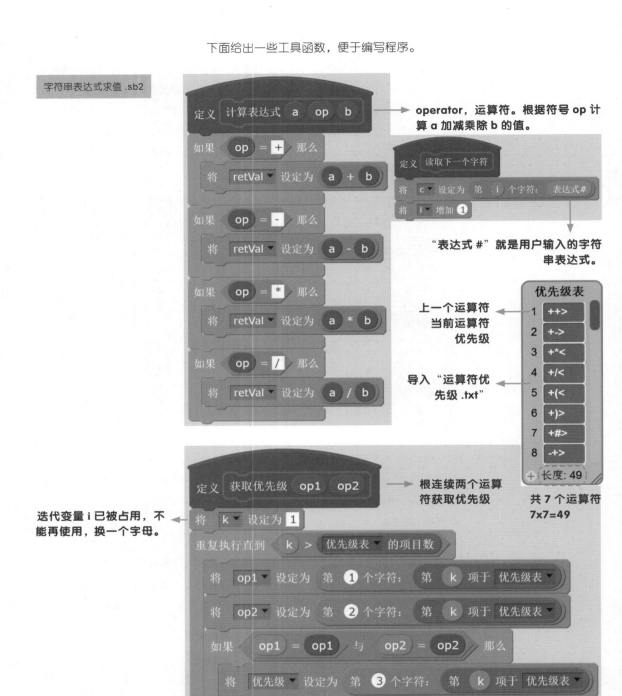

字符串表达式求值 .sb2

定义 计算表达式 a op b

如果 op = + 那么
　　将 retVal 设定为 a + b

如果 op = - 那么
　　将 retVal 设定为 a - b

如果 op = * 那么
　　将 retVal 设定为 a * b

如果 op = / 那么
　　将 retVal 设定为 a / b

operator，运算符。根据符号 op 计算 a 加减乘除 b 的值。

定义 读取下一个字符
将 c 设定为 第 i 个字符：表达式 #
将 i 增加 1

"表达式 #"就是用户输入的字符串表达式。

优先级表

1	++>
2	+->
3	+*<
4	+/<
5	+(<
6	+)>
7	+#>
8	-+>

长度: 49

上一个运算符
当前运算符
优先级

导入"运算符优先级 .txt"

定义 获取优先级 op1 op2

将 k 设定为 1

重复执行直到 k > 优先级表 的项目数
　　将 op1 设定为 第 ❶ 个字符：第 k 项于 优先级表
　　将 op2 设定为 第 ❷ 个字符：第 k 项于 优先级表
　　如果 op1 = op1 与 op2 = op2 那么
　　　　将 优先级 设定为 第 ❸ 个字符：第 k 项于 优先级表
　　　　停止 当前脚本
　　将 k 增加 1

根连续两个运算符获取优先级

共 7 个运算符
7x7=49

迭代变量 i 已被占用，不能再使用，换一个字母。

"优先级"变量相当于返回值

最后看看如何实现优先级的判断。

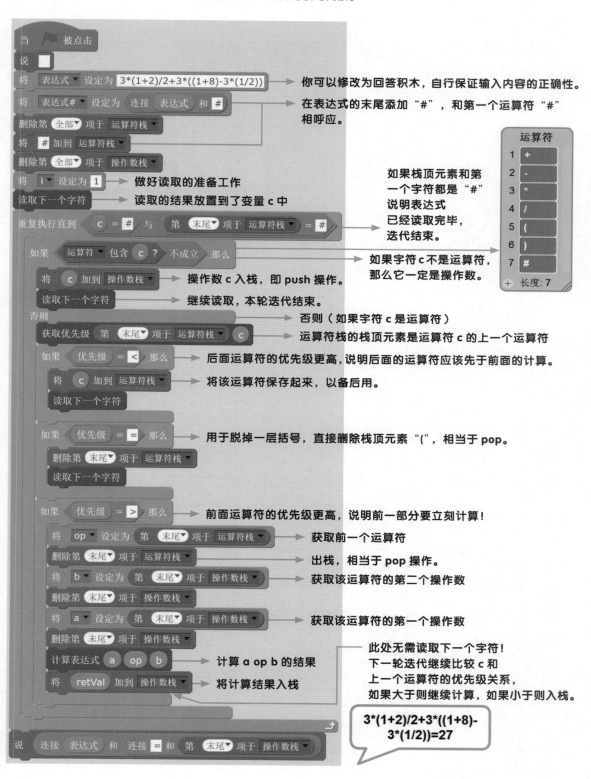

当 ▶ 被点击

说 □

将 表达式▼ 设定为 3*(1+2)/2+3*((1+8)-3*(1/2)) → 你可以修改为回答积木，自行保证输入内容的正确性。

将 表达式#▼ 设定为 连接 表达式 和 # → 在表达式的末尾添加 "#"，和第一个运算符 "#" 相呼应。

删除第 全部▼ 项于 运算符栈▼

将 # 加到 运算符栈▼

删除第 全部▼ 项于 操作数栈▼

将 i▼ 设定为 1 → 做好读取的准备工作

读取下一个字符 → 读取的结果放置到了变量 c 中

重复执行直到 c = # 与 第 末尾▼ 项于 运算符栈▼ = # → 如果栈顶元素和第一个字符都是 "#" 说明表达式已经读取完毕，迭代结束。

运算符
1	+
2	-
3	*
4	/
5	(
6	)
7	#

+ 长度: 7

如果 运算符▼ 包含 c ？ 不成立 那么 → 如果字符 c 不是运算符，那么它一定是操作数。

将 c 加到 操作数栈▼ → 操作数 c 入栈，即 push 操作。

读取下一个字符 → 继续读取，本轮迭代结束。

否则 → 否则（如果字符 c 是运算符）

获取优先级 第 末尾▼ 项于 运算符栈▼ c → 运算符栈的栈顶元素是运算符 c 的上一个运算符

如果 优先级 = < 那么 → 后面运算符的优先级更高，说明后面的运算符应该先于前面的计算。

将 c 加到 运算符栈▼ → 将该运算符保存起来，以备后用。

读取下一个字符

如果 优先级 = = 那么 → 用于脱掉一层括号，直接删除栈顶元素 "("，相当于 pop。

删除第 末尾▼ 项于 运算符栈▼

读取下一个字符

如果 优先级 = > 那么 → 前面运算符的优先级更高，说明前一部分要立刻计算！

将 op▼ 设定为 第 末尾▼ 项于 运算符栈▼ → 获取前一个运算符

删除第 末尾▼ 项于 运算符栈▼ → 出栈，相当于 pop 操作。

将 b▼ 设定为 第 末尾▼ 项于 操作数栈▼ → 获取该运算符的第二个操作数

删除第 末尾▼ 项于 操作数栈▼

将 a▼ 设定为 第 末尾▼ 项于 操作数栈▼ → 获取该运算符的第一个操作数

删除第 末尾▼ 项于 操作数栈▼

计算表达式 a op b → 计算 a op b 的结果

将 retVal 加到 操作数栈▼ → 将计算结果入栈

此处无需读取下一个字符！
下一轮迭代继续比较 c 和上一个运算符的优先级关系，如果大于则继续计算，如果小于则入栈。

说 连接 表达式 和 连接 = 和 第 末尾▼ 项于 操作数栈▼

3*(1+2)/2+3*((1+8)-3*(1/2))=27

为了便于理解，我们通过实例来分解上述脚本的处理过程：
2*(5+6/(8−3))−1#。

附录 C 的 vol.24 展示了另一种解决本问题的思路

运算符栈	操作数栈	C	操作
#		2	将 c 加到 操作数栈
#	2	*	将 c 加到 运算符栈
#*	2	(	将 c 加到 运算符栈
#*(	2	5	将 c 加到 操作数栈
#*(	2 5	+	将 c 加到 运算符栈
#*(+	2 5	6	将 c 加到 操作数栈
#*(+	2 5 6	/	将 c 加到 运算符栈
#*(+/	2 5 6	(	将 c 加到 运算符栈
#*(+/(	2 5 6	8	将 c 加到 操作数栈
#*(+/(	2 5 6 8	–	将 c 加到 运算符栈
#*(+/(–	2 5 6 8	3	将 c 加到 操作数栈
#*(+/(–	2 5 6 8 3	)	计算表达式 a op b
#*(+/(	2 5 6 5	)	删除第 末尾 项于 运算符栈
#*(+/	2 5 6 5	)	计算表达式 a op b
#*(+	2 5 1.2	)	计算表达式 a op b
#*(	2 6.2	)	删除第 末尾 项于 运算符栈
#*	2 6.2	–	计算表达式 a op b
#	12.4	–	将 c 加到 运算符栈
#–	12.4	1	将 c 加到 操作数栈
#–	12.4 1	#	计算表达式 a op b
#	11.4	#	迭代结束

习题与探索

1. 各算法在日常生活中都有哪些应用?
2. 用迭代法求解 3x−ln(x)−10=0 在 [2,6] 上的解。
3. 八皇后程序中每个角色的任务是什么?
4. 选择排序和冒泡排序的区别是什么? 请尝试独立完成这两个算法。
5. 动态规划和分治法有什么区别?
6. 使用本书提供的局部变量工具箱,完成某个递归任务。
7. 突破字符串表达式中个位操作数的限制。
8. 如何检查字符串表达式的正确性? 例如括号的正确匹配。

　　"Scratch 疑难杂症"是"科技传播坊"于 2017 年 3 月推出的公益系列视频，目的是记录各位猫主的经典问题和疑惑，帮助更多学习者绕过前人的坑，减少走弯路的可能性。如果你遇到 Scratch 疑惑，建议先逐一浏览下表中的标题尝试自行解决。实践经验表明，学习者的绝大部分问题都能在 Scratch 疑难杂症中得到解决。

　　如果下面的内容依然无法解决你的疑惑与不解，欢迎通过各种渠道向科技传播坊留言，解决之后我们会挑选有价值的问题，向大家分享你的疑惑。解决问题、录制和署名的过程都是无偿的。

　　能在 Scratch 探险之旅中为你们指引方向是我们的荣幸！正是因为探险者们的精彩问题和卓越技巧，才让后人们站在探险者的肩膀上越走越远。科技传播坊向下表中的提问者们致敬，谢谢你们！

期号	视频标题	提问者
vol.1	无法画线的诡异画笔	湖北武汉陈耀老师
vol.2	优化画板程序的画笔	高新一小李老师
vol.3	在重复中检测广播	浙江路北小学林老师
vol.4	不用克隆的射击游戏	LJH
vol.5	用自定义模块化简程序	北京张捷老师
vol.6	特训 99 的克隆体的控制	苹果树
vol.7	简单版 Flappy Bird 优化	杭州十三中王晨老师
vol.8	克隆体的消息锁	武汉喻老师
vol.9	拖拽优先级高于点击角色	杭州十三中王晨老师
vol.10	棋盘类游戏的移动方法	南京江宁区王老师
vol.11-1~3	重力引擎解读	厦门英才学校黄威老师
vol.12	接收消息后不要乱跟重复	Suny 老师
vol.13	克隆体间的信息传递	温州朱老师
vol.14	区分本体和克隆体	杭州十三中王晨老师
vol.15	用 01 变量做标志	杭州骁逸同学
vol.16	封闭变化点 消除重复 增强修改性	杭州骁逸同学
vol.17	鼠标点哪去哪 面向角色设计程序	平方根 - 零的星
vol.18	不同角色的克隆体间的碰撞删除	烟台兰高许老师
vol.19	面向 .. 方向积木的正确用法	高邑县职工子弟学校杨老师
vol.20	面向角色设计程序 案例 2	William
vol.21	克隆体克隆克隆体 如豌豆射手	河南朱磊老师
vol.22	跳出内层的重复执行 break	贵州清镇王老师
vol.23	使用参数方程绘制图形	廊坊苏秦
vol.24	解决鼠标按下的 BUG	ZackLee
vol.25	绘制你所绘制的路径	烟台兰高许老师
vol.26	算法优化之寻找因子	阜宁实验初中黄今杰同学
vol.27	角色隐藏和碰到鼠标 编程与哲学	杭州骁逸同学
vol.28	针对 vol.24 按下鼠标 BUG 优化	阜宁实验初中黄今杰同学
vol.29	隐藏后还能图章	ZackLee

期号	视频标题	提问者
vol.30	层模型规则和应用缺陷	天津姜泓宇同学 苏州申文彬的家长 廊坊苏秦 阜宁实验初中黄今杰同学
vol.31	碰撞测试的距离之痛	湖州号号同学
vol.32	学会游戏设计 拒绝超长脚本	湖州号号同学
vol.33	操作符的优先级	温州大学程俊杰同学
vol.34−1	对修改封闭 对扩展开放	网友你病鹐鸽吗
vol.34−2	确定游戏状态转移图	网友你病鹐鸽吗
vol.34−3	抽象游戏状态和流程	网友你病鹐鸽吗
vol.34−4	面向消息设计程序	网友你病鹐鸽吗
vol.34−5	优化最后一部分脚本	网友你病鹐鸽吗
vol.35	植物大战僵尸卡牌克隆	扬州沙口小学 Leo 同学
vol.36	绿旗启动的先后顺序	武汉思思同学
vol.37	循环索引	晋江市池店镇三省小学庄华宏老师
vol.38	压缩程序和映射的思想	天津双桥中学罗老师
vol.39	隐晦的碰到边缘就反弹	涿州市实验中学郑英伟老师
vol.40	等待 0 秒的意义	深圳市龙华第二小学林政熙
vol.41	画笔撤销功能	辽宁盘锦四维雨
vol.42−1	功能独立和程序重构	石河子 26 中学马佩桐老师
vol.42−2	范围映射问题	石河子 26 中学马佩桐老师
vol.43	等待积木不准确	深圳市福永小学小六同学
vol.44	判断变量为数值	贝克少儿编程叶老师
vol.45	多个克隆启动积木不同步	华北电力王瑞丹同学
vol.46	游戏结构设计案例分析	吉林省桦甸市第五中学高老师
vol.47	向左向右与等差数列	霖盛机器人创客张老师
vol.48	消息后的重复执行	浙江省衢州常山第一小学陈老师
vol.49	并行地控制程序	杭州周同学
vol.50	不同角色克隆体间碰撞删除	北京轻轻教室周勇老师 廊坊苏秦
vol.51	计算思维之对象和状态	佛山市顺德区凤翔小学刘奋芳老师 天津科普基地刘老师
vol.52	简洁的科赫雪花和蕨类分形	辽宁本溪金老师
vol.53	区分两块面向积木	淄博高新区华侨城小学张勇
vol.54	计算思维之依赖唯一性	Scratch 爱好者张老师
vol.55	余数的计算问题	江山市城南小学郑海荣
vol.56	角色的层次依赖关系	贵州省瓮安县实验学校陈坤湛老师
vol.57	保护非尾递归的变量	浙江省衢州市常山第一小学陈老师
vol.58	同步克隆体的初始化	四川陈先生
vol.59	两类移动体系的混用	杭州蓝带教育陈小微
vol.60	为列表设置索引	江山市城南小学郑海荣
vol.61	删除字符串的末尾字符	天津双桥中学罗老师
vol.62	植物大战僵尸克隆太阳	福州第十九中学鲍晓鹏
vol.63	打字游戏的克隆设计	重庆永川凤凰湖小学邓老师
vol.64	打断滑行积木	晋江市安海中心小学黄老师
vol.65	删除克隆体无效	成都市朱昱行同学
vol.66	角色职责层次和队列思想	辽宁本溪金老师
vol.67	不重复地随机抽取	天津市东丽区苗街小学朱延涛
vol.68	正确使用碰到颜色	无锡市高老师

"Scratch 猫坊传奇"是"科技传播坊"于 2017 年 12 月推出的公益系列视频，目的是用短视频的方式记录各位猫主的原创程序和技巧，让你通过科技传播坊的窗口向广大 Scratch 爱好者展示你的创意！如果你有好玩有趣的原创程序并希望展示自己的风采，欢迎向我们投稿！

期号	视频标题	展示者
vol.1	卡牌克隆效果	多米拉机器人教育罗老师
vol.2	伪 3D 立体图形	温州市十二中 SSX 同学
vol.3	绽放的烟花	邢台市 25 中张冰老师
vol.4	Star Cupid	观中小嘉
vol.5	高级几何画板	重庆市西大附中杨宇星同学
vol.6	小猫填坑	石家庄 icoding 编程学院寒冰老师
vol.7	华容道	广济小学李翔同学
vol.8	英语听力测试	Scratch 爱好者张老师
vol.9	点阵字特效	辽宁本溪金老师
vol.10	青蛙跳	临汾市第一实验中学段老师
vol.11	贪吃蛇	杭州下沙柳老师
vol.12	飞机大战	深圳智造家创客教育饶明
vol.13	重力跳跃效果	东营市广饶县实验中学牛彦轩同学
vol.14	3D Point-Based Wireframe	哈尔滨 Amadeus 少儿创意编程学校尚老师
vol.15	3D 魔方	哈尔滨 Amadeus 少儿创意编程学校尚老师
vol.16	汉字笔画顺序	武汉市双汐少儿编程陈波老师
vol.17	植物大战僵尸	深圳智造家创客教育饶明
vol.18	哥德巴赫猜想验证	山东省临清市第三高级中学王瑞涛
vol.19	飞机大战	广济小学李翔同学
vol.20	坦克大战	广济小学李翔同学
vol.21	双人枪战	广济小学李翔同学
vol.22	小心箭头	广济小学李翔同学
vol.23	进击吧喵酱之守卫基地	广济小学李翔同学
vol.24	花园	重庆市沙坪坝区森林实验小学黄明舟
vol.25	飞碟大战	重庆市沙坪坝区森林实验小学黄明舟
vol.26	新年大冒险	福建晋江三省小学王立国同学
vol.27	未来怎样出行	石景山外语实验小学分校杜咏佳
vol.28	古汉字识字游戏	石景山外语实验小学分校李雨航
vol.29	动物城智勇大冲关	石景山外语实验小学分校魏依瑄
vol.30	猫抓老鼠	石景山区银河小学白海辰
vol.31	找不同	石景山外语实验小学分校孙晨轩
vol.32	水果忍者	石景山区银河小学白海辰
vol.33	56 个民族猜图游戏	石景山外语实验小学分校饶知恒
vol.34	情景剧《朋友》	石景山外语实验小学分校钟玉

期号	视频标题	展示者
vol.35	切水果游戏	石景山外语实验小学分校姚士朋
vol.36	纸上弹兵	阜宁黄今杰同学
vol.37	智能 AI 五子棋对战	重庆市西大附中杨宇星同学
vol.38	数字华容道	辽宁本溪金老师
vol.39	数独	辽宁本溪金老师
vol.40	火把照亮特效	Zack Lee
vol.41	缓动特效	辽宁本溪金老师
vol.42	等周正多边形面积最大	Zack Lee
vol.43	自由地设置颜色	Zack Lee
vol.44	还有这种操作？	重庆市西大附中杨宇星同学
vol.45	飞机大战	浙江省文成县实验二中赵子腾
vol.46	StarShipSword	DablyuWho
vol.47	快乐倒计时	河北廊坊缴建国
vol.48	三人四子棋	重庆市西大附中杨宇星同学
vol.49	2048	abc2237512422
vol.50	水果机	多米拉机器人教育罗老师
vol.51	Win to You	福建晋江三省小学王立国同学
vol.52	割圆术之微积分版本	编程猫联合创始人兼 CEO 李天驰
vol.53	Basket Pro	Eivinm
vol.54	放大镜	辽宁本溪金老师
vol.55	猜生肖游戏	包头浩哥魔方吧
vol.56	加减大师	辽宁本溪金老师
vol.57	德国数字推理游戏	包头浩哥魔方吧
vol.58	跳一跳	辽宁本溪金老师
vol.59	极简跑酷	Ali 八
vol.60	奔跑吧，小球！	绍兴市诸暨海亮初中李子灏

　　"Scratch 直播咪城"是"科技传播坊"于 2017 年 8 月推出的公益直播，目的是为 Scratch 学习者讲解程序的实现过程。直播咪城的特点是从零开始构建程序，极少直接粗暴地讲解完整程序，这样学习者才能领悟到程序构建过程中的取舍原因并学以致用。

　　直播咪城的案例有一定难度，因为我们希望你在直播中产生困惑和疑问，而不是在自己的舒适区中学习。唯有脱离舒适区的阵痛才能让你逐渐强大起来，持续处于舒适区不仅无法带来挑战，还会让你原地踏步落后于他人的进步。

　　"咪"是"猫咪"即 Scratch 之意；"咪城"谐音"迷城"，这暗示你需要付出时间和精力才能在迷雾般的神秘城市中探寻到宝藏。显然，光靠听和看是不够的，动手实践方能悟出真知。下表罗列了截稿时直播咪城的各期内容，你可以在科技传播坊的自媒体中找到回放链接。

期号	视频标题	内容说明	作品效果图
vol.1	绘制正弦曲线	绘制动态的正弦曲线。 脚本涉及画笔、列表、变量、相对跟随移动、圆的参数方程等内容。 程序的脚本职责分离清晰，很容易修改。	
vol.2	科赫雪花	讲解如何使用 Scratch 绘制科赫雪花。 涉及递归、自定义积木块的局部变量、数学归纳法、画笔等内容。	
vol.3	颜色翻转游戏	点击色块后，该色块和色块周围的四个色块的颜色都会翻转。 游戏的目标是点亮所有色块。 游戏可以自行设置行列数量。	

期号	视频标题	内容说明	作品效果图
vol.4	求任意多边形的面积	凸凹多边形都可以计算出面积。	—
vol.5	求不规则图形的面积	使用了看似复杂的蒙特卡洛随机化算法。	—
vol.6	散点生成封闭多边形	先随意设置散点的位置，再点击绿旗，程序把散点连接成封闭的多边形（即避免线段交叉）。 程序涉及寻找最值和冒泡排序算法。	 By ZackLee
vol.7	实现视错觉效果	所有黑点看上去是圆周运动，但其实都是在自己的直线轨道上往返移动。 直播讲解了参数方程绘制椭圆的方法，并用极坐标的思想简化绘制过程。	 By ZackLee
vol.8	绘制散点图	导入 x、y 列表后点击绿旗绘制漂亮的散点图。程序非常容易被复用。 程序涉及计算列表平均数、分析数值范围映射公式以及绘制虚线的技巧。	 By ZackLee
vol.9	最简单的人工智能	计算线性回归方程的关键参数，并说明了机器学习的基本步骤。 本次直播也是以该步骤为线索讲解的。	 By ZackLee

期号	视频标题	内容说明	作品效果图
vol.10	旋转的 DNA	创作动态旋转的 DNA 图形！你想知道它是如何实现的吗？快来看直播吧！	By ZackLee
vol.11	MIDI 音乐播放器	使用 Scratch 制作了 MIDI 音乐播放引擎，支持多音轨、调音、和弦、休止符等功能。直播中演示了《粉刷匠》和《天空之城》的主奏和伴奏，非常美妙哦！	By ZackLee
vol.12	华容道游戏	华容道是经典的烧脑游戏。本程序的难度在于：实现点击角色后直接拖拽的效果，而非移动到造型中心后再跟随鼠标。	By ZackLee
vol.13 vol.14 vol.15	五子棋	本直播用脚本绘制棋盘格线，实现了鼠标的网格状移动，还实现了胜负判断和悔棋功能。	By ZackLee
vol.16 vol.17	独立钻石棋	"独立钻石棋""华容道""魔方"并称为智力游戏界的三大不可思议游戏。直播将绘制整个棋盘，并设置数据结构保存、修改棋盘状态。	By ZackLee

期号	视频标题	内容说明	作品效果图
vol.18	反弹的球	发射小黑点，碰到目标圆后反弹。你可以在其基础上创作更多小游戏。	
vol.19	反弹射击	理论上可以实现简单的桌面弹球游戏。直播中讲解了面向某个克隆体的方法。 感谢重庆市西大附中杨宇星同学提出了更加简洁的碰撞检测方法！	
vol.20	蕨类植物分形图	vol.2 讲解了分形图案科赫雪花，本次直播讲解另一个分形图案：蕨类植物。 和 vol.2 类似，程序要使用递归，并运用 push 和 pop 保护全局变量被破坏。	By ZackLee
vol.21	九九乘法表	输出一张九九乘法表，程序使用两层循环控制坐标变化，还实现了输出两位数字，并用克隆完成绘图，从而保持图像高清。	1×1·1 1×2·2 2×2·4 1×3·3 2×3·6 3×3·9 1×4·4 2×4·8 3×4·12 4×4·16 1×5·5 2×5·10 3×5·15 4×5·20 5×5·25 1×6·6 2×6·12 3×6·18 4×6·24 5×6·30 6×6·36 1×7·7 2×7·14 3×7·21 4×7·28 5×7·35 6×7·42 7×7·49 1×8·8 2×8·16 3×8·24 4×8·32 5×8·40 6×8·48 7×8·56 8×8·64 1×9·9 2×9·18 3×9·27 4×9·36 5×9·45 6×9·54 7×9·63 8×9·72 9×9·81
vol.22	取石子游戏	本书第 7 章的案例，直播中详细说明了其创作过程。 程序涉及到克隆的石子不碰到边缘的技巧，以及如何随机删除克隆体。	By ZackLee

期号	视频标题	内容说明	作品效果图
vol.23	求解 ab*cd=ba*dc	讲解了嵌套循环和判断 4 个数字互不相等。运用了算法中的遍历策略和离散数学中的布尔代数。	—
vol.24	数学表达式求解机	在 6 个 6 之间随意添加 +−*/,即 6_6_6_6_6_6,求解所有可能的不同结果。	
vol.25	汉诺塔	详细讲解了汉诺塔的递归算法,以及盘子移动效果的数据结构设计思想。程序还重点说明了数据(模型)和视图分离的设计思想。	
vol.26	数字魔法球	这是一个简单的数字游戏:根据水晶魔法球的指示,它便可以得到你心中想象的那个数字。程序涉及动画设计和字符串拼接处理。	

科技传播坊于 2014 年 3 月开始录制 Scratch 公益教学视频，是国内最早从事 Scratch 教育的自媒体之一。"Scratch 技巧 or 教学"便是早期的一个专辑，技巧均来源于线下培训，非常实用。有些小技巧时至今日依然不过时，因此本书将它们总结如下，供你参考。

视频标题	解决的问题
突破随机数的等概率	从 1~3 之间随机挑选一个数， 上述积木块会等概率地在 1、2、3 之间挑选数值。 如何让某些数字被选中的概率增加呢？ 这样就可以实现奖励转盘中大奖很难被抽中的效果。
明确代码职责	经常把一大堆功能写到一段脚本中？ 在不影响功能的前提下， 你应该尝试把它们分解到多段脚本中， 让每段脚本的功能尽可能简单。
消除时间依赖	当你编写故事类游戏时，是否使用了大量的等待 x 秒积木？ 此时如果你修改了某一处时间，则会引起蝴蝶效应， 整个程序的时间都要大幅调整，本视频解决的就是这类问题。
重复执行 侦测模块	如何侦测松开按键事件？ 本集的思想可以延伸到任何事件， 它就像触发装置一样，当某件事情发生后触发执行一次行为。
克隆模块的碰撞侦测	一个角色如何检测碰到了哪个克隆体呢？ 这显然是无法完成的任务！ 真的是这样吗？来看视频学习吧！
滚动的背景	如何实现 2D 横版游戏？ 如何实现 2D 平面游戏？
加速重绘	使用加速重绘的方法提升脚本的运算速度， 减少舞台刷新频率， 注意加速不会影响"并等待"类的积木。

附录 E 本书原创程序索引

本书的目录是以系统化的知识体系而非案例名命名的，因此当你想通过某个案例名定位到页数时有一定困难。下面给出案例的索引，便于快速反查。

参考文献

[1] (美)Majed Marji. 动手玩转 Scratch 2.0 编程 [M]. 于欣龙，李泽译 . 电子工业出版社 , 2015.

[2] 唐培和，徐奕奕 . 计算思维——计算学科导论 [M]. 电子工业出版社 , 2015.

[3] 严蔚敏 . 数据结构 (C 语言版). 清华大学出版社 , 2009.

[4] (美)Richard A.Brualdi. 组合数学 (原书第四版)[M]. 冯速等译 . 机械工业出版社 , 2012.

[5] 耿素云，屈婉玲，王捍贫 . 离散数学教程 [M]. 北京大学出版社 , 2002.

[6] Computing Curricula IEEE Computer Society Association for Computing Machinery. Computing Curricula 2001 Computer Science[R]. 2001.

[7] ACM and IEEE. Computer Science Curricula 2013[R]. 2013.

[8] Easyicon. [Z/OL]. http://www.easyicon.net.

[9] Flaticon. [Z/OL]. https://www.flaticon.com.

[10] Freepik. [Z/OL]. https://www.freepik.com.

[11] WuffleComics. [Z/OL]. http://www.wufflecomics.com.

[12] 谷歌 . [EB/OL]. http://google.com.

[13] Wikipedia. [EB/OL]. https://en.wikipedia.org.

[14] 百度 . [EB/OL]. https://www.baidu.com.

[15] 知乎 . [EB/OL]. https://www.zhihu.com.

[16] CSDN. [EB/OL]. http://blog.csdn.net.

[17] 简书 . [EB/OL]. http://www.jianshu.com.

[18] 博客园 . [EB/OL]. https://www.cnblogs.com.

[19] 51CTO. [EB/OL]. http://developer.51cto.com.